遗产新知文丛
NEW HERITAGE STUDIES

本书由国家自然科学基金『太行山区古村落传统水环境设施特色及其再生研究』资助

项目编号：51778610

向而 水生

太行山区传统村落水环境设施特色及其再生

林祖锐 张潇宸 张 著

中国建材工业出版社
北 京

图书在版编目（CIP）数据

向水而生：太行山区传统村落水环境设施特色及其
再生 / 林祖锐，张潇，张宸著 . -- 北京：中国建材
工业出版社，2024.9
（遗产新知文丛）
ISBN 978-7-5160-3412-5

Ⅰ . ①向… Ⅱ . ①林… ②张… ③张… Ⅲ . ①太行山
—山区—村落—给排水系统—研究 Ⅳ . ① TU991
中国版本图书馆 CIP 数据核字（2021）第 254806 号

向水而生——太行山区传统村落水环境设施特色及其再生
XIANGSHUI ERSHENG—TAIHANG SHANQU CHUANTONG CUNLUO
SHUIHUANJING SHESHI TESE JIQI ZAISHENG
林祖锐　张潇　张宸　著

出版发行：中国建材工业出版社
地　　址：北京市西城区白纸坊东街 2 号院 6 号楼
邮政编码：100054
经　　销：全国各地新华书店
印　　刷：北京印刷集团有限责任公司
开　　本：787mm×1092mm　1/16
印　　张：20
字　　数：360 千字
版　　次：2024 年 9 月第 1 版
印　　次：2024 年 9 月第 1 次
定　　价：98.00 元

《遗产新知文丛》
编 委 会
（按姓氏笔画排序）

总序

PREFACE TO THE SERIES

　　文化遗产的保护从 20 世纪 80 年代后期到 21 世纪前 20 年，和整个人类世界一样处在一个快速变化的过程当中。认识这种变化、理解变化的根源，使文化遗产的保护能够促进人类社会的可持续发展，是今天人们必须注意到的问题。

　　遗产保护源于对具有重要价值的历史遗存的保护，这是一种对"物"的保护，保护本身也更多地表现出研究性和专业性。这种保护是一种专业的行为，也在很大程度上排斥了社会的广泛参与。这种状况在 20 世纪 80 年代后半叶开始发生变化。这时开始快速发展的经济全球化引发了人们对文化多样性保护的关注。仅仅依靠专业的方法和技能已难以完成文化多样性的保护，文化多样性的保护需要公民和社区的普遍参与。从这时开始，文化遗产就不再仅仅是对于研究者的具有"历史研究价值"的对象，或是对于旅游者的具有"审美价值"或"异国情调"的游览对象，人们开始关心遗产对于所在社区和民众的意义。对社区和当地民众而言，遗产更多表现出记忆的价值和情感的价值，这些价值把遗产与社区、地方的文化多样性密切地联系起来，文化多样性又使被"物化"了的遗产，重新获得了活力，成为"活态遗产"。在中国，通过乡土遗产的变化——从民居建筑到村落古建筑群，再到传统村落，到哈尼梯田、景迈古茶林这样的对象的保护，就可以看到这一变化过程。从传统的保护方法的角度，对于民居建筑，甚至村落古建筑群都有可能采用赎买的方式，纳入传统的专业保护管理方式，但对传统村落，对像哈尼梯田和景迈古茶林这样的对象，没有当地社区的参与，没有传统生产和民俗体系的延续，没有传统价值观的支撑，对它们的保护是无法实现的。文化多样性的保护不仅仅是依靠对物质遗存的保护，它更需要作为构成这一文化组成部分的社区和公民的参与并发挥核心的作用。从中国的角度看，被列入世界遗产名录的哈尼梯田、鼓浪屿是这样，正在申报世界遗产过程中的景迈古茶林也是如此；从世界的角度看，1992 年文化景观作为一种文化遗产的类型被纳入世界遗产的申报体系，1994 年《奈良真实性文件》强调文化多样性语境下的真实性标准，再到 2012 年在庆祝世界遗产公约 40 周年时，联合国教科文组织把菲律宾的维甘古城评为世界遗产保护的最佳案例，这些都反映了遗产保护的发展趋势。

从世界的角度看，注重把原本被人为分割了的可移动文物与不可移动文物、物质和非物质遗产、文化与自然遗产重新融合为一个整体，把原本被保护的遗产，转变为推动人类可持续发展的积极力量，把遗产所承载的传统文化的智慧，融入到今天人们的社会生活中。活态遗产概念的提出把社区与遗产结合在一起，使原本受到保护的处于被动状态的物质遗产能够与社区的文化传承融为一体，使被动的保护转化为更为积极的传统文化的延续和传承。事实上，对文化多样性而言，人是最重要、最核心的载体，离开人和社区的传承，物质遗存所能保存的仅仅是对文化多样性的记忆。

从中国的角度看，我们同样处在一个遗产融合与跨越过程中，这个过程不仅反映在从文物保护向文化遗产保护的跨越，反映在保护观念的变化，从相对封闭的价值认知体系向更开放的价值认知体系的突破，从单一的专业修缮到与城乡发展相融合，从专业保护力量单打独斗到社会各方面的共同努力，从被动的保护到让文物活起来，发挥更为积极的社会功能和价值。这种发展已完全和世界的发展融为一体，尤其是中国的大量实践不仅为中国的遗产保护创造了更多的可能性，也为世界提供了中国的经验。

对遗产的认知促进了人们对人类文化多样性的认识和理解，促进了文化间的相互尊重，进而促进了对人类命运共同体和需要共同面对未来挑战的理解。对遗产的认知和研究不仅促进了社会对遗产价值的理解，促进了社会参与遗产保护实践，同时也促进了对遗产所承载和表达的传统文化的认知、体验和传承。新的文化创意产业从遗产中提取传统文化的要素，把传统文化与当代生活更为密切地结合在一起，赋予遗产新的生命力，也促进了新的产业发展，是促进社会可持续发展的重要方面。

遗产的保护、传承、促进可持续发展，构成了关于保护理念、技术、科学的新探索，成为社会教育重要途径，影响了新的产业发展，它带来了知识的融合、新的观念和技术。今天的遗产保护充满了"新知"。《遗产新知文丛》从多种角度讨论遗产保护的问题，带给我们关于遗产的新的观念和体验，促进我们理解当代遗产保护与文化传承多样而复杂的发展。希望这套丛书能够使更多的读者去传播遗产保护、传承的思想，参与遗产保护、传承的实践，为当代可持续发展注入更多的传统文化精神和智慧。

吕　舟

2020 年 3 月

前言
PREFACE

"太行连亘河北诸州，凡数千里，始于怀而终于幽，为天下之脊"，太行山横亘京、冀、晋、豫三省一市，是中国东部地区的重要山脉。其复杂的地形地貌与气候条件孕育了众多的传统村落，蕴含着深厚的家族文化、商业文化、水文化。

当前对传统村落的研究较多，而从水环境的视角对村落进行研究的则较少。太行山区的传统村落与自然环境是相互依存、相互适应的共生关系。在长久的发展中，太行山区传统村落形成了大量的水环境设施，具有极为鲜明的地域特色与保护价值，是先民智慧的体现。面对太行山区旱涝并存的复杂的区域环境，先民们向水而生，利用自己的朴素智慧，顺应和改造当地的水环境，以达到人与自然的和谐平衡。在现代化进程不断加快的今天，人们不断征服自然，改造自然，现代化的给排水工程取代了传统的水环境设施系统，传统的人水共生的平衡机制被打破。在一定程度上，当地的传统历史风貌被破坏，传统村落以及当地的传统水环境设施亟待保护。

2005 年中央一号文件提出加强保护有历史文化价值的传统村落和古民宅。保护和继承历史文化遗产是建设社会主义新农村的重要内容之一，也是进一步加强历史文化村镇保护工作的一个重要契机。太行山区的传统村落有其独特的文化底蕴与价值，笔者长期从事太行山区传统村落的研究，2017 年，笔者团队获得了国家自然科学基金的资助，对太行山区传统村落水环境设施的特色及其再生路径进行研究。借此机会，笔者团队开始了传统村落水环境设施的资料积累工作。

2018 年至 2023 年，笔者团队多次深入太行山区，针对太行山区的三省一市，共 56 个传统村落进行详细的实地调研。深入当地传统村落，与村民、村干部、工匠进行访谈交流，通过测绘、问卷调研等多种方式，获得了传统村落水环境设施大量的一手资料。几年时间里，笔者在调研中，深刻感知太行山区传统村落的营建智慧。通过感性的认知与理性的思考，笔者团队逐渐加深了对这一区域传统村落的研究，收获了大量的研究成果，并将研究成果整理成书，以更加系统的、连贯的方式向大家展示太行山区传统村落的营建智慧与魅力。

本书共包含七个章节，笔者在书中系统介绍了太行山区传统村落及水环境设施概况，从宏观的视角分析了在水环境影响下的传统村落"趋利避害"、人水共生、系统协作的整体营构特征，从中、微观的视角解读了太行山区传统村落水环境设施低技、低影响、低维护的营建技艺，归纳其中蕴含的建设智慧与人文理念，对太行山区传统村落水环境设施进行系统的价值评估，探寻传统水环境设施的当代再生策略，期望对太行山区的传统村落保护工作有所贡献。

太行山区全境面积约 13.4 万平方千米，尽管笔者团队在近年来多次深入调研，但仍难以穷尽。且部分历史悠久、价值较高的古村落尚未列入中国传统村落名录，相关档案、资料难以获取，这也是笔者团队的一大遗憾，期望在未来的研究中，有更多的学者关注到这一极具研究价值的地区，展开更深入的研究。

在当前乡村振兴的大背景下，传统村落作为具有独特价值的村落，其保护和再生是绕不开的课题。传统村落的保护、传承、可持续发展不仅仅是依靠对物质遗产的保护，更为重要的是传统文化、智慧的传承与发展。愿本书能够为我国的同类研究提供帮助，也期望其他学者以更多元的角度对太行山区的传统村落做出探索！

本书的出版首先要感谢国家自然科学基金的资助，使得笔者可以接续博士课题，对太行山区传统村落水环境设施继续进行深入研究。其次，感谢太行山区地方政府与传统村落主管部门领导的支持与帮助，协助我们顺利收集资料、完成调研。最后，感谢我们团队的小伙伴们，包括年轻老师和硕士研究生，正是大家的紧密配合，团结协作，才使得本书的研究持续深入，内容逐渐丰盈。笔者回顾近年研究历程，曾作一联：深耕太行，掘地千尺方有水；静坐书斋，翻烂文章始知味。这也是我们工作室的座右铭，引领、激励工作室的老师与同学在传统村落人居环境研究的科学道路上奋勇前行，取得新的、更大的成绩！

2024 年 5 月

目录
CONTENTS

1

绪　论

1.1 研究背景、目的和意义

1.1.1 研究背景

1. 太行山区干旱缺水的地域性背景

我国水资源地理分布差异明显，北方地区多干旱缺水。太行山区在地理区划上属于华北地区，气候分区上属于寒冷地区，地形地貌上属于黄土沟壑地区；太行山主体山脉大致呈南北走向，夏季炎热多雨，冬季寒冷少雨，多年平均降水量在 600mm 左右，且年内分配不均。区域内降雨总体分布呈现自南向北逐渐减少的趋势，河南南部大部分地区年降水量超过 1000mm，山西南部、河北东部及北京部分地区的降水量在 500 ～ 700mm 之间，除此之外河北和山西的大部分区域降水均不足 500mm。年际变化大、雨水时空分布不均的特点，再加上太行山区土壤较为贫瘠，地表植被稀疏、覆盖率低，导致蓄水能力相对较差，大量的雨水资源在转化为地表水和地下水的过程中，以蒸发和自然流失的形式白白浪费，由此造成了太行山区"有雨则泄，无雨则旱"的局面。

2. 乡村人居环境改善的需求日益迫切

2010 年 12 月 31 日《中共中央　国务院关于加快水利改革发展的决定》针对频繁的水旱灾害，提出全面加快水利基础设施建设、建立水利投入稳定增长机制、实行最严格水资源管理制度、不断创新水利发展体制机制等任务。2013 年，中央明确要求住房城乡建设部、文化部、财政部做好 2013 年中国传统村落保护发展工作，从保护工作目标与原则、保护发展规划编制、规范化建档、推进保护发展工作的行政监管等方面对传统村落保护作出具体要求。自 2010 年以来，中央连续发布一号"红头文件"等，强调改造建设基础设施，提升乡村人居环境，让农民能够安居乐业（见表 1-1）。

表 1-1　近十年中央关于新农村（历史村镇、传统村落）建设出台的相关文件

时间：2010 年	文件：《中共中央　国务院关于加大统筹城乡发展力度进一步夯实农业农村发展基础的若干意见》
核心内容：抓住当前农村建房快速增长和建筑材料供给充裕的时机，把支持农民建房作为扩大内需的重大举措，采取有效措施推动建材下乡，鼓励有条件的地方通过多种形式支持农民依法依规建设自用住房。加强村镇规划，引导农民建设富有地方特点、民族特色、传统风貌的安全节能环保型住房。	

时间：2011 年	文件：《中共中央　国务院关于加快水利改革发展的决定》
核心内容：《决定》共八个部分：一、新形势下水利的战略地位；二、水利改革发展的指导思想、目标任务和基本原则；三、突出加强农田水利等薄弱环节建设；四、全面加快水利基础设施建设；五、建立水利投入稳定增长机制；六、实行最严格的水资源管理制度；七、不断创新水利发展体制机制；八、切实加强对水利工作的领导。	
时间：2012 年	文件：《中共中央　国务院关于加快推进农业科技创新持续增强农产品供给保障能力的若干意见》
核心内容：围绕现代农业建设、大力发展农业社会化服务、全面造就新型农业农村人才队伍、不断夯实农业发展物质基础（设施装备条件）、提高市场流通效率提出要求。	
时间：2013 年	文件：《中共中央　国务院关于加快发展现代农业 进一步增强农村发展活力的若干意见》
核心内容：提出改善农村公共服务机制，积极推进城乡公共资源均衡配置，加强农村基础设施建设。制定专门规划，启动专项工程，加大力度保护有历史文化价值和民族、地域元素的传统村落和民居。	
时间：2013 年	文件：《住房城乡建设部　文化部　财政部关于做好 2013 年中国传统村落保护发展工作的通知》（建材〔2013〕102 号）
核心内容：2013 年中国传统村落保护发展工作的目标是做好基础性工作。通过科学调查，掌握传统村落现状，建立中国传统村落档案；完成保护发展规划编制。	
时间：2014 年	文件：《关于全面深化农村改革加快推进农业现代化的若干意见》
核心内容：开展村庄人居环境整治。加快编制村庄规划，推行以奖促治政策，以治理垃圾、污水为重点，改善村庄人居环境。制定传统村落保护发展规划，抓紧把有历史文化等价值的传统村落和民居列入保护名录，切实加大投入和保护力度。	
时间：2014 年	文件：《住房城乡建设部　文化部　国家文物局　财政部关于切实加强中国传统村落保护的指导意见》（建材〔2014〕61 号）
核心内容：通过中央、地方、村民和社会的共同努力，用 3 年时间，使列入中国传统村落名录的村落（以下简称中国传统村落）文化遗产得到基本保护，具备基本的生产生活条件、基本的防灾安全保障、基本的保护管理机制，逐步增强传统村落保护发展的综合能力。	
时间：2015 年	文件：《中共中央　国务院关于加大改革创新力度加快农业现代化建设的若干意见》
核心内容：全面推进农村人居环境整治。完善县域村镇体系规划和村庄规划，强化规划的科学性和约束力。改善农民居住条件，搞好农村公共服务设施配套，推进山水林田路综合治理。完善传统村落名录和开展传统民居调查，落实传统村落和民居保护规划。鼓励各地从实际出发开展美丽乡村创建示范。有序推进村庄整治，切实防止违背农民意愿大规模撤并村庄、大拆大建。	
时间：2016 年	文件：《中共中央　国务院关于落实发展新理念加快农业现代化实现全面小康目标的若干意见》
核心内容：开展农村人居环境整治行动和美丽宜居乡村建设。遵循乡村自身发展规律，体现农村特点，注重乡土味道，保留乡村风貌，努力建设农民幸福家园。加大传统村落、民居和历史文化名村名镇保护力度。开展生态文明示范村镇建设。鼓励各地因地制宜探索各具特色的美丽宜居乡村建设模式。	
时间：2017 年	文件：《中共中央　国务院关于实施乡村振兴战略的意见》
核心内容：划定乡村建设的历史文化保护线，保护好文物古迹、传统村落、民族村寨、传统建筑、农业遗迹、灌溉工程遗产。支持农村地区优秀戏曲曲艺、少数民族文化、民间文化等传承发展。逐步建立农村低收入群体安全住房保障机制。强化新建农房规划管控，加强"空心村"服务管理和改造。保护保留乡村风貌，开展田园建筑示范，培养乡村传统建筑名匠。	
时间：2018 年	文件：《农村人居环境整治三年行动方案》
核心内容：实施乡村振兴战略，坚持农业农村优先发展，坚持绿水青山就是金山银山，顺应广大农民过上美好生活的期待，统筹城乡发展，统筹生产生活生态，以建设美丽宜居村庄为导向，以农村垃圾、污水治理和村容村貌提升为主攻方向，动员各方力量，整合各种资源，强化各项举措，加快补齐农村人居环境突出短板，为如期实现全面建成小康社会目标打下坚实基础。	

续表

时间：2019 年	文件：《中共中央　国务院关于坚持农业农村优先发展做好"三农"工作的若干意见》
核心内容：抓好农村人居环境整治三年行动。深入学习推广浙江"千村示范、万村整治"工程经验，全面推开以农村垃圾污水治理、厕所革命和村容村貌提升为重点的农村人居环境整治，确保到 2020 年实现农村人居环境阶段性明显改善，村庄环境基本干净整洁有序，村民环境与健康意识普遍增强。	
时间：2020 年	文件：《中共中央　国务院关于抓好"三农"领域重点工作确保如期实现全面小康的意见》
核心内容：开展农村黑臭水体整治。支持农民群众开展村庄清洁和绿化行动，推进"美丽家园"建设。鼓励有条件的地方对农村人居环境公共设施维修养护进行补助。保护好历史文化名镇（村）、传统村落、民族村寨、传统建筑、农业文化遗产、古树名木等。以"庆丰收、迎小康"为主题办好中国农民丰收节。	
时间：2021 年	文件：《中共中央　国务院关于全面推进乡村振兴加快农业农村现代化的意见》
核心内容：加快推进村庄规划工作。加强乡村公共基础设施建设。实施农村人居环境整治提升五年行动。提升农村基本公共服务水平。	
时间：2022 年	文件：《中共中央　国务院关于做好 2022 年全面推进乡村振兴重点工作的意见》
核心内容：健全乡村建设实施机制。落实乡村振兴为农民而兴、乡村建设为农民而建的要求，坚持自下而上、村民自治、农民参与，启动乡村建设行动实施方案，因地制宜、有力有序推进。开展传统村落集中连片保护利用示范，健全传统村落监测评估、警示退出、撤并事前审查等机制。保护特色民族村寨。实施"拯救老屋行动"。接续实施农村人居环境整治提升五年行动。扎实开展重点领域农村基础设施建设。	
时间：2023 年	文件：《中共中央　国务院关于做好 2023 年全面推进乡村振兴重点工作的意见》
核心内容：扎实推进乡村发展、乡村建设、乡村治理等重点工作，加快建设农业强国，建设宜居宜业和美乡村，为全面建设社会主义现代化国家开好局起好步打下坚实基础。实施传统村落集中连片保护利用示范，建立完善传统村落调查认定、撤并前置审查、灾毁防范等制度。制定农村基本具备现代生活条件建设指引。	

表格来源：根据政府文件整理。

面对快速城镇化进程中日益尖锐的新、旧人居环境之间的矛盾对当今传统村落营建造成的现实困境，传统村落面临空前的危机。快速建设给人居环境带来大量的建设性破坏威胁，而改善人居环境质量的首要任务就是对基础设施进行恰当的保护与更新，当前大多数传统村落基础设施非常落后，其中直接与村民生存相关的传统水环境设施显得尤为突出，水资源匮乏、水环境受到污染、不重视水环境、新旧混杂以及缺乏净水设施等凸显出对传统村落水环境设施保护与更新工作的紧迫性。

3. 生态基础设施研究及应用日益受到重视

生态基础设施一词最早见于联合国教科文组织的"人与生物圈计划"（Man and Biosphere Programme，MAB）。使得人们开始通过实现现代基础设施的生态化以达到恢复自然协调的生态系统功能。近年来，绿色基础设施（Green Infrastructure，GI）理论逐步应用于城市建设和发展中，主要集中在用生态化手段来改造或替代道路工程、不透水地面、废物处理系统以及洪涝灾害治理等方面。城市长期高强度开发和扩张模式带来的自然蓄排系统和水文循环及生物栖息地的显著破坏，导致水环境问题愈加严重，其带来的雨洪灾害呈现出受灾面积广、灾害损失大、灾害频繁化等现状及趋势。其原因主要在于水资源危机与雨洪资源利用不善同时存在。另外，雨洪管理理念技术落后、法规体制不健全等现状与智慧城市的弹性发展目标相悖。近年来频繁的暴雨天气导致很多乡村出现严重的内涝现象，从中反映出新农村建设的水环境设施存在着诸多设计问题，给百姓的正常生活带来干扰，甚至威胁到生命安全，因此有必要汲取传统村落生态运作经验，达到构建良好生态基础设施的目标。

1.1.2 研究目的

传统村落是中国几千年农耕文明的重要实物见证，是人居环境营造的典范，村落与自然环境是相互依存的共生关系。传统村落里存在着大量类型丰富的水环境设施，它们根植于地域环境，有着鲜明的特色。但随着城镇化的大力推进和农村人居环境的改善，很多传统水环境设施面临被弃置、老化、破坏的困境；另外，部分传统村落基础设施改善中一味借鉴城市模式，采用现代化给排水管网替代原有的传统水环境设施系统，一定程度上破坏了原有的历史环境，而且其整体的生态效益大大降低。国内水环境设施的研究也主要集中在理论与技术方面。因此我们将剖析太行山区传统村落传统水环境与村落的共生机制，揭示太行山区传统水环境设施的系统特色和运作原理，弥补现有理论研究不足，构建太行山区传统村落水环境设施综合评价模型，为传统水环境设施再生提供有效依据，科学地引导村落水环境的整治与提升。明确对传统水环境设施再生活化的迫切需求，在强调遗产整体保护的基础上，结合现代绿色基础设施的理念与技术，以生态低技术手段解决太行山区传统村落水环境设施的有机更新及村落整体人居环境的系统改善是本课题的最终目的。

1.1.3 研究意义

传统村落的传统水环境设施是指在中华民国以前设计建造，适应特定时期农耕社会的生产生活需要，运用当地乡土材料和建造技艺建设的集水、蓄水、用水、排水等各类设施的总和，如河、湖、塘、渠、井、窖、泉、池等。区别于城市刚性的给排水设施，传统村落的"传统水环境设施"没有受到现代工业化进程的影响，具有贴近自然、根植地域环境、生态低技术的特征。水资源是促进社会经济发展、推动文明进步的重要因素。中国是全球水资源最为稀缺的国家之一。同时，近年来海绵城市建设热潮以及对低影响开发技术的高度关注，使绿色基础设施研究得到重视，水环境设施亦将成为未来学术研究的热门课题。

目前，我国的城镇化进程经历了一个高速发展的时期，当今传统村落营造中日益尖锐的新、旧人居环境之间的矛盾成为诸多学者关注的课题。截止到目前，我国共有六批 8155 个村落纳入"中国传统村落"保护名录，太行山区传统村落占了相当大的比例。然而一方面，太行山区传统村落普遍存在物质性老化和功能性衰退的问题，随着社会发展和居民生活方式的改变，传统水环境设施已然不能满足居民的现代化需求，严重制约着传统村落的可持续发展；另一方面由于经济发展和旅游业的驱动，部分传统村落对传统水环境设施的改造和建设正如火如荼地展开，但是由于缺乏科学深入的研究论证和规划导控，建设存在较大的盲目性，在"功能"改善的同时，一味崇尚现代化技术、照搬城市模式，对传统水环境设施造成较大破坏。同时，由于传统村落中的水环境设施具有地域性和生态性，需将水环境设施放在社会与经济的大环境中进行研究，才能提出科学适用的再生策略。揭示太行山区传统村落与水环境的共生机制，总结归纳太行山区传统水环境设施的系统特色和运作原理，构建传统水环境设施综合评价模型，最后在此基础上提出太行山区传统村落水环境设施再生机制与路径，形成再生导则等系列成果，解决村民生产生活用水问题，具有重要的理论意义和现实意义。

2005—2016 年，在中央连续发布的一号"红头文件"中，多次强调农村饮用水工程、农村改厨改厕、农村排水排污方面的问题。2015 年《中共中央　国务院关于加大改革创新力度加快农业现代化建设的若干意见》提出，加大农村水环境设施建设力度，对控制面源污染、饮水提质增效、雨污分流等做出指导意见。

综上所述，本项目研究意义在于：

（1）根植于太行山区特定地域环境的水环境设施是传统村落整体遗产的有机组成，梳理其多样化类型，揭示其系统特色与运作原理，并借鉴其他类别遗产保护的价值评估方法评价其价值，将部分纳入保护范畴，丰富中国传统村落保护的内涵，更好地促进太行山区传统村落整体性保护。在传统村落空心化日益严重的情况下，先辈对传统村落水环境设施的保护理念以及邻里之间的监督约束行为无法得到延续，当下部分村民保护意识淡薄，致使部分传统村落的传统水环境设施废弃和缺少维护管理。部分经济和区位较好的村落在快速建设中，忽视了其价值特色，一味借鉴甚至移植城市供水排水设施的建设模式，导致大量传统水环境设施的弃置甚至建设性破坏。本研究的深入开展也可有效遏制这一发展势头。

（2）在水资源日益短缺、人居环境日益恶化的太行山区，走绿色、生态、低成本、低影响开发的水环境设施更新改善道路，有利于整体环境的生态、可持续发展。当前,太行山区部分偏远型传统村落,由于区位条件和经济基础的薄弱,依然沿用传统水环境设施解决生产生活用水;部分区位条件和经济基础较好的村落,也依靠传统水环境设施提供生活补充用水,足以显示出传统水环境设施强大的生命力。本研究通过大量的田野调查,在对太行山区传统村落水环境设施类型、价值特色系统归纳和对其对功能效果进行计算机数字模拟、揭示其运作原理的基础上,结合现代绿色基础设施的理念,选择适宜技术,考虑低成本投入,对传统水环境设施进行改造提升,优化其功能,不断适应和满足当前自然环境和社会生活环境变迁对其提出的新需求,妥善解决保护与发展之间的矛盾,走生态、可持续发展的道路。

(3)研究思路与成果对其他缺水地区或偏远型传统村落水环境设施更新改造提供有力的借鉴和启示。太行山区幅员大,区内大部分传统村落区位条件差,交通不便,经济基础薄弱,在当前中国众多的传统村落中有较强的代表性。本研究成果可为太行山区传统村落水环境设施更新改造提供直接指导,同时可以为全国其他地区传统村落水环境设施更新改造提供启示和有益的借鉴。

1.2 国内外研究现状

1.2.1 国外研究现状

国外学者对历史（传统）村落水环境设施研究主要包括：法规条例对水环境设施建设的引导研究、乡村特色维护中的水环境设施改善策略研究、水环境设施改善中的生态与适用技术研究等几个方面。

1. 欧美国家

法国在对水环境研究中利用蚯蚓和微生物的协同关系和现代污水处理技术，设计了蚯蚓生态滤池，高效处理污水。美国村落水环境设施改善中的生态与适用技术研究，尽量减少废水、废气、固体废物的排放，并采用各种生态技术实现废水、废物的无害化和资源化，使其得到再生使用。1954 年，西德政府（联邦德国）颁布的《土地整理法》重点集中在新村建设和完善基础设施两个方面[1]。20 世纪50—60 年代，联邦德国填埋了大量的古井，破坏了众多具有历史价值的基础设施。20 世纪 90 年代可持续发展理念融入了村落更新的实践，一些被破坏的传统水环境设施（水井等）被恢复，或发挥原有作用，或改造为景观设施，以留住历史的记忆[2-3]。英国传统村落水环境设施保护得益于 18 世纪和 19 世纪贵族和乡绅对乡村自然环境的关注[4]。英国学者注重传统水环境设施的景观性[5-6]。1990 年以来，英国传统村落的河流、湖泊、水井等，与农事活动相关的水环境以及设施，被纳入传统村落保护范畴之中[7-8]。英国对于传统村落水环境设施保护的核心经验在于将传统村落的自然环境保护纳入遗产保护的层次，并让大众接受[9-10]。2000 年以来，绿色基础设施（Green Infrastructure，GI）理论逐步运用于西方城市建设中，Zareba，A. 在研究中提出绿色基础设施的各种做法，其中包括硬和软可渗透表面、绿色的小巷和街道、公园、湿地等绿色开放空间，认为绿色基础设施有助于通过城市林业和水资源保护等许多实践来实现城市生态系统的可持续性和复原力[11]。在一些国家，绿色基础设施已经成为城市防洪策略之一，有关绿色基础设施空间构成和配置与城市防洪减灾之间关系的研究不断深入[12-13]。

2. 亚洲国家

东亚国家在水环境设施治理方面的研究，日本从 1970 年开始水井、沟渠等传统水环境设施的建设计划，乡村有雨水利用的传统，采用科学手段来推广雨水贮留渗透计划。其基本目标是加大雨水下渗幅度，及时补充地下水，补充泉水，保持天然水系水流量，用于防洪救灾等。另外，日本历来重视对多功能调蓄的研究，继而最大限度地发挥出土地效益[14-15]；韩国从 1970 年初开展"新村运动"，主要包括对传统水环境设施的保护与更新、对水环境的生态整治，规定了农民合理用水的条例和制度，倡导全民参与新村建设的管理和实施[16]。而中亚地区由于地处内陆干旱区，水资源匮乏，20 世纪 60 年代开始兴建水利工程，其中灌溉用水是中亚地区最主要的水资源利用方式[17]，Abdullaev 等分析了自上而下集体农场式集中灌溉管理的局限性，认为新兴用水户小组（WUGs）是一种有效的管理措施，能够有效支撑 WUAs 的实施[18]。Karimov 等应用经济核算方法分析农业节水潜力，通过上游冬季盈余水量在夏季重新分配供给下游，提高了灌溉效益[19]。

3. 非洲国家

一些严重缺水的国家如埃塞俄比亚乡村地区大力发展集水基础设施。其技术重点是发展适宜的集雨面和蓄水池。通常以屋顶、路面、坡面做集流场，以地下水池、地面水塘等做储水设施。但由于技术落后，该区的雨水储存技术和循环利用措施发展相对缓慢[20]。埃及的聚落由于经济发展水平和水资源条件的限制，其聚落选址多靠近尼罗河沿线，用水多依靠自然河流的地表水资源，与此同时还得防止河水泛滥对聚落的影响，所以村镇多位于近河高台之上[21-22]；L.CARLSSON 等以南非国家博茨瓦纳为研究对象，发现农村地区 90% 以上供水来自地下水开采，并通过钻井以建立储水设施[23]。

1.2.2 国内研究现状

国内学者对水环境设施的研究主要集中在一般农村层面上，较少涉及传统村落水环境设施的研究。以下将对一般农村与传统村落水环境研究现状进行分别阐述：农村水环境相关研究主要集中在农村水环境的分类以及水环境治理研究、农村生态基础设施优化、农村绿色基础设施以及水环境设施系统优化等方面；传统村落方面主要从水与村落的关系、水环境的生态美学、传统水环境设施改善研究以及特色评价方面展开研究。

1. 一般农村水环境相关研究

（1）对农村水环境问题的总结研究

随着物质水平的提高和人们需求的日益增长，农村水环境的多种功能在给村庄发展带来便利的同时，也出现了众多问题。汪立祥等人指出水污染、生活污水、农药及化肥的残留，以及旅游业引起的水患、洪水是水环境的重要影响因素[24]。王慧斌指出农村建筑布局相对分散，且没有统一的建设规划和基础设施配套，供水体制不健全，水质水压不达标，污水收集不规范，排水管网不完善等导致村落环境的急剧恶化[25]。王浩锋建议建立水系规划控制和管理机制，在水系形成的骨架内部逐步修建住宅及其他居住建筑，这是治理历史文化村镇水环境的必要措施[26]。段勇等人指出村落乱改乱建、三通一平不合理、基础设施的不合理规划、大量垦荒和农药的使用给村庄水环境带来诸多问题。可以总结出环境意识淡薄、重视程度不够、现有水环境治理技术偏低、基础设施缺乏等是农村水环境面临的主要问题[27]。诸多学者在创造性地吸纳城市水环境治理、雨洪管理技术体系的基础上，结合农村水资源特点，对村庄生态基础设施、绿色基础设施、基于雨洪调蓄利用的给水设施规划和基于现代污水处理技术的排水设施规划等方面进行了农村水环境治理的相关研究。

（2）对农村水环境的分类以及水环境治理研究

主要将农村水环境构成要素按"点、线、面"划分：A. 点状要素——泉井、水口、井台、码头；B. 线性要素——流经村落的溪流或人工开凿的输水道；C. 面状要素——水塘等[28-29]。这些水环境空间要素具有蓄水防旱、灌溉、排洪、消防、洗涤、饮用、调节小气候等多种生态实用功能，兼具造景效果[30]。针对农村水环境生态治理，国内学者提出一系列的对策：张伟等学者提出用生态湿地来解决农村部分污水的净化处理[31]。朱松平提出农村供水管网腐蚀、结垢及水质发黄等问题，建议更换农村供水水管的材料[32]。周瑛等学者以北京近郊型村落为例，通过改建农村给排水管网达到农村水质提升和污水治理的目的[33]。钟旭妮提出将回收利用的雨水资源作为村落用水的重要来源，因地制宜地选择合适的给排水方式，并提出推广源分离技术解决乡村的污水治理[34]。张婵基于国土空间规划体系对农村水环境提出治理策略[35]。

（3）农村绿色 / 生态基础设施及相关内容研究

目前，国内关于农村绿色 / 生态基础设施的研究较少，且主要集中在定义及内涵、研究模型、建设技术改造及应用方面的研究。在定义和内涵上，农村绿色基础设施内涵指为了响应"两型"社会的提倡，在基础设施的全寿命周期内，最大限度地节约资源、节能、节地、节水、节材，保护环境和减少污染，为社会生产和居民生活提供舒适、健康、高效、便利的公共物质工程设施，与自然和谐共生的基础设施[36]。H.Hindersah 认为绿色基础设施（GI）是一个相互关联的绿色空间网络，保护自然生态系统的价值和功能，并为人类提供相关利益[37]。段勇等人将村落生态基础设施定义为在村落范围内维护村落和城市系统的正常运行，提供一切生态服务和资源的基础性设施[27]。毛靓等人认为乡村基础设施应具有系统性的特征，且各部分之间有相互影响关系，主要包括土地、森林、绿化、水系等[38]。在研究模型方面，主要包含研究指标体系的建立、指标权重的计算、研究模型的建立、研究等级划分标准的确定及研究结果的分析等[39-41]。在建设技术改造及应用方面，有学者认为其在村落选址与规划、民居建造、生态性农业生产等方面具有可持续的发展效果。还有学者借鉴水环境生态基础设施开发领域的"低影响开发"理念，总结与提炼其运营模式，并转化应用到乡村旅游开发中。使用简单的、非结构性的、低成本的且已建设的雨水管理设施，将植物景观功能与使用功能结合，以期节约建设成本、降低开发强度，即灵活运用植物景观，形成软质基础设施。何伟嘉、崔爱军以红河哈尼族村寨生态型基础设施规划为例，认为村寨改造中的基础设施建设应整合利用传统技术构成并融入现代生态技术理念，在区域内构建新型复合有效的可持续生态体系[42]。刘文平以"绿色基础设施理论"为基础，从村庄规划编制入手，提出一套绿色基础设施如何应用于轴县村庄规划的方法流程，并通过实践案例进一步验证此方法[43]。

（4）农村给排水系统规划设计及设施优化研究

在农村给排水规划研究中，国内学者主要通过融入现代化设施来解决农村给排水需求，包括给水方式、管网选择、污水排放模式和处理设施等。在农村给排水系统规划设计研究方面，熊家晴针对乡村人畜饮水问题设计了一套雨水集流供水系统，解决了传统雨水集流系统中水质、水量的问题[44]。黄建美从城乡统筹的角度上，提出区域协调水源选择、给排水管网布局、排水体制、污水处理等方案来解决不同村落的给排水规划[45]。张忠伟从生活给水系统、消防给水系统和排水系统三方面介绍了乡村建设中的给排水设计方法[46]。张如军提出新建蓄水设施对雨水进行收集利用和污水处理技术的选择问题[47]。许升超阐述了农村给水系统排水现状，并对给水规划内容编制提出建议[48]。在农村给排水设施优化研究方面，杨蓉等人提出山区乡村可选择分散式点状给水设施结合给水管网的供水模式[49]。苗展堂等人将村镇基础设施分为共享类、非共享类、选择性共享类。并以污水处理基础设施为例，对特定范围内村镇的选择性共享类基础设施共享后效益进行了量化分析[50]。李振东从县镇供水存在问题出发，针对问题提出加快县镇供水设施的完善[51]。龚杰杰等人指出农村人口和给排水管网规划长度的相互关系，提出山区乡村给排水基础设施的配置方法[52]。

此外，对农村水环境设施的研究内容还包括对农村雨洪调蓄利用的研究[53-56]。

部分学者从环卫系统和防灾系统进行了研究。

2. 传统村落水环境相关研究

（1）传统村落水环境相关内容研究

主要以南方地区居多，从形态、审美、利用这几方面对水系进行研究。其中《徽州古民居水环境空间研究》《徽州传统村落中水系视觉传达的审美文化价值及其在当代设计中的应用》《徽州传统村落对水资源合理利用的分析与研究》《水在中国传统民居聚落中的生态价值及其在当代住区中的应用探讨》《衢州地区传统村镇水空间解析》《堪舆学与传统村落水环境景观营造研究》《闽东地区传统村落水环境景观营造研究》《浙江新叶传统村落水空间研究》《海南岛传统聚落水环境的生态营造研究》等硕士研究生论文探讨了水环境的要素分类、要素构成、价值、利用、景观营造等方面。有部分高校团队针对北方地区进行研究：西安建筑科技大学的王军、刘加平教授等从传统村落蓄水、节水、循环利用等角度展开研究；山东建筑大学的张建华教授团队探索了北方泉水与聚落营建之间的关系；吉林建筑大学赵宏宇教授团队针对北方传统村落的治水智慧进行分析总结。

还有一些文献通过对某一村落水的研究，分析水环境治理与利用改造状况，倪琪等人以黄山市呈坎村的水系构成为研究对象，基于中国传统营造理论进行水系改造，形成为生产、生活服务的水系系统 [57]。林静以济南市岳滋村为例，探讨了河道分流、街巷排洪、水池调蓄以及结合地势的农业生产模式等简单易操作的低技术水环境营造方法 [58]。张晋以门头沟地区为研究区域，系统总结了山地村落水适应性景观改造策略 [59]。

（2）传统村落水环境设施改善方面研究

在给水设施方面，王竹等人在陕北枣园窑洞村的更新规划中尝试汲取传统朴素的生态学思想，保留原有的水窖和集水渠道，窖内有净化和消毒设施，窖水平时浇园，天旱时可作为饮用水的补充。保留原有的水井，并设自来水汲水处，是井水向各户自来水的过渡形式，同时较好地保留了井口公共空间的邻里交往属性 [60]。何伟嘉等人分析了哈尼族村寨"森林、村寨、梯田、水系"——四素同构的生态体系，在给水设施规划中充分利用上游溪流水源，设置环状和枝状相结合的管网系统 [42]。在排水设施方面，宋乐平等人在研究周庄古镇排水现状的基础上，以保护古镇风貌和建筑为出发点，从排水体制的选择、管网和排水设施的敷设、污水厂的选址等方面探讨了适宜的污水排放方式 [61]。韦宝畏等人通过对地方史志和典籍记载的查阅，并结合实地考察，针对皖南传统村落中的给排水设施，提出了水源选择、引沟开圳、挖塘开湖以及水位调控等重要的改善环节 [62]。

（3）传统村落水环境设施保护与应用研究

本书中水环境设施特指在中华民国前设计建造，适应特定时期生产生活需要的供水、排水、蓄水等一类设施的总称，如井、泉、塘、窖、渠、池等[63]。水环境设施是村落基础设施重要组成部分，现有研究多将水环境设施作为基础设施的一部分，从作用效果[64]和更新方法[65]进行研究，鲜有文章对其专门研究。林祖锐、马涛等人从基础设施的历史演进方面，构建了协调发展评价体系，其中就有专篇针对水环境设施的运作效果进行评价[66]。在水环境设施更新方面，现有研究主要从生态学角度的水窖更新利用[60]以及村落给水[67]、排水[42]方面展开。吴丹针对侗寨水基础设施的废弃现象，提出通过扩大水域面积、增加水深和引进现代技术等措施，达到恢复原本作用效果的目的[68]。

（4）传统村落水环境设施特色及评价方面的研究

在基础设施方面，马昕等人采用协调发展度模型，通过应用实例对村落基础设施可持续建设状态进行评价[69]。刘青等人依据突变级数法的相关要求，从生产生活型基础设施和社会发展型基础设施两方面构建村落基础设施建设现状评价指标体系[70]。林祖锐、马涛等人采用改进的层次分析法构建传统村落基础设施协调发展评价体系，分析了传统村落基础设施建设发展同社会、经济、历史、生态之间的内在联系，找出传统村落基础设施建设的问题和解决问题的方向[66]；林祖锐在《传统村落基础设施协调发展规划导控技术策略——以太行山区传统村落为例》一书中，建立由"效应函数""耦合度函数"和"耦合协调度函数"组成的"耦合协调度"评价模型，科学揭示太行山区传统村落基础设施发展的现实问题并剖析问题成因[71]。另外，林教授团队的《阳泉市传统村落水环境设施营建特色研究》《基于人水共生的太行山区传统村落营建特征研究》《太行山区传统村落水环境设施价值评估及再生规划策略研究》《太行山区传统村落水环境设施营建技艺及其适应性更新研究》等硕士论文均对传统村落水环境设施的特色营建进行了研究。

在给排水设施方面，张磊在对婺源传统村落的给排水设施分析的基础上，对水的规划选址原则、便利的水利设施、完备的雨水系统和实用的生活给排水设施进行初步探讨[72]。乔丹萍、张趁等人通过对张谷英村给排水的系统分析，强调虽然传统村落给排水系统日趋完善但不可避免地存在一定的缺陷[73]。此外，赵宏宇教授负责申请的国家社会科学基金项目《我国北方传统村落生态治水智慧文化遗产的挖掘与保护研究》探讨了我国北方传统村落的生态治水智慧，此后，该团队在传统村落水环境设施特色与评价方面贡献了较多有价值的研究成果。单良通过选取条件价值评估法（CVM）评价东北传统村落生态治水空间非使用价值的适用性，针对性地提出保护与利用东北传统村落生态治水空间非使用价值的发展策略[74]。刘琦通过 AHP 法建立东北传统村落治水空间的文化传承价值评估模型，创新性地对村落的水空间文化价值特色进行评价[75]。

（5）传统村落水环境设施营建智慧方面研究

传统村落水环境设施营建智慧剖析方面，学者主要从传统村落不同水环境背景下解析。逯海勇通过系统分析徽州传统村落水环境背景下村落成因，挖掘了传统村落人工水系的营建智慧[76]。周维楠系统解析了阳泉市传统村落水环境设施的系统运作原理，剖析了水环境设施的生态营建智慧[63]。刘华斌等人从水生态哲学入手，总结了外部水环境影响下流坑中的蓄水、排水、净水智慧[77]。苏争荣从水安全、景观、生产和生活、文化等方面进行分析，总结归纳闽东地区传统村落水环境景观营造的方式与优劣[78]。谢光园等人通过解析传统村落水环境设施类型，从点、线、面三个角度分析了设施的雨水利用智慧[79]。王晓勤等人从生产、生活角度分析了古村水环境的生态智慧，提出水环境具有生产、运输、防御、消防美化、雨洪管理、调节小气候等复合型功能[80]。高怡洁围绕晋东地区传统村镇建设中应对贫水环境挑战的诸项技术措施展开，揭示该地区传统村镇聚落建设中总结出的一系列智慧方法，主要包含集雨水窖供水方法及受其影响的民居建筑和聚落空间布局三个方面[81]。

（6）传统村落水环境设施绿色生态营造策略研究

国内在传统村落生态基础设施研究方面较为深入，但是在水环境影响下的生态基础设施较为浅薄。韩文松从水资源景观生态视角，阐述了浙中传统村落水资源设施的构成与特征，并提出了水资源景观生态保护的基本原则[82]。李倞、商洪池、徐析通过研究京西山地传统村落水适应性生态智慧，分析其村落选址、路网排水系统、调蓄池塘、复合农业生产模式等经验做法，以及朴素的水环境设施管理理念，对于建立"与自然相协调""多目标相融合"的可持续发展城市基础设施体系也有很好的借鉴意义[83]。孙贝从生态角度对传统水环境基础设施水塘、水井、坎儿井各自的营造特色进行分析，体现了中国式脉络的生态观及生态审美观，阐述了人与自然共生依存的关系[84]。

（7）传统村落水环境设施选址布局研究

国内在对村落水系的研究中，多集中于水环境设施的选址布局方面。孙明对水口景观构成进行详细解析，探究了水口景观蕴含的传统文化内涵[85]。王晓芳以郴州传统村落水系为研究方向，通过对郴州传统村落水系构成要素的分析，总结了受地理位置、气候环境、历史沿革、文化传统等方面因素的影响下郴州传统村落水系的一些特点。并从水系构成的整体出发，对传统村落水系的实用性、景观性、生态性、地域性和精神性方面的特征和意义进行分析[86]。龚蔚霞等人通过具体分析水乡地区用地破碎化、生态退化的现状，就规划选址、生态环境保护与修复、公共交通、村庄建设等方面提出"因地制宜、观形察势、依山傍水、顺乘生气"四大规划原则以及相应的设计对策，以期探索可持续的、环境友好的水系规划和利用方式[87]。

1.2.3 研究现状评述

我国的水环境设施建设，注重与村落大环境的融合，走经济、生态可持续的道路，并重视公众在水环境设施建设发展中的作用。

我国一般农村由于历史较短、现代化进程明显等原因，水环境设施特色不足且较多参照城市给排水模式进行建设，国内水环境设施的研究主要集中在理论与技术方面——生态基础设施、绿色基础设施以及低影响开发技术的应用，其中对于绿色基础设施的理论与技术研究更为充分，绿色基础设施指标体系的构建、定量化研究以及在村庄规划中的应用对传统村落水环境设施再生研究有一定的借鉴意义。

在传统村落水环境设施层面，学术界大多从建筑学、美学、生态学等领域，着重各自学科背景的研究，对传统村落水环境多从水文、经济、文化等精神层面进行研究，涉及空间等物质层面的研究中水多作为景观元素，从特殊空间及审美等方面讨论，较少侧重水与村落相关影响关系的研究。有关水环境设施的特色和科学价值、针对水环境设施的评价体系研究就更加缺乏，且对水环境设施研究多感性描述，缺乏定量分析与评价。由于传统村落中的水环境设施具有地域性和生态性，需将水环境设施放在社会与经济的大环境当中进行研究，才能提出科学适用的再生策略。揭示太行山区传统村落与水环境的共生机制，总结归纳太行山区传统水环境设施的系统特色和运作原理，构建传统水环境设施综合评价模型，最后在此基础上提出太行山区传统村落水环境设施再生机制与路径，形成再生导则等系列成果，这对解决村民生产生活用水问题，具有重要的理论意义和现实意义。

1.3 研究范围与对象的界定

1.3.1 地理范围界定

中国地域辽阔，不同地区的气候特点、地理环境、经济条件、人文传统相差悬殊，历史村落的状况也千差万别，所以在研究中界定一个相对明确的区域是必要的。本文结合作者的科研项目基地适当扩大，以横跨北京、山西、河北和河南三省一市的太行山区为研究地理范围。此地区在地理区划上属于华北地区，气候分区上属于寒冷地区，地形地貌上属于黄土沟壑地区，有典型的代表性。

太行山是中国东部地区的重要山脉，是黄土高原和华北平原的天然分界线。《括地志》中称"太行连亘河北诸州，凡数千里，始于怀而终于幽，为天下之脊"，横亘京、冀、晋、豫三省一市。南抵山西、河南边境的沁河平原；西接山西高原，与吕梁山隔汾河相望；东临华北平原，绵延400余公里，为山西东部、东南部与河北、河南两省的天然界山。关于太行山系的范围，历来争议颇多。本文取广义的太行山区范围，晋代的郭缘生在《述征记》中所言："太行山首始于河内，北至幽州"。具体而言，北以桑干河—永定河为界，东接京广铁路以西华北平原西部边缘，南抵黄河北岸，西至由北向南贯穿山西全境的忻定盆地—太原盆地—临汾盆地一线。包括北京、河北、山西、河南四省（市）23个地级行政区划单位（区）170个县级行政区划单位（市辖区、县级市、县）（见表1-2）。全境面积约13.4万平方公里，人口2.98亿，是中国东部重要的区域地理单元（如图1-1所示）。一半以上山西全省面积，小部分河南面积，部分河北面积。

1.3.2 村落性质界定

本文涉及村落、古村落、历史文化名村、传统村落等基本概念（如图1-2所示）。研究中所谈及的"传统村落"是指在选址分布、环境格局、形态结构、文化遗产等方面具有典型代表性的传统村落，即已被列入中国传统村落名录名单中的传统村落。

村落：村庄。（《现代汉语词典》第7版，P225）《条例》所用；《村庄和集镇

表1-2　太行山区地级行政区划单位、县级行政区划单位统计

地级行政区划单位		数量	合计	县级行政区划单位			数量	合计
				市辖区	县级市	县		
北京市	门头沟区、房山区、海淀区、丰台区、石景山区	5		0	0	0	0	
河北省	保定市、石家庄市、邢台市、邯郸市、张家口市	5		19	4	35	58	
山西省	大同市、忻州市、太原市、阳泉市、晋中市、长治市、临汾市、晋城市、运城市	9	23	17	8	50	75	170
河南省	安阳市、鹤壁市、新乡市、焦作市、	4		15	6	16	37	

表格来源：根据相关资料整理。

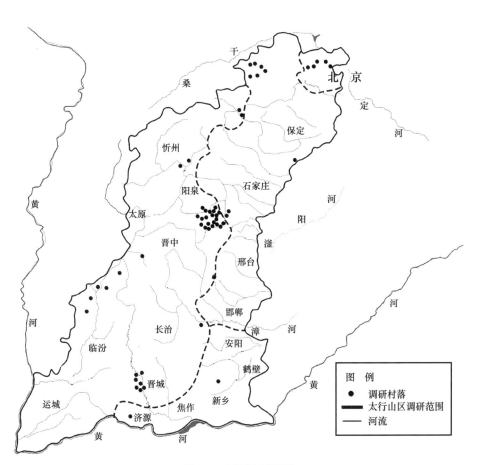

图1-1　太行山区范围图

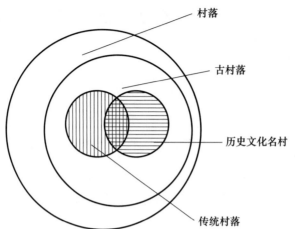

图1-2　村落、古村落、历史文化名村、传统村落关系图

规划建设管理条例》中对村落的定义为"村庄，是指农村村民居住和从事各种生产的聚居点。"与村落相关的概念有行政村、自然村等。行政村是依据《中华人民共和国村民委员会组织法》设立的村民委员会进行村民自治的管理范围，是中国基层群众性自治单位。行政村个数是指村民委员会的个数。可能包括一个或多个自然村，也可能一个大的自然村分为若干个行政村。自然村隶属于行政村，是农民日常生活和交往的单位，但不是一个社会管理单位，受地理条件、生活方式等的影响。

古村落：所谓古村落是指中华民国以前建村，保留了较大的历史沿革，即建筑环境、建筑风貌、村落选址未有大的变动，具有独特民俗民风，虽经历久远年代，但至今仍为人们服务的村落。作为完整的生活单元，它们由于历史发展中偶然兴衰因素的影响，至今空间结构保持完整，留有众多的传统建筑遗迹，且包含了丰富的传统生活方式，成为新型的活文物。我们目前所见到的古村落是可以亲历的生命史中的一个阶段，与遗址不同，是农村乡土环境的重要活见证，对历史文化区的保护工作具有典型的指导意义。

历史文化名村：《中华人民共和国文物保护法》第十四条规定，"保存文物特别丰富并且具有重大历史价值或者革命纪念意义的城镇、街道、村庄，由省、自治区、直辖市人民政府核定公布为历史文化街区、村镇"。《历史文化名城名镇名村保护条例》第七条规定，"保存文物特别丰富；历史建筑集中成片；保留着传统格局和历史风貌的村庄，可以申报历史文化名村"。目前，我国的历史文化名村分为国家级和省级两类。目前，全国共有六批276个国家级历史文化名村。

传统村落：原本是一个泛指，是一般性称谓，由大家熟知的"传统村落"概念转化而来，也叫"传统聚落"。指历史形成的人类小型集聚点，是人类活动和自然环境相互作用的结果，它们从不同侧面记录了当时社会经济、政治、文化、民俗等信息，较多强调其原始的山水格局、空间肌理等，其中是否有丰富的建筑遗存则不过多强调。当前，传统村落是一个特称，指由住房城乡建设部、文化部、国家文物局、财政部四部委组织传统村落保护和发展专家会议，经地方上报，对满足"传统村落指标体系"要求的村落，授予"中国传统村落"称号。目前，我国已有六批共 8155 个村落入选"中国传统村落"名录。与历史文化名村比较，中国传统村落的主管部门不同、数量更大、更加强调遗产保护基础上的发展。

1.3.3 传统水环境设施概念界定

窦贻俭等人在《环境科学原理》中对水环境的定义是："水环境一般是指河流、湖泊、沼泽、水库、地下水、冰川、海洋等地表贮水体中的水本身及水体中的悬浮物、溶解物质、底泥，甚至还包括水生生物等。从自然地理的角度看，水环境系指地表水覆盖地段的自然综合体。"该定义强调水环境的三个方面即水体本身、水体接触的物质以及水生生物。本文研究的传统村落水环境是指传统村落环境的一切水域本身及其相关要素的总和，广义来说，是影响传统村落地区建设、经济发展的水源、防洪、水质以及具有人文内涵的水景、水域动植物的自然要素与人工要素的水体环境，以及产生的相互关系。

传统村落的传统水环境设施是指在中华民国以前设计建造，适应特定时期农耕社会的生产生活需要，运用当地乡土材料和建造技艺建设的给水、蓄水、用水、排水等各类设施的总和，如塘、渠、井、窖、泉、池等。区别于城市刚性的给排水设施，传统村落的"传统水环境设施"没有受到现代工业化进程的影响，具有贴近自然、根植地域环境、生态低技术的特征，它一方面包括广义的水环境，即水的生命循环系统中水所涉及的空间范围，另一方面包括狭义的水环境，即指在水系统环境整体脉络下的民居建筑与聚落空间设计。从空间上研究涉及水源地、聚落内部的民居建筑、天井院落、道路、池塘、聚落外部的河流等。

1.4 研究内容、方法与技术路线

1.4.1 研究内容

1. 太行山区传统村落水环境与村落共生机制研究

以传统村落水环境设施类型丰富的太行山区为研究对象，主要采用文献分析和田野调查的方法，借助聚落地理学、形态学、社会学、人居环境学等理论基础，多学科、多视角系统分析水环境与村落的共生关系，着重把握水环境与村落的双向影响关系。一方面，梳理水环境对传统村落的选址布局、规模大小、形态结构等方面的影响；另一方面，掌握传统村落对水环境的反馈影响，包括自然水系向科学人工水环境演变的发展机制、水环境对村落小气候的影响、水环境设施规划布局等方面，最终揭示太行山区传统村落水环境与村落的共生机制。

2. 太行山区传统村落水环境设施系统特色和运作原理研究

实地调研太行山区传统村落，梳理出普遍和特殊的传统水环境设施类型，运用类型学的方法，通过计算机模拟（模型、水量、流速等）、建筑测绘、数字建模、建档等手段，直观表达太行山区传统村落水环境设施类型，最终总结归纳出传统水环境设施的系统特色成果；接着对水环境设施的运作原理进行剖析，具体研究水环境设施如何从"集水—蓄水—用水—排水"四个层面衔接、循环，最终完成水资源在时间、空间上的循环利用，揭示水环境设施的外部运作原理；以及探析水环境设施不同层次之间交叠、互动活动形成的内部运作原理。从而揭示太行山区传统村落水环境设施系统特色和运作原理。

3. 太行山区传统村落水环境设施综合评价模型研究

传统水环境设施综合研究涉及传统村落社会、经济、空间以及人文等多方面内容，从而决定了其评价模型具有多样性与交叉性的特征，评价模型构建过程中应始终贯彻全面系统的指导思想，运用整体性原则、动态性原则和设施组织等级原则，建构太行山区传统水环境设施综合评价模型。在对其系统特色和运作原理研究的基础上，综合权值评价法、层次分析法、模糊综合判断法等评价方法，应用于传统水环境设施综合评价模型构建中，并通过技术集成，将定性分析和定量分析有机结合，建立太行山区传统村落水环境设施"现状环境评价—再生目标评判—综合价值评估—再生潜力分析"评估模型，为传统水环境设施的类型特色分析、遗产价值评判、综合价值评估，以及再生潜力分析等提供技术支撑。

4. 太行山区传统村落水环境设施再生机制与路径研究

运用太行山区传统村落水环境设施综合评价模型，对村落的传统水环境设施进行综合评价，为村落水环境设施的再生提供量化的参考标准。综合传统智慧（系统特色、运作原理）、现代理念（绿色基础设施、生态基础设施）、现代技术（低影响开发、雨洪管理技术）三个方面进行再生研究，以智能化、人性化为指导思想，对太行山区传统村落水环境设施进行传统与现代相结合的实践改造研究。在此基础上，编制再生策略的内容以及更新的原则、目标、方法、程序与技术标准，并经由实践层面的再生改造研究，检验所采取的更新方法的科学性和适用程度，最终为太行山区传统村落水环境设施的再生提供科学而系统的规划导则。

1.4.2 研究方法

本研究以聚落地理学、人文地理学、城乡规划学、类型学、社会学、人居环境学、景观生态学、市政工程学等学科理论为基础，主要采取田野调查法、文献研究法、多学科交叉法、系统模型法（计算机模拟、权值评价法、层次分析法、模糊综合判断法）四种方法。

1. 田野调查法

田野调查被公认为是人类学学科的基本方法论，也是最早的人类学方法论，即"直接观察法"的实践与应用。现已广泛用于乡土聚落各项研究之中。因为乡土聚落所处的自然环境和社会文化环境有极强的地域特性，聚落是与周边环境物质和能量交互的有机整体，因而必须走向"田野"，实地踏勘，做细微考察，获取第一手资料，加深对研究对象的主观感知。本研究的田野调查工作包括问卷、踏勘测绘、村干部与居民访谈等。

2. 文献研究法

文献分析方法是指在第一手资料较难获取的情况下，通过对文件、报刊、书籍等文献进行分析，发掘所需资料的研究方法。作者在研究中意识到，仅凭短暂的田野调查难以透彻了解历史村落的兴衰演替、发展沿革，对于基础设施的发展演进规律也难以形成系统性把握，研究中必须结合相关文献资料形成补充。本文的文献主要指两大部分，其一为国内外历史村落保护与发展，特别是基础设施发展规律、适用技术的一般性理论文献，这部分文献主要通过图书期刊资料或数字资源（如中国知网）等获取；另一部分是调研村落的历史和现实资料文献，包括族谱、村志、地方志、档案资料、调查报告、各项规划、财务报表等。这部分资料通过实地调研搜集。通过这些文献资料，可以较为全面、客观、准确地了解村落的历史和现实，发现问题，寻找理论突破口。

3. 多学科交叉法

本项目借助聚落地理学、人文地理学、城乡规划学、类型学、社会学、人居环境学、景观生态学、市政工程学等学科的理论与内容，从不同角度宽领域多元化深度剖析传统水环境设施的特征，为太行山区传统村落水环境设施的研究寻求理论支持。

4. 系统模型法

系统科学方法是在 20 世纪中叶产生的新的思维方法，它的产生和发展是人类认识史上由定性认识到定量认识的新飞跃。系统方法包括系统分析法、三维结构法、系统模型法等。系统模型是指以某种确定的形式，对系统某一方面的属性进行的描述。常见的模型分为物理模型、文字模型和数学模型等。本项目运用整体性原则、动态性原则和设施组织等级原则，综合权值评价法、层次分析法、模糊综合判断法等评价方法，应用于传统水环境设施综合评价模型构建当中，并通过技术集成，将定性分析和定量分析有机结合，建立太行山区传统村落水环境设施"现状环境评价—再生目标评判—综合价值评估—再生潜力分析"评估模型。

1.4.3 技术路线

本课题基于实地调研、数据获取，首先研究太行山区传统村落水环境与村落的共生机制，传统水环境设施的系统特色、运作原理，在此研究基础上，构建太行山区传统水环境设施综合评价模型，最后依据其模型评价，为传统水环境设施再生机制与实施路径提供依据。研究的技术路线如图 1-3 所示。

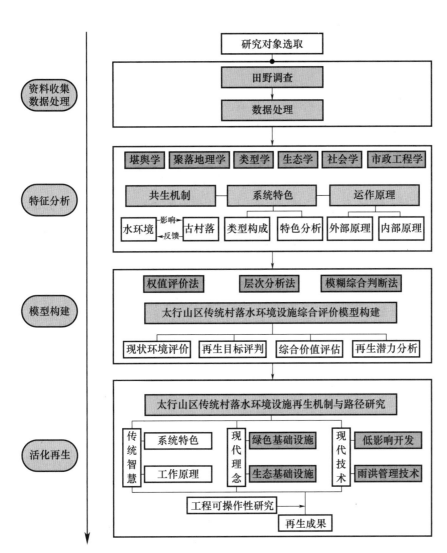

图 1-3　研究技术路线图

1.5 田野调查研究概况

1.5.1 调研活动组织

作者所在的研究团队师生共 25 人（其中教师 4 人，研究生 9 人，本科生 12 人）。于 2018 年 8 月～2023 年 7 月期间，利用周末、寒暑假时间先后多次对太行山区三省一市共 56 个传统村落（见表 1-3）进行了详细的实地调研（如图 1-4 所示）。调研过程共发放问卷 545 份，有效问卷 532 份。拍摄数字照片 5000 余张，绘制测绘草图 46 套，访谈村干部和市县镇主管干部 100 多人次，获取了大量的第一手资料，为后续科研活动的展开提供了有力的支撑。

表 1-3　团队调研的太行山区传统村落统计

地级行政区划单位		传统村落	数量
北京市	门头沟区	苇子水村、三家店村、琉璃渠村、灵水村、爨底下村	5
河北省	张家口市	水东堡村、南留庄村、上苏庄村、水西堡村、西古堡村、白河东村	6
	保定市	冉庄村	1
	石家庄市	大梁江村、于家村	2
	邢台市	英谈村	1
山西省	阳泉市	娘子关村、旧关村、南峪村、七亘村、新关村、大石门村、上董寨村、下董寨村、西郊村、乱流村、大阳泉村、南庄村、辛庄村、瓦岭村、桃叶坡村、西锁簧村、宋家庄村、小河村、岩会村、柏井一村、小桥铺村	21
	忻州市	槐荫村、北社东村	2
	大同市	西蕉山村、殷家庄村	2
	晋中市	厦门村、冷泉村、张壁村、梁村、北洸村、南庄村	6
	临汾市	师家沟村	1
	晋城市	上伏村、湘峪村、皇城村、郭峪村、上庄村、窦庄村、屯城村	7
河南省	新乡市	小店河村	1
	济源市	南姚村	1

表格来源：根据调研结合相关资料整理。

村委访谈图　　　　　　　　村民访谈图　　　　　　　　实地踏勘

图1-4　调研活动照片

1.5.2 调研方法和调研内容

　　田野调研是本研究获得资料信息最重要的途径，是研究传统村落最主要的研究方法之一，是进行乡土社会想象及规律研究的一种重要方法，运用最广的是社会调查，通过问卷、访谈、录音、影像等方式实现。数据采集对象为村干部和大量随机走访的村民以及游客。

　　（1）调研问卷：根据研究内容要求和调研调查内容相应地设置了两种问卷（见附录二）：

　　问卷一：关于太行山区古村落传统水环境设施情况调研（村民篇）

　　问卷二：关于太行山区古村落传统水环境设施情况调研（村干部篇）

　　（2）居民访谈：调研问卷具有客观性、方便统计的特点，但不能代替面对面的访谈。本研究访谈内容包括访谈对象对村落水环境设施的用水量、用水构成、接受度、使用的满意度，以及对水环境设施改善与发展的见解、诉求等（见附录一）。

　　（3）踏勘测量：主要是针对各类传统水环境设施，如传统街巷的断面、水井、水窖、涝池、排水暗沟、蓄水池的测绘等。

1.5.3 调研村落的选取

　　太行山区共有传统村落857个，在调研过程中因为各种限制因素不能全部开展调研，因此，样本村落的选取非常重要，在样本村落的选取中兼顾地区平衡和流域平衡，确保其水环境设施类型丰富、特色鲜明，能够更好地代表太行山区传统村落水环境设施的基本特征。

　　为了保证获取数据的全面性和代表性，研究从地形地貌、用水水源类型、传统水环境设施类型、与河流的关系四个方面作为调研对象的选取依据。

　　1. 地形地貌

　　太行山地区地形地貌比较复杂，除了分布有少量的山前平原区外，地形环境主要以中山、低山或丘陵沟谷地带为主，因此根据地形地貌，太行山区的传统村落大致划分为低丘平原型村落和山地型村落。

低丘平原型村落主要分布在沁河中游、汾河河谷地带，此类传统村落的典型特征是村落内建筑高度变化较小，民居排列整齐有序，街巷较平直。

山地型村落主要分布在三省一市的各自交接处，太行山区的深山地带，此类历史文化村镇的典型特征是建筑依山势而建，起伏较大，形式灵活，多用石材，街巷曲折变化丰富。

2. 用水水源类型

太行山区是我国多水与少水地区的过渡地带，区域内水资源分布不均，因此形成了各地区村落在用水方式上的差异。出于生活的需要，不同村落结合自身资源优势，靠一种或多种水资源自身需要，并不断地对自然水系进行改造和利用，从而形成了类型多样的用水水源类型。如临近自然河流且水质良好的村庄，常就近选择自然河湖水作为水源；地下水充足的地区则会首选井水、泉水作为水源，以保证水质的清洁；对于村庄建于岩层之上不便深挖水井或地下水水位较低，井水取水困难的村落，雨水作为村落的主要水源。

3. 传统村落水环境设施

针对不同用水水源类型，太行山区传统村落修建了多种类型的传统水环境设施，如谷沱、水井、泉池、水窖、涝池、水掌等。为了解决河流枯水期的取水问题，太行山区先民们在枯水的河床上修建能收集河床沙土中蓄水的供水设施——"谷沱"。为了将浅层地下水提取出来就出现了水井，当利用地下承压的出露水源时便出现了泉眼、泉池或泉溪。此外，通过挖凿水窖、涝池、水掌等传统设施来集蓄雨季时的雨水供旱时取用，并且在集蓄雨水时，分流部分水流来降低排水系统的排水压力。

4. 与河流的关系

太行山区内有汾河、沁河、大清河、滹沱河、漳河等多条河流，在这些河流附近分布多个传统村落，传统村落的选址布局与河流的距离有着密切关系。在调研过程中，根据不同河流的分布以及与村落之间的关系，主要分为村沿水一侧、水穿村而过两种类型。

村沿水一侧型是指村落紧邻河畔，或离河流距离远小于村落长边距离；且多选址于山的阳面，面朝河流，传统建筑沿河一侧连续布局；河道的另一侧则由于地势低洼或不需太多居住用地而用作耕地、种植树木等。

水穿村而过型在水面宽度较小或流速缓和的河岸，村落常跨河发展，形成水穿村而过的村落布局模式。

　　根据以上条件综合考虑，为了调研结果具有普遍性和较强的代表性，兼顾不同特色类型，共选取了太行山区 56 个不同类型的传统村落为调查对象。调研传统村落的分布见图 1–5。

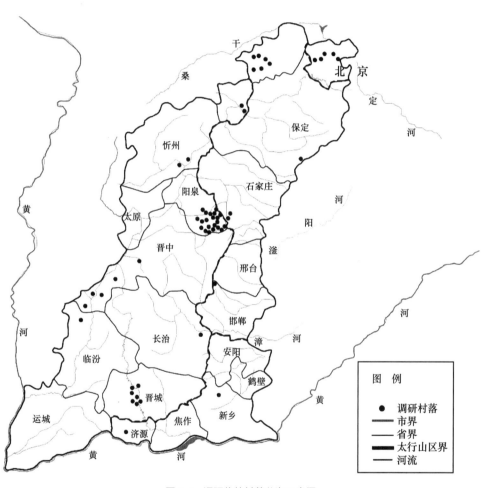

图 1–5　调研传统村落分布示意图

1.6 本章小结

　　本章在研究太行山区干旱缺水的地域背景下，总结了目前太行山区乡村人居环境以及生态基础设施所遇到的问题，提出了以生态、低技术手段解决太行山区传统村落水环境设施的有机更新及村落整体人居环境系统改善的最终目的，总结了传统村落水环境设施研究的重要意义。有关水环境设施的国内外研究大多从建筑学、美学、生态学等领域，水文、经济、文化等精神层面进行研究，较少侧重水与村落的相关影响关系的研究。有关水环境设施的特色和科学价值、针对水环境设施的评价体系研究就更加缺乏，且对水环境设施研究多感性描述，缺乏定量分析与评价，在国内外研究的基础上提出太行山区传统村落水环境设施再生机制与路径，形成再生导则等系列成果，解决村民生产生活用水问题，具有重要意义。本研究结合作者的科研项目基地适当扩大，以横跨北京、山西、河北和河南三省一市的太行山区划定为研究范围，并对太行山区所涵盖的村落性质以及村落水环境设施进行准确的界定；描述了太行山区传统村落水环境与村落共生机制研究、太行山区传统村落水环境设施系统特色和运作原理研究、太行山区传统村落水环境设施综合评价模型研究、太行山区传统村落水环境设施再生机制与路径研究四项研究内容及其研究方法和技术路线；概述调研活动组织以及调研过程中对于村落的甄别、选取，所采用的调研方法及调研内容，以此作为课题研究的基础保证。

2

太行山区水环境及
传统村落概况

2.1 太行山区概况

2.1.1 自然环境

太行山区地理范围横跨北京、山西、河北、河南三省一市，属于华北地区。具体北以桑干河—永定河为界，东接京广铁路以西华北平原西部边缘，南抵黄河北岸，西至由北向南贯穿山西全境的忻定盆地—太原盆地—临汾盆地一线[1]。

在地理区划上，太行山区气候分区上属于寒冷地区，地形地貌上属于黄土沟壑地区。太行山地势南低北高，山脉绵延，千壑交错，太行山的主体为东北—西南走向的山地，平均海拔 1000～1500 米，主要由片麻岩、石灰岩和花岗岩等组成。太行山东麓，低山丘陵分布较为普遍，海拔高度多为 300～700 米，主要由石灰岩、砂页岩组成，山势一般低缓。太行山区孕育了许多大小河流，它们切割岩石，横截山脉，形成众多的峡谷，然后泻落到华北平原，其中，河北境内的小五台山为太行山最高峰。太行山南段（南太行）和北段（北太行）都是以"古老变质岩"作为基础，其差别在于：南太行在"古老变质岩"之上叠置有"红色嶂石岩""新石灰岩层"，二者叠加，形成的长崖绝壁冠绝整个太行山（如图 2-2 所示）；而北太行主要是"老白云岩层"叠置在"古老变质岩"之上（如图 2-1 所示），由此形成了独特的塔峰景观（如图 2-3 所示）。

河北境内太行山的河流多由西向东，注入海河。海河水系主要有子牙河和卫河。子牙河是由滹沱河和滏阳河汇合而成，这两个支流都是太行山的重要河流。当河流进入倾斜平原时，形成三角形的扇状地，水源丰富，土壤肥沃，是农业生产的重要基地[2]。

太行山区属暖温带半湿润大陆性季风气候，在我国气候分区上属于寒冷地区，总体上该地区冬季寒冷少雪，夏季炎热多雨，四季分明，气温变化剧烈，年平均气温在 10℃。年降水量在 534 毫米左右，多集中在 7～9 月份。山西高原的河流经太行山流入华北平原，流曲深邃，峡谷毗连，多瀑布湍流。河谷及山前地带多泉水，以娘子关泉为最大。河谷两崖有多层溶洞，著名的有陵川的黄围洞、晋城的黄龙油、黎城的黄崖洞和北京房山的云水洞等。

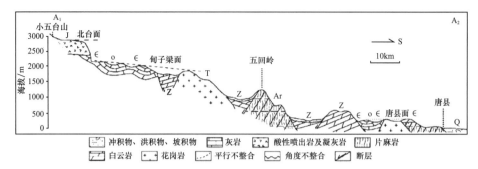

图 2-1 太行山地区北部横剖面（图片来源：根据张丽云，蔡湛，李庆辰. 河北省蔚县甸子梁夷平面的科学价值与开发保护 [J]. 安徽农业科学，2011，39（11）：6661-6664. 改绘）

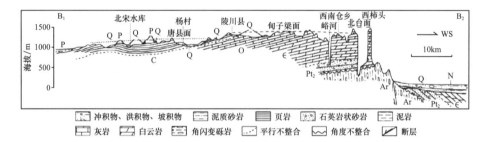

图 2-2 太行山地区南部横剖面（图片来源：根据龚明权. 新生代太行山南段隆升过程研究 [D]. 中国地质科学院，2010. 改绘）

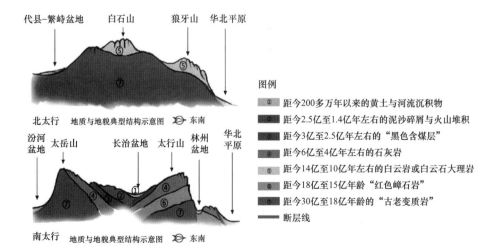

图 2-3 太行山区地质剖面图（根据《中国国家地理》官方微博《太行山：高原向平原的转折很壮丽》一文图片改绘）

2.1.2 历史环境

太行山脉山形险峻，历来被视为兵家必争之地，从春秋战国到明清直至近代反帝反封建战争，两千年烽火不熄。在明代以前，太行山区战火频发，军事与兵防文化在此盛行。公元前 650 年，齐伐晋，入孟门、登太行，齐桓公曾悬车束马窬太行。公元前 263 年，秦国攻伐韩国，在太行山"决羊肠之险"，一举夺韩荥阳。公元前 204 年，刘邦被困于荥阳、成皋之间，他采纳郦食其的建议，北扼飞狐之口，南守白马（今河南滑县东北）之津，终于转危为安。隋末，李世民与窦建德相争，李世民进据虎牢，使窦不能越过太行，李乘机占领上党，尽收河东之地。除此之外，兵防文化的兴起也促使了许多兵防驿道的兴建。早在公元前 221 年，秦始皇统一中国后，修筑了以咸阳为中心通往全国各地的驰道，驰道是中国历史上最早的"国道"，秦皇驿道就是当时主干线上的重要一段。秦汉至明初，兵防驿道主要承担政治和军事功能，古驿道沿线均设有铺兵，驿站设有驿丞、驿兵、驿马及相关公共设施，供来往官员休息、补充给养等，是晋冀两地用于传递军事信息、政府公文往来、传递诏书、官员通行的重要兵防要道，而交通工具以牛车、马车为主。回顾历史，在这些驿道上发生的战事不胜枚举，如背水之战、杨谅之战、安史之乱等都在太行山区发生。

明清时期，尤其是在明初，政府颁布"开中制"，该政策实施的目的主要是支援边疆军防建设。在此政策下，山西人抓住此商机开始进行边镇贸易，贩运盐、粮、铁器等军需物资，推动了晋商的兴盛与发展，同时极大程度地加快了太行山区内山西与周边河南、河北的商业贸易往来。络绎不绝的商旅行走在商道上，其停歇需求促使沿线村镇经济发展，驿道两旁商铺林立、车马不停，历代君臣名将经过这些商道不计其数，他们在这里题诗树碑、募捐、进行商贸交易，带动了太行山区尤其是山西等地商业经济的繁荣发展。清末，随着晋商败落，驿道上商旅驼队数量随之减少，驿道的经济功能减弱。

到了中华民国及抗日战争时期，中国共产党领导的八路军坚持抗战，创造了平型关大捷、陈庄歼灭战、百团大战、黄土岭战役等威震敌胆的抗战奇迹，涌现出子弟兵母亲戎冠秀、平山团等抗日英雄人物和英雄群体。解放战争中，人民解放军以太行山为根据地，解放张家口、石家庄，拉开了创建新中国的序幕。党中央在西柏坡召开了全国土地工作会议，在这里指挥了三大战役，召开了党的七届二中全会，绘就了新中国的宏伟蓝图，太行山成为中华民族伟大复兴征程上一座不朽的里程碑。

太行山地受拒马河、滹沱河、漳河、泌河、丹河等切割，多横谷，当地被称为"陉"，古有"太行八陉"之称（分别为军都陉、蒲阴陉、飞狐陉、井陉、滏口陉、白陉、太行陉、轵关陉），为东西交通要道，商旅通衢，是沟通华北平原与黄土高原的商道、兵道，也是丝绸之路、瓷器之路、茶叶之路的重要通道。唐代以来，太行八陉就成为中原与北方游牧民族进行茶叶贸易的重要通道。清代张库大道上的物资，也要经过太行山到达张家口，再沿着万里茶路运到恰克图。

太行山是中国古建筑的宝库。历代工匠依山就势、就地取材，在山崖绝壁上建造桥楼、古刹、宫观、庙祠、古塔、古堡、戏楼、古寨等，成为中国山岳建筑的杰出代表。尤其是山西的古堡大院，河北蔚县的古堡卫所、涉县的娲皇宫、井陉的苍岩山桥楼殿、曲阳的北岳庙、涞源的泰山宫和兴文塔等古建筑，都成为中华民族智慧创造的不朽经典。太行山也是长城世界文化遗产富集区，是明代内长城最集中的地区，太行山的长城边墙及紫荆关、龙泉关、娘子关、固关等雄关，也有着古道和历代不朽的古都、古城。经统计，太行山区有 42 个国家级历史文化名村和 88 个省级历史文化名村，集中分布在沁河流域、汾河流域、晋冀中部和京西地区等。这些村落，保存有丰富的物质和非物质文化遗产，在中华民族文明史上留下了厚重而璀璨的篇章。

2.1.3 社会环境

太行山区所在的三省一市中，在囊括的河北西部邯郸、邢台、石家庄、保定和张家口五个地级市中，原有的煤炭、冶金、建材等主导产业比重减少，医药、新能源、装备制造、汽车等产业比重有所增加。山西省太行山区所在市县，矿产资源十分丰富，其中以煤矿、铝土、铁为最，主导产业是煤炭、冶金、建材等行业。同时，由于社会生态发展需求，节能环保与新材料等战略性新兴产业发展迅猛。京西的太行山区区县受到大都市经济的强力辐射，加上自身良好的生态环境和人文资源，旅游业发展迅速；河南北部太行山区市县因其良好的煤炭资源和山水景观资源，其工业和旅游业发展良好。

从省域经济状况看，三省一市中北京市人均 GDP 最高，远远高出其他省份，达 190313 元，河北、河南、山西三省水平相差不大且均低于全国水平。从太行山区所在的地市看，北京市和河北省的太行山区所在的地市人均 GDP 明显低于全省（市）平均水平，而河南和山西两省由于良好的资源禀赋（煤炭矿产和旅游），太行山区所在的地市人均 GDP 高于本省的平均水平（如图 2-4 所示）。

城镇居民人均可支配收入方面，全国平均水平为 49283 元，北京市平均为 81518 元，明显高于全国平均水平和太行山区三省，这三省均低于全国平均水平。省内比较，太行山区和非太行山地区基本持平（如图 2-5 所示）。北京的农村居民人均纯收入明显高于太行山区三省和全国平均水平，太行山区的其他地市农村居民纯收入均与全国水平相比略低，但相差不大。由此可见，太行山区城乡经济总体水平受到来自大都市的辐射以及产业结构调整的影响较为显著（如图 2-6 所示）。

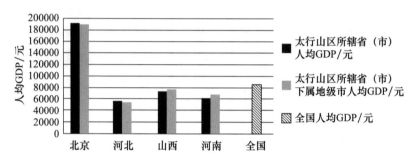

图 2-4　省市及地级市 2022 年人均 GDP（图片来源：各省市统计局官网）

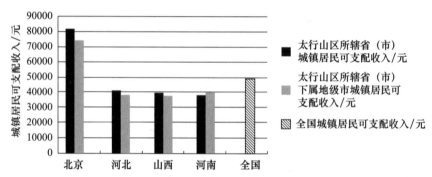

图 2-5　太行山区所辖省市及地级市 2022 年城镇居民可支配收入
（图片来源：各省市统计局官网）

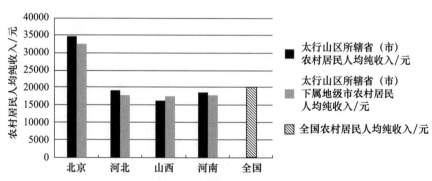

图 2-6　太行山区所辖省市及地级市 2022 年农村居民人均纯收入
（图片来源：各省市统计局官网）

　　随着社会经济的不断发展，城镇化率的不断提高，太行山区的传统村落面临着空心化等问题，这不仅出现了土地资源浪费、农业生产面临挑战、养老问题、留守儿童以及村落人居环境难以改善等诸多普通村落所面临的共性问题，更是造成了村落物质遗产得不到有效保护、传统民俗文化得不到有效传承的保护难题。

2.2 太行山区水环境概况

太行山区在行政范围上纵跨北京市、河北省、山西省、河南省三省一市，在地理区划上属于华北地区，在建筑气候分区上属于寒冷地区，在地质分区上属于华北低层区（VII4），地形地貌上属于黄土沟壑地区。通过梳理太行山区水环境现状，总结出以下几个特征。

（1）贯穿整个太行山区的黄河干流及其支流以及海河流域的众多支流为太行山区的生产发展提供了充足的水源。

（2）太行山主体山脉大致呈南北走向，雨水主要集中在夏季，年平均降水量在 600mm 左右，低于全国平均降水量（2020 年为 694.7mm）。年内分配不均、连丰连枯，土壤薄而贫瘠，蓄水能力差，雨水转化率低。

（3）该区地质岩层主要以花岗岩和石灰岩为主要类型，松散的花岗片裂隙与石灰岩的岩溶区为地下水的富集创造了有利条件。

（4）该区地形地貌与对水的因借利用关系密切。太行山山势北高南低、西缓东陡，村民们巧妙地借用地形地势的特征，沿着等高线顺势纵深发展村落，既有取水之便，又可纳阳、防灾。

2.2.1 地形地貌分布情况

太行山脉山势北高南低、西缓东陡，山峦起伏、沟谷纵横，最高峰为五台山，海拔 3061 米，山势由东向西从陡逐渐变缓。东翼由中山、低山、丘陵过渡到平原，西侧连接黄土高原，是华北平原和黄土高原的天然分界线，其中，东部的华北平原是落叶阔叶林地带，西侧的黄土高原是森林草原地带和干草原地带，两侧的植被、土壤垂直带特征也存在明显差异。

区内海拔中间高，两侧低。地形大致分为高山区（海拔 1200 米以上）、中山区（海拔 1000 米左右）、低山丘陵区（海拔 500 米左右）和山前平原区（海拔 200 米以下）（如图 2-9 所示）。该区除了分布有少量的山前平原区外，地形环境主要以中山、低山或丘陵沟谷地带为主，千沟万壑、梁峁起伏。其中，高山区主要分布在太行山区北部，以五台山为代表；中山区为该区主要地形，山西与河北省界以西大多属于中山区；低山丘陵区主要分布在该区以南，靠近黄河干流；山前平原区主要指河北省境内的华北平原，位于太行山区东部（如图 2-7、图 2-8 所示）。

2.2.2 地质情况分类

太行山区幅员辽阔且地质复杂，在我国地层分区上属于华北地层区（Ⅶ 4—太行山—吕梁山分区）。在复杂的自然地理和地质因素的制约和影响下，太行山区的地下含水层岩类及区域水文地质条件具有自己的特色。该区岩性以花岗片麻岩及石灰岩为最主要类型，太行山南段和北段由石灰岩组成，中段有部分片麻岩。松散的花岗片裂隙与石灰岩的岩溶区为地下水的富集创造了有利条件（如图 2-10 所示）。

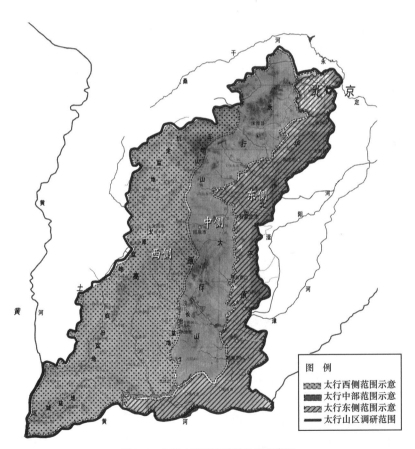

图 2-7　太行山区地形地貌分区示意图

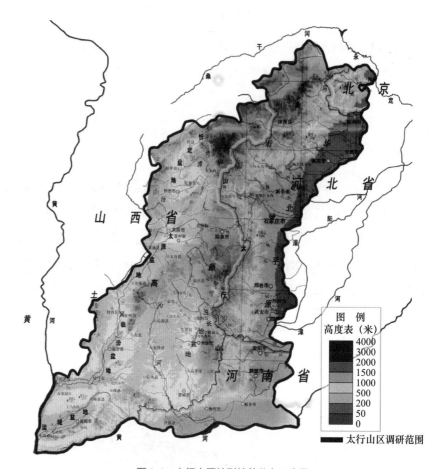

图例
高度表（米）

4000
3000
2000
1500
1000
500
200
50
0

——— 太行山区调研范围

图 2-8　太行山区地形地貌分布示意图

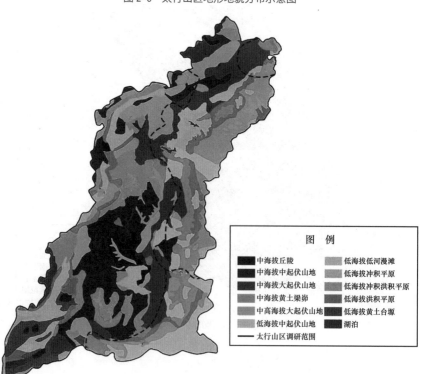

图　例

中海拔丘陵　　　　　　低海拔低河漫滩
中海拔中起伏山地　　　低海拔冲积平原
中海拔大起伏山地　　　低海拔冲积洪积平原
中海拔黄土梁峁　　　　低海拔洪积平原
中高海拔大起伏山地　　低海拔黄土台塬
低海拔中起伏山地　　　湖泊
——— 太行山区调研范围

图 2-9　太行山区海拔地形分布示意图

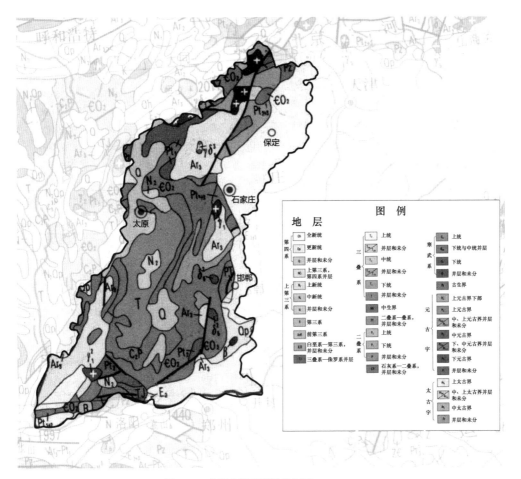

图 2-10　太行山地区地质分布图

(图片来源: 根据《乔秀, 王成述, 马丽芳, 等. 中国地质图集. 北京: 地质出版社, 2001: 85-88.》改绘)

2.2.3 地表水

太行山区流域范围跨黄河流域与海河流域两个水资源一级区。太行山山势西缓东陡，除了西南部的沁河水系向南汇入黄河以外，其余水系均经河北平原，最终汇入海河水系。常年性和季节性的河流切割山脉，由此形成多条横谷作为交通要道。本研究梳理了太行山区水资源分布情况，主要包括黄河干流、2 条黄河流域主要支流、5 条海河流域主要支流（见表 2-1），以及规模大小不一的水库 8 座（见表 2-2）。

其中主要水系包括位于太行山区西侧的黄河干流以及沁河、丹河等支流。汾河地处山西省中部，是山西最大的河流，被山西人称为母亲河，主要支流有碾河、岚河、潇河等 9 条，汾河流域河流呈树枝状由北向南方向汇聚；沁河位于汾河以东，为黄河左岸一级支流，地处山西东南部、河南北部，发源于山西省平遥县黑城村，

表2-1 太行山区流经的主要河流水系统计

序号	所属水系	河流名称	太行山区流经主要支流	河长	流域面积
1		黄河干流		约5464km	约752443km²
2		汾河		约713km	约39721km²
3	黄河流域	沁河	丹河	约485km	约13532km²
4		永定河	桑干河	约747km	约47016km²
5		大清河	拒马河、唐河	约483km	约43060km²
6		滹沱河	冶河（绵河）（桃河）（温河）	约587km	约27300km²
7	海河流域	滏阳河		约119km	约413km²
8		漳河	清漳河、浊漳河	约400km	约18200km²

表格来源：根据相关资料整理。

表2-2 太行山区主要水库统计

序号	水库名称	总库容	所属城市	主要用途
1	王快水库	13.89亿立方米	河北省保定市	防洪为主，兼灌溉、发电
2	西大洋水库	11.092亿立方米	河北省保定市	灌溉供水为主，兼防洪、发电
3	岗南水库	15.71亿立方米	河北省石家庄市	防洪、灌溉、城市用水为主，兼发电
4	黄壁庄水库	12.10亿立方米	河北省石家庄市	以防洪为主，兼顾城市供水、灌溉、发电和养殖等
5	汾河水库	7亿立方米	山西省运城市	防洪、供水为主
6	上马水库	466492立方米	山西省运城市	防洪、灌溉为主
7	三门峡水库	360亿立方米	河南省三门峡市	减淤、防洪、防凌、发电、供水
8	小浪底水库	126.5亿立方米	河南省洛阳市	减淤、防洪、防凌、供水灌溉、发电

表格来源：根据相关资料整理。

由北向南汇入黄河干流。

太行山区北侧的河流主要是永定河、大清河2条海河的主要支流。永定河上游流经黄土高原，河水含沙量大，因此有"小黄河"之称，其主要支流桑干河流经太行山区，发源于山西高原管涔山北麓，由西向东汇入永定河；大清河位于永定河以南，处于海河水系的中部，主要由南、北两支组成，流入西淀（白洋淀）的支流为南支，流入东淀的支流为北支，北支主要为拒马河支流，南支主要为唐河支流。

位于太行山区东侧的海河流域有三大支流流经：滹沱河、滏阳河、漳河。滹沱河和滏阳河向东流相汇成子牙河后入渤海。滹沱河是子牙河的上游，发源于山西繁峙县，主要支流为冶河，冶河分为绵河和松溪河两条支流，绵河的上游又分为温河和桃河两条支流：其中温河发源于盂县，经山西阳泉、平定在娘子关与桃河汇流，流域面积1184平方公里，年径流量0.44亿立方米。桃河发源于寿阳，经山西阳泉、平定在娘子关与温河汇流，流域面积1315平方公里，年径流量0.78亿立方米，温河与桃河在娘子关汇流后以下始称绵河。滏阳河发源于太行山东麓，亦属海河流域子牙河系，自西向东流在河北沧州与滹沱河相汇。漳河位于滏阳河以南，是海河水系最长的河流，上游有两支：分别是清漳河和浊漳河，皆发源于山西省东南部太行山腹地，向东汇入漳河（如图 2-11 所示）。

2.2.4 地下水

在具有一定集水面积的沟峪区，地下水常常出露形成泉眼，主要为岩溶水量 ≥ 180t/h 的大泉，多为冷泉，主要分布在太行山区西部、东部及东南部地区，统计共 23 处，以山西省阳泉市娘子关泉最为典型（如图 2-12 所示）。

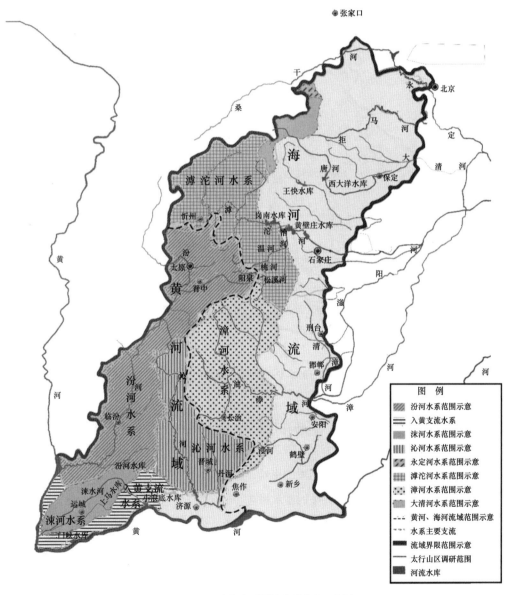

图 2-11　太行山区河流水系分布示意图

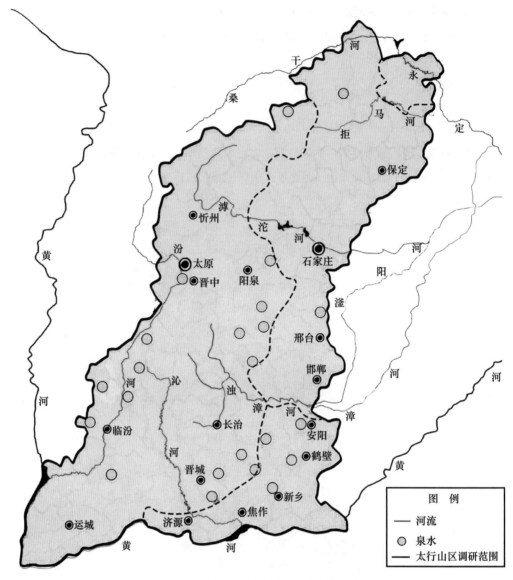

图 2-12　太行山区泉水分布示意图

　　当前太行山区地下水资源开发的主要对象主要是岩溶区的深层地下水、岩体裂隙水，以及山涧河谷区的浅层地下水。地下水一般由降雨直接补给，地下水的动态变化直接受降雨与蒸发的影响，且呈现阶段性特征（见表 2-3）。然而，山区的地下水一般不存在完整的蓄水构造（补给源、含水层、隔水层），由于无良好的补给源、含水层或是隔水层，最终造成在太行山区很难找到具有开采价值的深层地下水资源；同时，深层地下水是在漫长的历史年代中逐渐积累而形成的，其循环与交换周期长达几千年甚至上万年，因此，在传统的灌水方式下是很难持续开发的。

表 2-3　太行山区一年内地下水含量特征

时间段	地下水含量特征
3 月至雨季初	降雨较少，地下水缺少补给，含量呈逐渐减小的趋势。
雨季期间	受降雨补给和蒸发散失双重影响，地下水含量处于不稳定状态。
雨季后至次年 3 月	雨季后虽然无较大降雨，但由于地下径流对降雨的滞后作用及蒸发散失的减少，其含量处于增加状态。

表格来源：根据相关资料整理。

2.2.5 降雨

太行山区主体山脉大致呈南北走向，跨度较大，东西方向距海远近不一，海拔和经纬度的差异使得区域水热分配不均。由于受到季风气候和大气环流的影响，该区降雨量大多集中在 7 ~ 8 月份，其降雨总量约占全年的 60% ~ 70%，并且往往以暴雨的形势出现。夏季炎热多雨，冬季寒冷少雨，是该区气候的主要特征，多年平均降水量在 600mm 左右，低于全国平均降雨量（2019 年为 645.5mm），7 月降水最多，为 132.3mm，12 月最少，为 4.4mm。此外，还有年际变化大、连丰连枯等特点，再加上太行山区土层薄而贫瘠、蓄水少而保水性能差、地表植被覆盖率低而对雨水调蓄能力极差等特点，便形成了太行山区"有雨则泄，无雨则旱"的局面（如图 2-13 所示）。

其降雨总体分布呈现自南向北逐渐减少且太行山区中部多两侧少的特征：山西南部和东北部、河北东部、河南北部及北京部分地区的降水量在 500 ~ 700mm，除此之外，河北和山西的大部分区域降水均不足 500mm（见表 2-4）。

表 2-4　太行山区不同区域年降雨量特征 [1]

地理区域	年降雨量	气候特征	所属气候类型
山西南部和东北部、河南北部、河北东部、北京部分区域	500 ~ 700mm	冬季盛行偏北风，寒冷干燥；夏季盛行东风与南风，暖热多雨	温带季风气候
山西和河北大部分地区	不足 500mm	冬寒夏暖，降水相对较少且集中在夏季，光照强，多风沙天气	温带大陆性气候

表格来源：根据相关资料整理。

总体来说，该区降雨量年内分配不均、连丰连枯，土壤薄而贫瘠，蓄水能力差，66% 左右的雨水以蒸发和自然流失等方式损失，雨水转化率低（见表 2-5）。

1　表格内数据根据《融合多源数据的太行山区月降水精细化空间估算研究》一文整理。

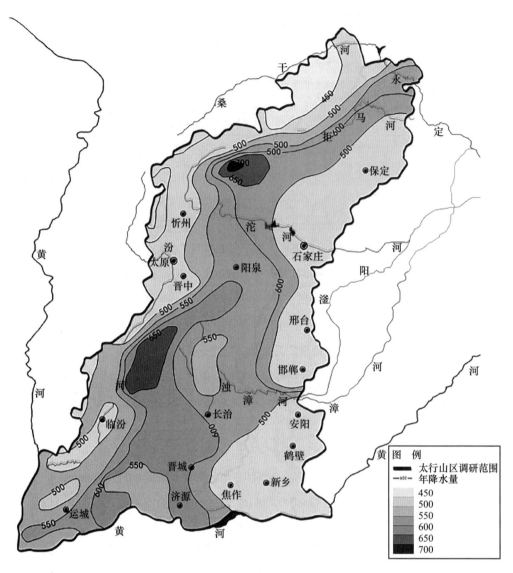

图 2-13 太行山区降雨分布示意图

表 2-5 雨水转化情况统计表[1]

区域	年平均降雨量 P	总水资源量 W	转化率 W/P
全国	61900 亿立方米	28100 亿立方米	45%
西北地区	5113 亿立方米	1064 亿立方米	21%
黄河上游	1539 亿立方米	361 亿立方米	23.5%
太行山区	169.3 亿立方米	56.35 亿立方米	33.2%

表格来源：根据相关资料整理。

　　总而言之，从河流水系分布情况、降雨量分布情况、地质岩层分类情况、地形地貌分布情况四个方面分析太行山区水环境概况，可以总结出以下特点：区内

1　表格来源：曹建生.太行山区浅层地下水可持续开发利用技术研究 [J].2009.

河流水系等地表水资源较为丰富，且独特的地质条件使得该区地下水资源富集；但是总体的资源性缺水、丰枯悬殊、连续干旱、时空分布不均是太行山区水资源的主要特点。分析该区水资源尚存在的问题，主要有以下三点。

（1）该区水资源时空分配不均，年际变化大。年降雨量偏少，低于全国平均降雨量，分配不均、连丰连枯，雨水主要集中在夏季 7 ~ 8 月份，且常以暴雨的形势出现。

（2）该区水资源利用程度低下。土层薄而贫瘠、蓄水少而保水性能差、地表植被覆盖率低、雨水调蓄能力极差，雨水转化比率较低。此外，水库的修建虽然改变了地表水河川径流的天然面貌，这从时间上提高了水资源的利用程度，但是从空间上缩小了水资源的利用程度，从而使得远离水库的地方无法受益于水库。

（3）在太行山区很难找到具有开采价值的深层地下水资源。虽然在花岗片麻岩与石灰岩之间的构造破碎带内有较为丰富的地下水，但是山区的地下水一般不存在完整的蓄水构造（补给源、含水层、隔水层），最终难以找到具有开采价值的深层地下水资源。

2.3 太行山区传统村落概况

太行山区传统村落主要具有以下几个特征。

（1）太行山区传统村落数量众多，在全国六批 8155 个国家级传统村落中有 857 个在太行山区，约占全国总数量的 11%，且多分布于河谷和古道沿线。

（2）该区传统村落历史悠久，文化积淀深厚，其形成与发展既有起源于石器时期的古人类聚落，又有随着晋商兴起于明清的"新村落"，但村落的发展几乎都鼎盛于明清时期。

（3）由于地理位置既处于中原核心地带，又与北方少数民族接壤，是重要的交通要道，诸多因素交替影响在不同的地理区位内形成了拥有不同文化特征的村庄聚落，因此该区传统村落的类型丰富，特色鲜明。

2.3.1 数量与分布

1. 数量

太行山区传统村落历史悠久，星罗棋布，有很高的历史文化价值。根据住房城乡建设部、国家文物局等官方文件统计，太行山区范围内共有国家级传统村落 857 个，国家级历史文化名村 117 个，国家级历史文化名镇 20 个（见表 2-6）。其中分布在山西省的国家级传统村落、国家级历史文化名村和国家级历史文化名镇明显多于北京、河南、河北这三个省市。

表 2-6　太行山区传统村落分布

整体数量					
	北京市	河北省	山西省	河南省	总计
国家级历史文化名镇	0	8	12	0	20
国家级历史文化名村	4	29	82	2	117
国家级传统村落	17	283	489	98	857
北京市的数量					
	门头沟区	房山区	海淀区	丰台区	石景山区	总计
国家级历史文化名镇	—	—	—	—	—	0
国家级历史文化名村	3	1	0	0	0	4
国家级传统村落	12	5	0	0	0	17

山西省的数量									
	晋中	临汾	晋城	阳泉	大同	长治市	忻州	太原	运城	总计
国家级历史文化名镇	2	3	5	1	0	1	0	0	0	12
国家级历史文化名村	17	6	35	13	2	7	0	1	3	84
国家级传统村落	90	39	186	52	4	78	15	4	21	489

河北省的数量					
	张家口市	邯郸市	石家庄	保定市	邢台市	总计
国家级历史文化名镇	3	5	1	0	0	9
国家级历史文化名村	9	7	3	1	9	29
国家级传统村落	47	56	60	16	74	253

河南省的数量					
	安阳市	鹤壁市	新乡市	焦作市	济源市	总计
国家级历史文化名镇	—	—	—	—	—	0
国家级历史文化名村	0	0	0	2	0	2
国家级传统村落	33	29	16	18	2	98

表格来源：根据相关资料整理。

2. 分布

太行山区传统村落的空间分布特征主要表现为"近水、沿古道、偏中南"。

（1）按行政区域分布

通过对太行山区传统村落的分布情况进行可视化处理，得出太行山区传统村落按行政区域的核密度空间分布情况（如图 2-14 所示）。从图中可以明显看出，太行山区传统村落的空间分布呈现出 5 处高密度核心区和 3 处次密度核心区，其中，高密度核心区以晋城市、长治市、邢台市、石家庄市、阳泉市、张家口市为核心，辐射晋东、晋南、冀西、豫北等省际交界区域；次密度核心区分别位于鹤壁市、晋中市南部以及京西地区。村落多分布在中南部的省际、市际交界处，一是这些区域大多远离主要的省会城市、市域中心城区，在快速城镇化的过程中受到的人为扰动较小，使得大量传统村落能够较为完整地保存下来；二是不同的城市具有不同社会经济发展模式及路径选择，如晋城、长治等城市是典型的煤炭资源型城市，并且较早地开始转型发展，其在发展过程中通过前期煤炭产业积累了较为雄厚的资本，从而能够反哺传统村落的保护修复。

（2）沿河流水系分布

太行山区特殊的自然地理及水资源状况，决定了河流水系是影响太行山区传统村落分布格局的重要影响因素，村落具有明显的沿河流水系分布的趋势，分布在较为明显的流域范围内，如晋东南、晋南的沁河、汾河；晋东冀西的滹沱河流域、浊漳河流域；京西的永定河流域等。一是聚落选址靠近河流，方便取水，利于村民的生产生活；二是沿河谷形成的平地、台地易于建设房屋，形成村落；三

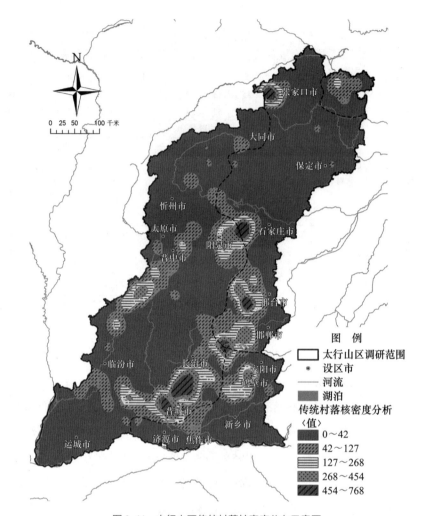

图 2-14　太行山区传统村落核密度分布示意图

是在生产力尚不发达的古代，水运是重要的交通方式之一，考虑到交通因素，河流沿岸必然成为村落首选之地。太行山区主要河流有汾河、沁河、丹河、滹沱河、清漳河、浊漳河、子牙河、永定河以及黄河的一部分，利用 ArcGIS10.2 软件对主要流域范围进行矢量化与传统村落进行叠加分析，统计 857 个传统村落在各流域水系的分布数量（如图 2-15 所示）。可以看出，61.1%（524 个）的传统村落位于海河流域，其中子牙河水系和漳卫南运河水系集中了 438 个村落；38.9%（333 个）位于黄河流域的黄河干流水系与汾河水系。再利用 ArcGIS10.2 软件对太行山区范围内的所有河网水系以及潜在汇水路径做缓冲区分析，以 500m、1000m、1500m为半径，将太行山区传统村落与水系的水平距离划分为 0 ～ 500m、500 ～ 1000m、1000 ～ 1500m 和＞1500m 四类。总体上来看，在距离河流 0 ～ 1500m 的区间范围内，约集中了 63.59% 的传统村落，在这一区间内随着至河流距离的增加，传

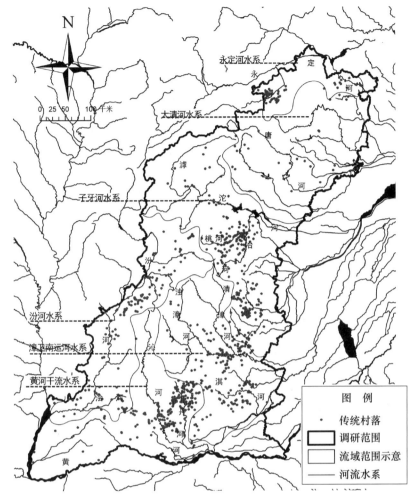

图 2-15　太行山区传统村落与河流水系的分布关系示意图

统村落数量呈现出递减的趋势，0 ～ 500m 范围内分布了 291 个传统村落（如图 2-16、表 2-7 所示）。

太行八陉是古代先民穿越太行山脉的八条主要通道，由南至北依次为轵关陉、太行陉、白陉、滏口陉、井陉、飞狐陉、蒲阴陉、军都陉。八陉沟通了内蒙古高原、黄土高原和华北平原等不同地理单元，在中国历史上发挥了重要的军事攻防、商贸交通、文化交流等作用。除此之外，太行山区还遍布着大大小小数以千计的古驿道，如汾水古道、河阳古道、京西古道等。一方面，驿道保障了沿线村落稳定的生长环境、便捷的交通、活跃的经济氛围以及良性的交流途径；另一方面，村落也为驿道提供了必要的商品中转、人员食宿等服务功能补充，可以说古驿道与其沿线村落之间具有千丝万缕的联系。利用 ArcGIS10.2 软件将太行八陉古道的基本走向与传统村落的空间位置进行叠加分析（如图 2-17 所示），可以看出在飞狐陉、

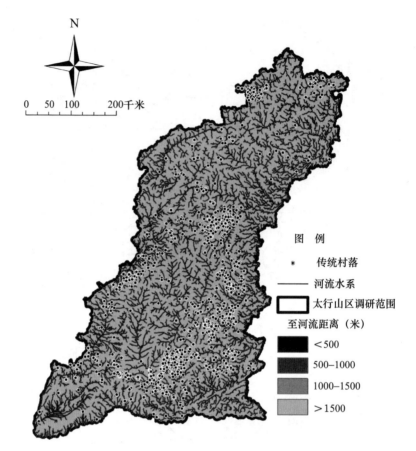

图 2-16　太行山区传统村落与河流缓冲区分析

表 2-7　太行山区传统村落分布与河流水系水平距离关系

与水系水平距离 /m	传统村落数量 / 个	比例
0 ~ 500	291	33.96%
500 ~ 1000	145	16.92%
1000 ~ 1500	109	12.72%
> 1500	312	36.41%

井陉、滏口陉、太行陉以及汾水古道沿线分布着大量传统村落，形成较为明显的五处村落集聚区，特别是在连接阳泉与石家庄的井陉古道区域，传统村落的分布与古道的走向呈现出高度一致性，村落遍布古道的南北两路。

2.3.2 形成与发展

本节综合运用历史文献分析和实地调研考证方法，按照文献明确记载的建村时间、传统村落现存最早的历史遗迹以及现代考古发掘的推断三个判断标准，确定传统村落的形成年代，将形成年代划分为先秦两汉时期、魏晋隋唐五代时期、

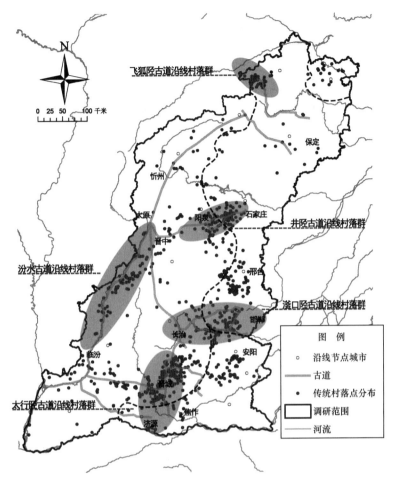

图 2-17　太行山区古道及传统村落区域性集中分布

宋元时期、明清时期 4 个时间断面，梳理太行山区传统村落的形成过程；根据农耕型传统村落、商业型传统村落、工业型传统村落、军事型传统村落 4 种类型，梳理太行山区传统村落的发展。

1. 形成

太行山区传统村落形成年代相差很大，最早的村落形成时间可追溯到新石器时期，最迟是清代建村的，如河南新乡的小店河村（见表 2-8）。

（1）先秦两汉时期

沁河、汾河等地区都是华夏文明的滥觞之地，"尧都也，在平阳之河""尧都平阳（临汾），舜都蒲坂（永济），禹都安邑（夏县）"都是对早期山西省南部地区出现人类聚落性质"村庄"的例证；临汾市境内丁村、陶寺，高平市的北庄村等新石器时代遗址的考古挖掘即已证明村落的形成；《井陉县志》记载的石桥头村"东汉时已有此村，原名古辛庄，后因宋代天威军石桥建于村头，故改名石桥头并沿

表 2-8　调研传统村落形成及鼎盛时期

村落名称	形成 / 鼎盛时期	村落名称	形成 / 鼎盛时期
爨底下村	明 / 清	夏门村	唐 / 清
灵水村	汉 / 明、清	师家沟村	明 / 清
琉璃渠村	元 / 明、清	大阳泉村	宋 / 明、清
皇城村	明 / 清	小河村	明 / 清
郭峪村	唐 / 明、清	瓦岭村	宋 / 清、民国
上庄村	宋 / 明、清	西锁簧村	明 / 清、民国
湘峪村	明 / 明	冉庄村	唐 / 宋
窦庄村	宋 / 明、清	于家村	明 / 清
北洸村	明 / 明、清	大梁江村	元 / 清
梁村	唐 / 明、清	英谈村	明 / 清
张壁村	汉 / 明、清	小店河村	明 / 清、民国
冷泉村	隋 / 明	南姚村	宋 / 明、清
丁村	新石器时期 / 明、清	周村	魏 / 明、清

表格来源：根据相关资料整理。

用至今"也证明了村落的形成时期，由此可见这一时期已形成了部分早期的聚落。汉初文景之治，"间者岁比不登，民多乏食，夭绝天年，朕甚痛之。郡国或硗狭，无所农桑系畜；或地饶广，荐草莽，水泉利，而不得徙。其议民欲徙广大地者，听之"，释放国家控制的多余劳动力，成为村落兴起的推动力，如贾壁村、岭底村、核桃园村、东关村、王化沟村、上下董寨村等均为汉代建村。

（2）魏晋隋唐五代时期

魏晋南北朝时期，战乱纷繁，社会动荡难安，新增传统村落较少，且由于太行山区复杂的自然地理环境，形成的多为关隘型防御聚落，如周村等。周隋嬗代后，文帝进行改革，在北齐境内"大索貌阅，输籍定样"，简括出了大批隐匿人口，使大量人口重回国家编户，众多因战乱隐藏起来的人口和豪强荫客部曲重新成为编户齐民，开垦土地建立村落定居，一定程度上促进了村落的形成。此后虽在隋代经历了战乱，但战争时间较短，唐建立后开创了贞观之治，国力日益发展到玄宗时期达到顶峰，经济发达，编户数量不断上涨，为村落的形成与发展提供了良好的环境，新增村落较多，如大胡村、尉迟村、张壁村、郭峪村等。但唐末安史之乱至五代十国，各个政权割据征伐，人口锐减，新增村落极少。

（3）宋元时期

宋辽金时期，由于军事对峙和周边少数民族打压，村落的形成和发展相对放缓，新增村落较少。仅宋元时期由于政局基本稳定，经济高速增长，人口增长快，有足够的条件促进百姓定居，为村落的形成和发展提供了有利条件，如琉璃渠村、窦庄村、小龙窝村、伯延村、北岔口村、石门村等均在此时期形成。

（4）明清时期

明清时期是太行山区传统村落形成和发展的鼎盛时期，新增村落极多。明统治时期，元末战争基本没有波及今太行山区，使得太行山区风调雨顺，经济快速发展，而中原地区其他行省则因战争破坏、灾瘟肆虐，人口大量衰减，造成了大移民，洪武年间本地区的人口流动对传统村落的形成和发展产生了很大的影响，洪武年间山西北部战乱结束，太祖乃移中南部地区民众屯田实边，由此形成了一批军屯性质的传统村落。从明王朝开始，中国传统经济达到了顶峰，人口开始大量增加，大规模开垦无主荒地，形成了新的村庄聚落。另外明代开中制的颁布，晋商发展繁荣，在河流码头、交通要道等地区促进了新村落的形成和繁荣发展。清代，商帮迅速崛起，用太行八陉、长城雄关等有利的地势条件，在崇山峻岭中穿行，贩卖食盐、茶叶、丝绸等物资，经济空前繁荣，太行山区多数村落均在明清时期形成，奠定了传统村落的基本空间格局。

2. 发展

太行山区传统村落的形成时间不一，但其兴旺发达的鼎盛时期基本都是明清时期。本节根据传统村落肇始的原始驱动力，将太行山区传统村落分为农耕型、商贸型、工业型和军事型4类。值得注意的是，传统村落的类型并不是不变的，在发展过程中会出现转型。

（1）以农耕型传统村落为主

农耕型传统村落是土地依赖型聚落，太行山区传统村落以农耕型传统村落为主，形成时间最早，分布也是最广的。发展较为稳定，其数量的增加和减少受社会环境影响较大，先秦至元代其发展迅速，但明代以后部分传统村落开始向商贸型或军事型转化，发展速度缓慢。

（2）以农耕为主向商贸为主的发展

明代以前，传统村落多为农耕型，其商业贸易发展十分缓慢。明代初年，人口增加，田不足耕的恶劣自然环境加上巨大人口压力，迫使先民们开始外出经商，部分传统村落凭借良好的区位和对外交通条件，开始进行商贸物流。明初，晋商利用运城盐池之便，并借助于官府势力，获得盐业专卖权而走上经商之道。后在煤铁等物产资源丰富、手工业发展和交通便利的条件下形成繁荣的多文化贸易，遍布全国各地的山西会馆就是晋商商业帝国的真实见证。到明清之际，开中制的颁布以及之后一系列发展社会经济、缓和阶级矛盾的政策，使得商品品种和数量增多，商品贸易进一步发展。如西郊村，明以前虽有人类活动和定居的遗迹但范围较小，以农业耕种为主。宗谱记载，明朝初年本村人口才开始兴旺，逐渐繁衍。明清时期作为晋商出省的要道驿镇逐渐繁荣，繁荣时期村内古道上架设有东、中、西三阁，沿街开设有旅店、车马店等商铺，并建有官房、差务房、乐楼等公共设施，改扩建晋商大院，除了农业耕种以外，着重发展商贸业。直至清末，商贸发展没落，村落又逐渐转为农业耕种为主的村落。

（3）以农耕为主向工矿业为主的发展

以工矿业为主的村落实质上是一种资源依赖型村落。太行山区可耕地面积较少，自然环境较为恶劣，然而矿产资源较为丰富，如京西、晋东地区的煤炭，晋东南地区的煤、铁资源丰富，这些地区很早便有煤炭开采和冶铁行业，但发展极为缓慢，农业耕种仍为其主要产业形势。直到明清时期，由于商品贸易的发展，此类传统村落以此作为资本的原始积累，开始进行商贸物流，此类传统村落才有了较大的发展。晋南地区的凤台县（今晋城市）"民以铁炭为生涯"；潞安府（今长治市）"富于冶铁"，铁产品行销省内外，有"铁器出潞安"之说，甚至"潞铁作钉，为南省造船所必需"。晋中、晋北有少量传统村落从农耕型向工矿型转变，以酿酒、制瓷为主。此类中典型的传统村落如北京的琉璃渠村，琉璃渠村为元代建村，建村之际的主要产业为农业，但是明清时期，由于周围盛产烧造琉璃所需的主要原料坩子土和煤炭，交通便利，设立了琉璃窑场，加之龙泉务琉璃厂窑合并至琉璃渠窑场，营建宫殿、修建皇家园林等所需琉璃均产自琉璃渠窑场，琉璃渠村兴盛起来，形成了以琉璃烧造业为核心产业的传统村落，并围绕这一产业形成独有的村落空间形态和琉璃制造、农业、交通运输业等组成的产业链，至此传统村落的主要产业从农业向工业华丽转变。

（4）军事防御为主向农耕为主或商贸为主的发展

军事防御为主的传统村落是一种关隘依赖型聚落，在各个时期均有军事型村落的形成，政权割据时期，因河为屏，沿山置隘，发展了部分军事型传统村落；统一时期，农耕民族与游牧民族的争夺，也发展了部分军事型传统村落。明代以后，大同、太原设置为军事重镇，堡、寨、卫、所的修建，以及农民起义等的影响，使军事型传统村落的数量达到了巅峰。到了清朝也有部分传统村落转为"亦守亦居亦耕"的农耕型传统村落和"战时防御、和时通商"的商贸型传统村落。如著名的军事型古村镇娘子关，地理形势险峻，其关防可追溯到东汉末年，并且随着历史背景不断变迁。东汉末年修筑"董卓垒"，唐代为防守"安史"余部侵扰修筑成天军城，明代为抵御北方异族入侵筑堡置城守卫。境内的上董寨、下董寨、苇泽村、新关村、旧关村等在不同历史时期成为地区性的防御屏障，是典型的军事防御传统村落。明朝在修筑长城的同时，为发展沿线生产，解决军粮供给问题，采取军屯政策，如新关村就是沿线军屯之一，村民战时守关御敌，平时习武务农，关镇合一，体现了"亦守亦居亦耕"的农耕为主村落的特点。另外，明清时期为和平时期，开中制的颁布促进了商贸发展，较多的军事防御类传统村落位于古道沿线，利用交通的区位优势，作为驿站发展，体现了"战时防御、和时通商"的商贸为主村落的特点。但后期中华人民共和国成立后，此类村落逐渐失去其原有的军事防御功能，均转变为了以农耕为主的村落。

2.3.3 类型与特色

太行山区传统村落的分布受到环境、军事等多方面的影响，不同村落基于其区位条件、历史文化、资源禀赋的差异择址建村并逐渐形成本村的优势主导特色。按照太行山区传统村落的综合特色，如传统村落的形成历史、功能结构和村落形态等特点，将太行山区的传统村落划分成：商贸交通型、官商大院型、防御堡寨型、革命历史型、工业生产型、屯兵守卫型、传统农耕型。七类村落的典型特色、分布区域及代表性村落见表2-9。

1. 商贸交通型

这类村落散落在古驿道或古商道等交通干道沿线，由于便捷交通和商贸往来而日益繁荣。如位于北京市门头沟区西北部深山峡谷中的爨底下村、灵水村，靠

表2-9　传统村落类型划分

类型	典型特色	分布区域	代表性村落
商贸交通型	历史上以商贸交通为主要职能，商业发达或为交通要道，多位于交通线路（陆路、水路）沿线。	京西、晋中汾河流域、晋东	爨底下村、灵水村、冷泉村、夏门村、南姚村
官商大院型	历史上商业发达，大户云集，有较多的官商大院，秩序严整，规模宏大。	晋东冀西、晋中汾河流域、冀南豫北	北洸村、梁村、师家沟村、大阳泉村、小河村、西锁簧村、瓦岭村、于家村、大梁江村
防御堡寨型	历史上为抵御外敌形成严密防御体系的村落，多有寨墙、堡门、望楼。	晋东南沁河流域、冀南豫北	皇城村、郭峪村、上庄村、湘峪村、窦庄村、张壁村、小店河村
革命历史型	历史上发生过重大战役，或革命事件具有纪念意义的村落。	冀中、冀南	冉庄村、英谈村
工业生产型	历史上形成了专门从事特定工业产品生产、服务型的村落，工业发达。	京西及北京周边地区	琉璃渠村
屯兵守卫型	历史上为抵御外敌入侵，形成的戍边屯垦兵营村落，居民多以士兵家属为主。	京西地区及长城沿线	娘子关村、新关村
传统农耕型	村落主要以农耕为主，建筑朴素但仍强调礼制观念。	分布较广、各地区均有	大前村、辛庄村、陈家庄村、三教河村

表格来源：根据相关资料整理。

近太行八陉之一的军都陉，其中爨底下村的发展得益于明正德十四年所修建的古驿道，该村是通往河北、内蒙古一带的交通要道，也是京城连接边关的军事通道，曾为京西古道上一处繁荣的商品交易客栈。山西省沁河流域的清化大道，西越黄河直抵长安，南下经河南清化镇（河南博爱）与洛阳、开封等中原重要城市相接。沿线形成了许多传统村落。而汾河流域的夏门村是明清之际重要的水陆商业码头，村落因此而繁盛一时。

以爨底下村为例详解商贸交通型传统村落的特色。爨底下村位于北京市门头沟区，处于群山环绕的太行山脉，起源于明朝，在明清时期一度是京西古驿道上的商品交易客栈。首先村落顺应地形高低变化依山布置，在以龙头山为中心的南北中轴线控制下，将70余座精巧玲珑的四合院民居随山势高低变化分上下两层，呈放射形态灵活布置在有限的基地上，建筑分布严谨和谐，变化有序（如图2-18所示）。古民居基本以清代四合院为主，基本由正房、倒座和左右厢房围合而成，部分设有耳房、罩房。四合院主要有山地四合院、双店式四合院及店铺式四合院，附属建筑主要有门外影壁、门内影壁、门楼、拴马桩、上马石等。

2. 官商大院型

官商大院型传统村落多分布在晋中汾河流域和晋东阳泉到石家庄一带。明清之际，晋商、冀商兴盛发达，盐、粮、布、茶、票、典、账等众多经营种类的商铺沿着交通要道开设，建立了票号、钱庄、会馆、旅店等金融服务业配套用房。显赫一时的商贾大户用赚来的钱广置田产和起房盖屋，尽显阔绰，形成了一批独具特色的北方官商大院。这类村落规模宏大、结构严整，房屋鳞次栉比、秩序井然，是研究晋商文化的活化石。

以大阳泉村为例详解此类村落的特色。大阳泉村早在唐代即有人居住，金代形成村落，明清时期是重要的发展时期，村中遗产以清代商号宅院为主，保存相

图2-18 爨底下村鸟瞰图

对完整。大阳泉村依靠周边发达的冶铁业及铁货经营，商业逐渐发展起来，出现了不少较大的商号。到清代，晋商的鼎盛时期，大阳泉村创造了十几家商号，孕育出富甲一方的商贾、学贯中西的大师。阳泉街为村中主街，排列着广泰昌粮店、大生堂药店、永庆城杂货店、同心园茶店等著名商号，大庙、义学堂、牌楼、阁楼、古槐等也都错落有致地分布其中，是村镇文化、商业、民俗交汇融合之地。村中流传：村落以阳泉街为界，北侧高爽，南侧低泽，阴阳在此交汇。与此相呼应的，北侧多为商贾大院，南侧多为儒生住所，共同构成了亦商亦儒的文化氛围。官商大院为了保卫财产而注重安全设计，院墙较高，布局紧凑，有的还修建暗窑，窑中挖井，以防不测。建筑整体布局对称严谨，门相连的是中轴线，中轴线两边是各处院落，功能划分明显，各个小院围合起来，然后再将一个个小院落包围，形成大的空间布局效果，最著名的院落有乾隆年间郗氏十四世郗若梅修建的魁盛号，即今张穆故居（如图 2-19 所示）等。

3. 防御堡寨型

沁河流域中下游的村落，毗邻太行陉，靠近古时贯通沁水、阳城、泽州的清化大道，地理环境优越，交通方便，战争时作为重要的兵道，和平时期是晋商商贸往来的重要通道。而明末清初，社会动荡、流寇四起，深重的社会危机爆发，沁河两岸附属村镇大多难于幸免，因此，有经济实力的山西人才兴建起这么多坚固的城堡以求自保。据统计，该流域两岸先后修筑起54座民用与军事相结合的城堡，形成了独特的沁河流域堡寨聚落群。

以沁河流域明代堡寨聚落砥泊城为例详解此类村落特色。砥泊城位于山西省阳城县，这一带始终是兵家必争之地。明朝末年，起义和匪祸不断，使沁河流域的宅院和聚落建设有明显的防御特征，呈现出三里一堡、五里一寨的景象，形成了气势恢宏的明代古堡群。砥泊城坐落其中，以形制精巧、攻防兼备著称，通过聚落选址、空间形态和街巷格局等，将防御环境、防御空间及防御形态在不同的

图 2-19　大阳泉村中的
　　　　　张穆故居

层面表达出来，即以水制塞的防御环境、向心聚合的防御空间、形似迷宫的防御形态等（如图2-20，图2-21所示）。

4. 革命历史型

这类村落在历史上曾发生过重大的政治事件、战争或为战争发挥重要作用。冉庄村位于河北省保定市清苑县，太行山东部的平原地带。在抗日战争时期为抵御日本帝国主义侵略，村民深挖地道，形成四通八达、上下贯通、地面地下有机结合的立体防御体系，是重要的战争遗址，也是典型的革命历史型村落。河北邢

图2-20 三面环水的砥洎城

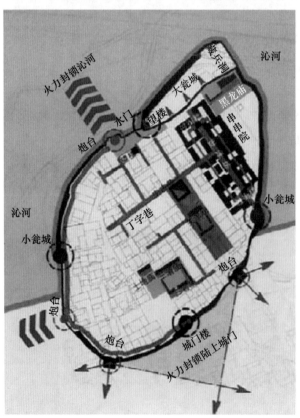

图2-21 砥洎城的防御模式（图片来源：何依，李锦生.明代堡寨聚落砥洎城保护研究）

台市路罗镇的英谈村，抗战时期，刘伯承、邓小平等老一辈革命家曾驻扎村内指挥调度，国际主义战士白求恩先生也多次来到此村救治伤员，也属革命历史型村落。

以英谈村为例详解革命历史型传统村落的特色。英谈村位于太行山东麓的深山腹地，有"江北第一古石寨"之称，原是唐朝黄巢义军留下的营盘，建村历史可追溯到明朝永乐年间。最突出的特色就是其防御式空间格局（如图 2-22 所示）和建筑物就地取材、因地制宜的营建特色。英谈村拥有寨墙寨门，民居宅院亦相互串联贯通，强化整体防御性能（如图 2-23 所示）。

5. 工业生产型

这类村落主要位于京西及北京周边地区，是由于形成了专门从事特定工业生产、服务型的村落。北京市门头沟区的琉璃渠村位于永定河三家店水闸西岸，是永定河

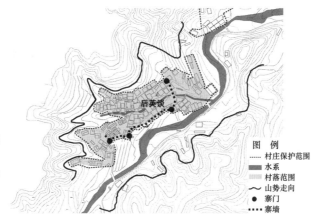

图 2-22 英谈村防御空间格局图（图片来源：《林祖锐，李恒艳. 英谈村空间形态与建筑特色分析 [J]. 建筑学报，2011（S2）：18-21.》）

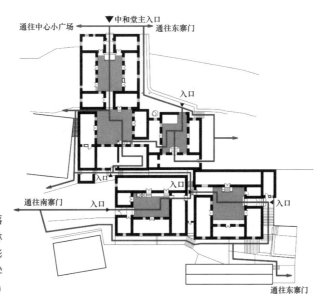

图 2-23 英谈村中和堂院落防御流线示意（图片来源：《林祖锐，李恒艳. 英谈村空间形态与建筑特色分析 [J]. 建筑学报，2011（S2）：18-21.》）

出山前流经的最后一个山村，距北京城区中心仅二十几公里。早在公元 1263 年，这里就已经开设了琉璃窑场，烧造琉璃制品，供建设元大都之用。此后这里的绵绵窑火，一直延续到了今天也不曾停息。走进村子，庙宇、茶棚、过街楼、商宅院、琉璃窑厂、九龙壁、琉璃文化墙等，处处可见这里的琉璃元素，可以说琉璃烧造的文化历史就是琉璃渠村独树一帜的村魂，是典型的工业生产型传统村落。

以北京市门头沟区琉璃渠村为例详解工业生产型传统村落的特色。琉璃渠村被称为"中国皇家琉璃之乡"，地理位置优越，是北京西山大道物资人员集散口，是历史上通往北京西部深山区和张家口、内蒙古等地的交通要道，又是妙峰山古香道南道的必经之路，这为琉璃渠村带来了商业和文化的繁荣。古村整体空间格局并非依照严谨的棋盘状网格，而是依赖自下而上的"自组织"方式，进而形成以西山古道、后街及妙峰山新南道为骨架，以南北向辅路为分支的网状布局（如图 2-24 所示）。村落主要遗存的历史街巷有两条，分别为南侧的前街和北侧的后街，从形态上讲，前街、后街均为曲线型空间，是村民交往、交通、商业活动的主要聚集地，构成了琉璃渠村街巷布局中两条主要的道路轴线。村内的典型建筑琉璃厂商宅院位于主要交通交叉口一侧，交通便利，形制规整（如图 2-25 所示）。

6. 屯兵守卫型

山西由于其地理位置，自古为军事布防要地，常有军队驻扎，自曹魏行屯田之策以来，此地区常为屯田要地，兵士聚居于此亦农亦战，形成了许多兵屯部落，随着时间的推移许多兵屯部落便发展变化成了屯兵守卫型传统村落，既耕作供给需求，又承担着出兵征伐的军事任务。战时出征，闲时耕种，久而久之便形成了为周边军事要塞服务的村庄，成为山西省军镇型传统村落的一部分，如山西省的娘子关。

以娘子关村为例详解此类村落的特色。娘子关村地处太行山东麓，晋冀两省交界处，南靠海拔 850 米的绵山，北临绵河河谷，绵山山势险峻，为娘子关的天然屏障，地势险要，山水相依，自然环境优越（如图 2-26 所示）。"太行八陉"之一井陉的西段，是穿越太行山的必经之路，一直为兵家必争之地，自秦汉时期历代均在此处设关筑堡，是长城防御体系中的重要节点。在选址和关防布局方面极具防御意义，至今村落中仍保留着防御设施遗址。此外其街巷的衔接也避免直角路口空间，交叉口一般通过院落之间的错列布置、倾斜排布等产生变化，增强防御性（如图 2-27 所示）。

7. 传统农耕型

中国是一个农业大国，农耕是太行山区先民赖以生存发展的原始动力，历代中央王朝皆鼓励农业生产。先民在这样一种情况下利用本地区得天独厚的地理条

图 2-24 琉璃渠村总平面图（图片来源:《薛林平，李博君，包涵 . 北京门头沟区琉璃渠传统村落研究 [J]. 华中建筑，2014，32（9）：144–150.》）

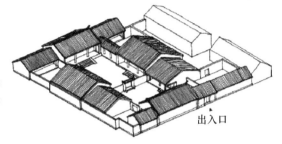

图 2-25 琉璃厂商宅院鸟瞰图（图片来源:《薛林平，李博君，包涵 . 北京门头沟区琉璃渠传统村落研究 [J]. 华中建筑，2014，32（9）：144–150.》）

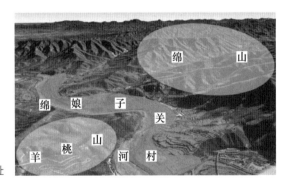

图 2-26 娘子关村的选址

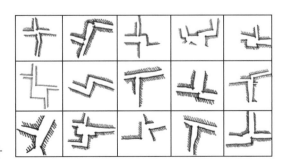

图 2-27 街巷交叉口形态设计

件，开垦荒地形成农田，一旦有赖以生存的田地便会形成聚落，农耕型传统村落便由此产生。即使到明清时期一部分农耕型传统村落因历史原因转化为商贸型或军镇型传统村落，但农耕型传统村落的数量仍因土地的不断开垦继续增加。太行山区的传统农耕性村落多分布在中南部地区的河流谷地。

值得说明的是，上述分类是相对的而非唯一的。不同的分类标准，便有不同的分类结果。同一个村落由于特点的多元可能分属于不同类型，如夏门村位于汾河中游，有良好的水陆交通，是商贸重镇（商贸交通型），同时又是典型的晋商聚落（官商大院型）。

2.4 本章小结

　　本章就太行山区区划范围进行详细研究，主要从太行山区本体、水环境以及传统村落三个方面梳理了这一地区展现的真实情况，描述了其演变与发展，分析了太行山区所呈现的特点。首先，对于太行山区本体进行描述，太行山区范围大，横跨北京、山西、河北、河南三省一市，在气候分区上属于寒冷地区，地形地貌上属于黄土沟壑地区。另外，山脉山形险峻，历来被视为兵家必争之地。矿产、煤炭资源丰富，但随着社会生态发展需求的变化，原有的工业比重减少，医药、新能源、装备制造、汽车等节能环保型新兴产业发展迅猛。其次，对太行山区的水环境从河流水系分布情况、降雨量分布情况、地质岩层分类情况、地形地貌分布情况四个方面进行系统分析和总结，研究发现，区域内河流水系等地表水资源较为丰富，且独特的地质条件使得该区地下水资源富集；但是也存在着总体资源性缺水、丰枯悬殊、连续干旱、时空分布不均等水资源问题。最后，探讨了太行山区的传统村落情况，从数量与分布、形成与发展、类型与特色三个方面进行阐述，太行山区传统村落发展历史悠久，星罗棋布，有着非常高的历史文化价值，随着时代的发展，传统村落在发展过程中也在不断地出现转型，并形成了带有时代烙印以及区位特点的典型特色。

3

基于人水共生的太行山区
传统村落整体营构

从生物学角度看，共生是指两种不同生物之间所形成的紧密互利关系。动物、植物、菌类以及三者中任意两者之间都存在"共生"。在共生关系中，一方为另一方提供有利于生存的帮助，同时也获得对方的帮助，两者形成有机的互利关系。在建筑学领域，共生思想是黑川纪章在 20 世纪 80 年代提出来的，也是黑川纪章建筑设计的理论核心。主要包含了异质文化的共生、人与技术的共生、内部与外部的共生、人与自然的共生四个方面的内容。中国画中的经营位置，即构图，讲求从整个局面出发，最终达到整个画面的变化统一、虚实相生。而在《周礼·考工记·匠人》中，可以从匠人营建都城所遵循的制度中看出王城规划的基本面貌。由此可见，营建更加强调的是规划、整体的层面。而构指构成，也就是村落的空间布局、整体形廓以及内部空间秩序等方面。

太行山区传统村落作为先民生存的基本单元，在长期发展过程中形成了人水共生的村落营建特征，体现出丰富的生态智慧和人文内涵。本章基于人水共生关系，探讨传统村落在水环境影响下的整体营构特征。首先从整体上把握太行山区传统村落的选址特征，然后从水环境影响角度系统分析了宏观、中观两个维度的传统村落空间布局特征，最后对水环境影响下形成的水环境空间和水文化空间进行了分类梳理，并对典型村落案例进行了分析。

3.1 水环境影响下的传统村落选址

村落选址直接关系到居民的生活质量，选择理想、利于生存的环境能够营造出浓郁的生活氛围。在生产力并不发达的农耕社会，广大劳动人民靠山吃山、靠水吃水，充分体现了对自然的依附性。太行山区干旱少雨的气候特征直接影响了传统村落的选址，水资源作为人们生存的必要条件，对传统村落的选址起着最为直接的制约作用，这是宏观层面人水共生的具体表现。生产生活用水需求是人们日常生活的基本条件，成为选址建房时考虑的首要且最基本的因素；洪水侵袭直接影响人们的居住安全问题，因此防洪排涝需求也是不可忽略的重要因素之一。

3.1.1 传统村落选址因素分析

1. 生产生活需求

水以润泽万物、滋养生灵的特性，孕育了人类，也孕育了人类的文明，世界四大文明古国，都因水而兴、因水而盛。老子曾说："上善若水，水善利万物而不争。"水在先民们心中是一种高境界的品性，自古以来，人们总是对水满怀亲近而又崇敬的情感，择水而居，已经成为人们居住的首要选择。水是生命之源，人畜饮用和农副业都离不开水的滋养，马斯洛需求层次理论提出生理需求是最低层次需求，但同时也是最基本的需求，只有在满足了最基本的生产生活用水需求的基础上，人们才会追求更高层次的水体景观欣赏需求，然而，在以农耕为主的时代，生产生活用水的基础物质性作用要远远高于水体的景观价值。

通过调研发现，太行山区传统村落的选址具有明显的亲水性特征，多数村落沿河流主干及支流分布，逐水而居是该区村落选址分布的主要特点。农耕时代的太行山区传统村落多借助河水满足生产生活用水，农业收成与水资源富裕程度息息相关。河北省白鹿泉乡水峪村村边有太平河流过，当地村民的用水都从此河而来；井陉县天长镇石桥头村南面的绵河常年奔流不息，为村民提供灌溉农田、洗衣，甚至牛羊饮用等生产生活用水，带来了基本生活物质保障。

对于一些地表水并不富足但地下水丰富的村落，古代智慧的先民们结合地形地势打下了类型丰富的水井、水窖等，形成地域性的取水方式。山西省郊区荫营镇三都村地下水一年四季长流不息，自古有"赛江南"之美誉，村民用水主要靠水井取水为主；河北省武安市贺进镇后临河村现存古井 14 眼，每眼古井井水清澈，充盈不涸，百姓长期以井水为生，每眼古井都镌刻石碑记载。然而，太行山区仍有一些地区地下水资源匮乏或者地下水位过深不易开采，这类地区采用收集雨水以储存在水窖的方式来解决用水问题。

水资源条件不同的地区均有不同的取水、用水方式，无论是自然河湖供水，还是水井、水窖、泉池供水，均体现出人们在村落选址时对水的强烈需求，折射出干旱缺水地区人水共生的密切关系。

2. 防洪排涝需求

在水环境影响下，村落在选址时除了要考虑生产生活用水需求，还要考虑防御自然灾害。在这里，主要考虑的是提防洪涝灾害给村落带来的不利影响。

太行山区传统村落的防洪排涝需求主要用于疏导暴雨积水、地表径流等。村民们在选址时既要考虑暴雨时的雨水冲刷，避免过多的洪水对村落的伤害；又要考虑进入村落的雨水及时排出，避免出现内涝。下文将分别从山地型村落和平原型村落两种类型来剖析太行山区传统村落在选址层面体现的防洪排涝智慧。

山地型村落为了防洪多选址于山腰或者是河谷台地之上，先秦时代，中原人总结选址筑城的原则是："高毋近阜而水用足，低毋近水而沟防省"。古代都城在选址时向上不要靠近高地，就可以有充足的水源；向下不要靠近潮湿低洼的地方，就能省去排水的沟渠。受该选址理念的影响，太行山区智慧的先民们在村落选址时大多顺应地势依山而建，高处而居；既考虑生产生活用水之便，又考虑防洪排涝需求，逐水而居的同时又距水面有一定距离，防止洪水侵袭，免受洪涝之灾，遵循了近水而不临水的原则（如图 3-1 所示）。

如北京市门头沟区爨底下村属于典型的山腰型村落，选址于两山夹一沟、两峰夹一坡的山坡上，该村的选址与防洪排涝的关系密切，在选址时就考虑到防洪问题，选址于两侧有排洪沟谷的山坡之上，利用地形组织沟渠，让山洪雨水避开村落，在村南和村东西两侧分别设了泄洪路线，防止洪水对村庄产生破坏，为整个山村的防洪排涝打下了很好的基础。

3. 文化心理需求

从大禹治水、女娲补天等神话故事中我们可以看到最早的水涝灾害，由于早期科学技术水平低下、对水的认识不足等原因，人们既依赖水生存，又对水产生了恐惧记忆，先民们对兼有养育和毁灭双重能力的水资源形成了又爱又怕的情感，产生了水崇拜。出于文化心理需求，水崇拜亦成为人们择水而居的影响因素之一。

从调研中可以发现，太行山区很多传统村落的村名也都与水有关，这些都源于人们对水的崇拜与期盼之情（见表 3-1）。滨河村落大多以河为界，如山西省黎

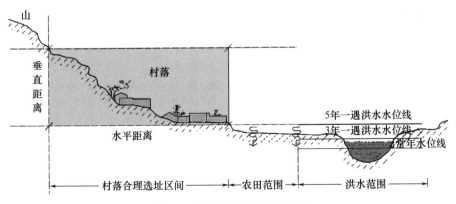

图 3-1　村落近水而不临水示意图

城县上遥镇河南村因地处浊漳河南岸而得名，高平市河西镇河西村因坐落于丹河西岸而得名；泉水村落多以村内泉水而命名，如河南省修武县岸上乡一斗水村因村内一泉水的泉口如斗而得名，河南省林州市任村镇牛岭山村马刨泉村，该村以泉为名、以泉扬名。此外，还有一些与水环境设施相关的村名，如河北省沙河市柴关乡绿水池村因村南有一水池芳草簇拥、常年不涸而得名。关于太行山区这类与水有关的村名还有很多，远不止以上列举的这些，足以见人们对水环境的珍惜和对于水的期盼。

祈求风调雨顺、平安健康是人们对于水崇拜的主要目的，出现了水神、龙王、水官等物化形象，而龙王庙、龙天庙、大圣殿等成为人们祈求的物质空间载体。

表 3-1　太行山区与水有关的村名

类型	村名	村名由来
与河流相关的村名	河北省武安市贺进镇后临河村	该村建于明初，有武姓从高村迁来，因村临桃园河，又与村南前临河相对，故取名后临河。
	河北省蔚县南留庄镇白河东村	因村坐落在白家庄沙河以东而得名，后简称白河东村。
	河北省怀安县西沙城乡水闸屯村	因河流由村北两山间穿过，形似闸门，故而得名。
	山西省黎城县上遥镇河南村	因地处浊漳河南岸，得名河南村。
	山西省壶关县树掌镇河东村	因位于清晴河的东边，故名河东。
	山西省高平市河西镇河西村	因坐落在丹河西岸，原称丹西村后改为河西村。
与泉水相关的村名	北京市门头沟区斋堂镇灵水村	灵水，曾称"凌水"，因村里泉水甘甜凌洌而得名。
	河北省蔚县南留庄镇大饮马泉村、小饮马泉村	因此地有泉水，人们常来饮马，由此取村名为饮马泉。清光绪年间分为两村，根据村之大小取名为大饮马泉、小饮马泉。
	山西省平遥县东泉镇东泉村	因南西泉村先生庙后有一个自流水泉，该村在水泉之东，故取名东泉村。
	山西晋城陵川县附城镇西瑶泉村	因村西山沟中有多股泉水，多个石窑，故名得西瑶泉。
	河南省修武县岸上乡一斗水村	因该村西北处古官道路旁有一泉水，其泉口如斗，清澈甘甜，千年不断，所以被命名为一斗水村。
	河南省林州市任村镇牛岭山村马刨泉村	马刨泉是个村子，也是一眼泉水，村以泉为名，村以泉扬名。
与其他点状水环境设施相关的村名	河北省沙河市柴关乡绿水池村	在其村南，有一水池，芳草簇拥，绿树辉映，常年不涸，故而得名绿水池。
	河北省沙河市蝉房乡王茜村	明永乐二年，王氏一家应诏从山西洪洞县迁此开荒种地，占产立庄。当年他们在村边打了一眼吃水井，次年从井旁的石缝间长出一棵嫩绿的茜草，故命村名为"王茜"，沿用至今。
	河北省井陉县于家乡水窑洼村	村位于山沟，沟中有一石窑，名曰"石旁窑"，石窑有水，故取村名为水窑洼。
	河南省鹤壁市山城区鹿楼乡肥泉村	村名是由一处水势极大、日夜喷涌的古泉眼而来。
	河南省思礼镇水洪池村	水洪池村村内有一水塘，每逢雨季，水池里总溢满雨水，供居民长年饮用，故水洪池村由此得名。

表格来源：根据相关资料整理。

据调研发现，几乎每个传统村落都有村民们水崇拜的物化载体，他们把水人格化和神灵化，以祠庙供奉、民俗仪式、神话传说等各种形式存在。如北京市门头沟区爨底下村每年都有祭龙王的文化民俗活动，村里每年在六月二十二日祭龙王，祈求龙王保佑风调雨顺，村中大庙供整猪，全村人跪在院的西侧，公祭的仪式为烧香、磕头、撞钟、读祭文、焚裱。

山西省朔州市青钟村有"三代王"神，此神主要负责求雨降水，风调雨顺，还特别建设了一间房放此神像，逢年过节政府组织人放贡品，近年来青钟村风调雨顺，人们说这都是拜"三代王"的福。

强调住宅与自然环境的和谐统一，体现了人们对理想的生存与发展环境的向往。基址后面有主峰青龙山，其左右有次峰的左辅右弼山，或称为青龙山、白虎山，山上要保持丰茂植被；前面有蜿蜒之流水或池塘，水的对面存在对景案山，前方近处之山称作"朱雀"，即景山，远处之山为朝、拱之山；中间平地称作"明堂"，为基址所在。以山西省平定县乱流村为例，乱流村地形呈西高东低，以山地、河谷为主。河道居中，两翼为山，谷地阔绰，岭梁起伏，切割不甚明显。村境汇平定五大山脉中有三大山脉：桃河以南、南川河以西为方山山脉；桃河以南，南川河以东为艾山山脉；桃河以北为绵山山脉。该村正好处于山水环抱的中央，地势平坦而具有一定坡度，便形成背山面水基址的基本格局。这种由山势围合形成的空间利于藏风纳气，是一个有山、有水、有田、有土、有良好自然景观的独立生活空间，对农业生产及当地的人居环境大有裨益（如图3–2所示）。再如山西省平定县西郊村、大石门村、宋家庄村、小河村等，这些村落背后靠山，有利于阻挡冬季北来的寒风，面向河流，有利于迎来夏日的凉风，可谓是冬暖夏凉，还能享灌溉、养殖、航运之便。此外，这些村落负阴抱阳，可以获得充足的日照；位于

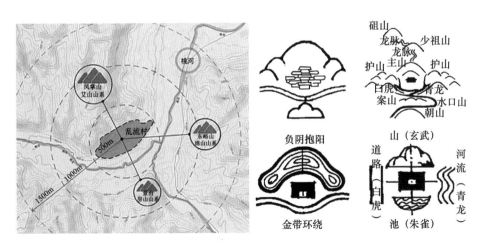

图 3–2　乱流村选址格局分析

具有一定坡度的阶地，可以免受洪涝之灾，又可使村民开阔视野，周围植被丰富，有利于涵养水源、保持水土、调节小气候，内气萌生、外气成形，造就了有机的生态环境，极富生态意象，可以说是古代村落选址之典范。

3.1.2 传统村落选址模式解析

通过对太行山区传统村落的选址特征进行梳理和分析，将其选址模式分为亲水型、近水型、远水型三种。

1. 亲水型——濒水而居，择址河谷台地

通过分析离水系不同水平距离内的村落选址特征发现，分布于桃河水系沿线 500m 以内的亲水型的村落，因距水系较近，地势平坦开阔，村落多将河水和河滩的流沙井水作为主要饮用水，取水用水十分便利；少部分经济条件比较好的家庭也会在自家院内营建水窖来补给一年的用水量。然而，由于桃河为季节性河流，其洪水由暴雨形成，特殊的自然地理和水文气象条件使得该区的洪涝灾害频发，历史上曾多次发生水患灾害，不仅来势猛、流速大，而且峰高、量大、历时短。清光绪《平定州志》记载，明、清两代洪涝灾害共计 12 次；1992 年版《平定县志》记载民国初至中华人民共和国成立洪涝灾害共出现 5 次；而中华人民共和国成立后至 1990 年的 41 个年份，更是有高达 81% 的年份发生过洪灾；1966 年 8 月 23 日，桃河最大洪峰每秒达 $1940m^3$，导致石太铁路中断 18 天，3 万亩农田被冲毁……以上数据足以见得桃河流域的水灾频率之高、危害力度之大。因此选址在距离水系较近的亲水型村落更易受到水患的侵袭，在选址时多居高避险，通常在竖向上与河流保持一定的距离，将栖息的居所选址在地势高爽的自然或人工台地上，且位于桃河洪水位之上，因地制宜布局村落建设，有效规避洪水灾害。

以乱流村为例，该村选址在桃河河谷地带，周边山体环绕，桃河傍村而过，负阴抱阳、背山面水，正好处于山水环抱的中央，有利于藏风纳气。乱流村在水平上与桃河相距约 145m，旧时村民几乎都是下河挑水吃；整体地势西北高、东南低，选址于人工台地之上，村落建设用地在竖向上与桃河保持约 10m 的距离，有效防止了洪水的侵袭（如图 3-3、图 3-4 所示）。

古人认为"汭位"乃传统村落科学选址布局的最佳选择。所谓"汭位"，是指河流拐弯的内侧，这一侧的河流由于水流速度缓慢，有利于泥沙沉积、土壤的形成。其次，由于北半球地理影响，水流的内心力会导致河水中肥沃的东西堆积在内环一带，长此以往，汭位所在土壤会更为肥美，更适宜人类居住，而另一侧因为长期被河水侵蚀，所以土壤相对贫瘠。另外，当处于汭位，往往所在地三面环水，

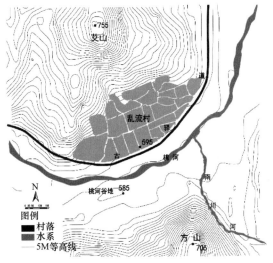

图 3-3　乱流村选址平面分析图

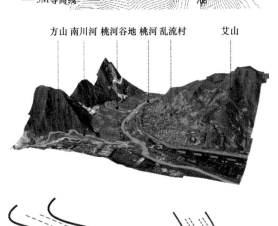

图 3-4　乱流村地形分析图

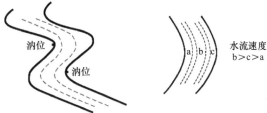

图 3-5　汭位图解

如此则很好地聚气养人。乱流村、上盘石村、南庄村等大部分传统村落都位于"汭位"，土地积累了大量桃河带来的养分，为村落的发展提供天然的"温床"（如图 3-5 所示）。

以南庄村为例，村子四面环山，选址依据"汭位"原则，南面面向温河和群山，北侧背靠山坡，村落自然条件和环境优越。村落坐北朝南，依山面水，负阴抱阳，环境宜居，形成独特的环境格局。村子的环境格局可概括为"一村、一水、二山"，"一村"指南庄村，"一水"指村南的温河，"二山"指村南的景山（寓意村前的风景）和村北的后山（寓意村子后的靠山）。群山对村落起到了保卫的作用，河流保障了日常生活和灌溉用水的需求，村子东西两侧的开阔平地可以种植农作物，这样的选址满足了人们对于生活物质的需求（如图 3-6 所示）。

　　除此之外，太行山区一些传统村落忽略"汭位"而居的理念，选择与其相反的"反弓位"选址，只注重河流水源对其村庄的便利，其中娘子关村是典型村落之一。娘子关村位于河谷地带，地势西高东低。聚落同其西侧的上董寨村、下董寨村、坡底村、城西村、关城和西南侧的东塔崖村、西塔崖村、武庄村构成"V"形布局，娘子关村位于"V"形尖角处。温河自西向东流，桃河自西南向东北流，在娘子关村西侧的河滩村汇集，称为绵河，因此此处地下泉水水系极为发达，村落围绕泉眼空间形成民居聚落，村庄因水而生，因水而兴（如图 3-7 所示）。

　　2. 近水型——近水分布，巧用距离优势

　　近水型（500 ~ 1000m）村落均选址于桃河支流沿线，因支流的径流量远不如干流，难以满足村民全年的用水需求，除了以河流作为用水水源外，村落还会集蓄雨水至水窖，两种水源互为补充。近水分布的村落通过利用村落与河流之间的这段距离，将生产生活和防洪减灾完美结合：一方面，由于该区旱灾频发，自元朝至顺二年（1331 年）至 1990 年，仅发生的旱灾有据可考者计 30 次[1]，且以春旱居多，可谓十年九春旱，即春播期常出现旱象，因此村民结合地势有意规划布局农田，使其处于村落建设区与河流之间，这样可以在平时降雨时最大程度地满足农田用水之便，方便农业生产；另一方面，近水型的村落位于海拔相对较高的低山区，在 700 ~ 1000m，地势和河床高差变化大，纵降比大，虽然河段的集雨面积小，但是一旦暴雨，河流窄而水速极快，对汇水路径中两岸的冲击力很大，非常容易发生洪灾，致使村落冲毁，甚至引起山体滑坡等次生灾害，在村落与河流之间布置有一定规模的农田，能在汛期时利用农田先吸收一部分洪水，减弱洪水动力，有效缓解汛期洪水的冲击给村落带来的威胁。如此一来，近水分布的村落通过巧借距离优势，因地制宜地将生产生活和防洪减灾完美结合，从而谋求了村落的长治久安。

　　如位于阳胜河南岸的桃叶坡村，整体地势南低北高、坐北朝南，四面山体环绕，花草树木环山而起。以河流水作为农业用水水源、水窖为生活用水水源。该村建成区与河流在水平上保持约 995m 的距离，在水域边缘较为宽阔的地带分布着农田，当阳胜河水暴涨时，河流首先淹没农田，从而使得水患对村落的威胁大大降低，这样的选址既有利于满足农业灌溉的需要，降低用水成本，汛期还起到吸纳和缓冲雨洪的作用，有效规避洪水灾害，为未来村落土地的扩张提供了空间，同时利于形成山势环绕的藏风聚气空间格局（如图 3-8、图 3-9 所示）。

1　数据来源：穆建民，李铭魁，李宿定，等 . 平定县志 [M]. 北京：社会科学文献出版社，1992：52-53.

图 3-6　南庄村选址示意图

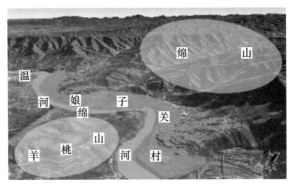

图 3-7　娘子关村选址示意图

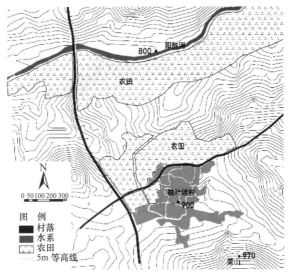

图 3-8　桃叶坡村选址平面分析图

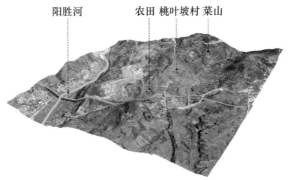

图 3-9　桃叶坡村 3D 地形分析图

3. 远水型——远离水系，巧借地形得水

远水型（≥ 1000m）村落远离江河等地表水，水资源相对匮乏，在选址时仍然是以方便给水、用水和排水为主要目标，通过寻求地下水丰富的地区或者集蓄雨水来满足日常生活用水所需。多因形就势，选址于群山环绕的山坳之中，利用一定坡度的缓坡地形从四面山体沿着山谷线汇集和集蓄雨水，或利用山泉水来作为村落生存和发展的基本条件，用水水源以水窖雨水和山泉水[1]为主。

前文提到桃河流域所在地域降雨时空分布不均，为了最大限度地收集雨水或山泉水满足生活生产需要，远水型村落首要考虑的就是利用地形从外部环境得水。此外，虽距离水系较远，但对水患灾害的防御仍然不容忽视。因地处相对偏远的山区，与近水型的村落相比，此类村落在选址布局时主要考虑山洪水对村落的冲击，如何快速有效地将山洪排至村外防止内涝是村落安全防御的首要解决问题。

下面以西锁簧村为例分析远水型村落在选址时如何倚靠地形汇集山泉水，又是如何利用自然地形防御水患的。西锁簧村位于平定县冠山镇的大山深处，选址在山坳之中，该村四面环山，山口紧缩，中间微凹，这种选址地形十分利于从外部环境积蓄水源，该村沿山体外侧地势低处形成村落汇水主街，周边山体缝里溢出来的山泉水沿着山谷线最终汇至主街旁的汇水沟内，西锁簧村世世代代均依靠这山泉水解决用水问题；而在降雨时，周边山体的雨水沿着山谷线流至村落地势低的街道，最后往北边排出至村外的南川河，又巧妙地防止了过多雨水造成的村落内涝问题（如图 3-10 ~ 图 3-13 所示）。

高处而居在选址时占据地形较高的区域，也包括建筑基础加高等做法，这主要是出于居住安全的考虑，以此来避水患的选址模式。简单来说，就是将人们栖息的居所建立在洪水位之上，但是也不是一味地求高，正如古人所言"高毋近阜而水用足，低毋近水而沟防省"，对"高"要有程度上的把握。在生产技术并不发达的农耕时代，居高是利用地形减少工程量的表现，这样既可以节省建筑材料，又利于利用地形地势很好地疏导和存蓄水势。

太行山区的河流众多，多为季节性河流，历史上发生过多次大规模的洪涝灾害，在防洪的需求下，村落于高处修建。辛安村境内北侧浊漳河贯穿，先民们在选址时将防洪和泄洪作为首要考虑因素，将村落建在离河道不远的高台上，民居依地势拾级而上布局，起到了很好的防洪作用；宋家庄村先民以高垒、石垒、蛇盘垴等山体为靠，多在山腰垂直节理发育良好的黄土陡坡侧挖筑靠山窑，呈散

---

1 山泉水是地下水的一种，由山体石缝中渗透出来的水，干净清澈。古代先民多将此水作为直接饮用水源。

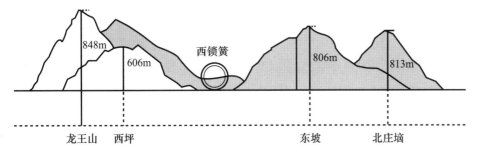

图 3-10 西锁簧村选址格局分析图

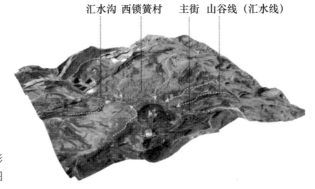

图 3-11 西锁簧村 3D 地形
　　　　分析图

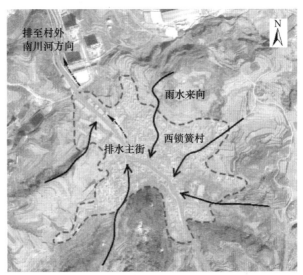

图 3-12 西锁簧村排水示意图

图 3-13 西锁簧村排水沟渠

点式定居，由于建筑距离河沟相对较远且处于高埠地带，历史上从未遭过水患（如图 3-14 所示）；位于山高谷深的娘子关村，村庄建设用地依山就势，村庄的最低建设基线高于绵河洪水位之上，其村落的选址有合理的区间，在垂直距离上，其标高范围在 354 ～ 380m，最大落差约 26m（如图 3-15、图 3-16 所示）。

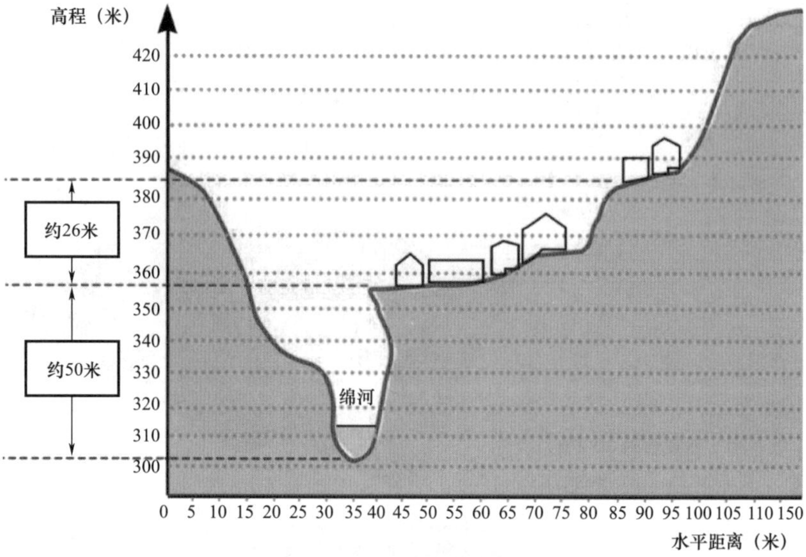

图 3-14　娘子关村地势纵剖面示意图

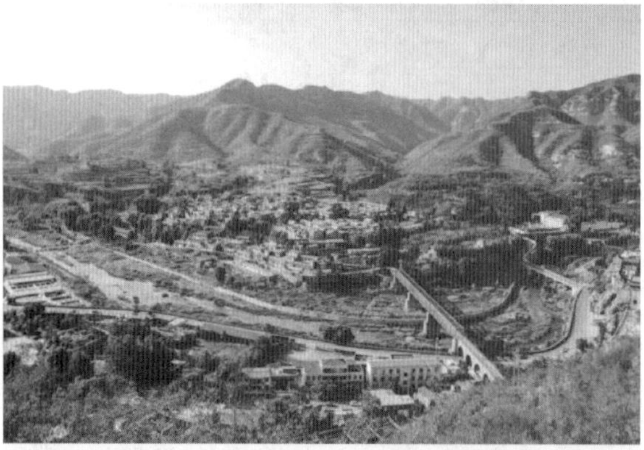

图 3-15　娘子关村依山而建

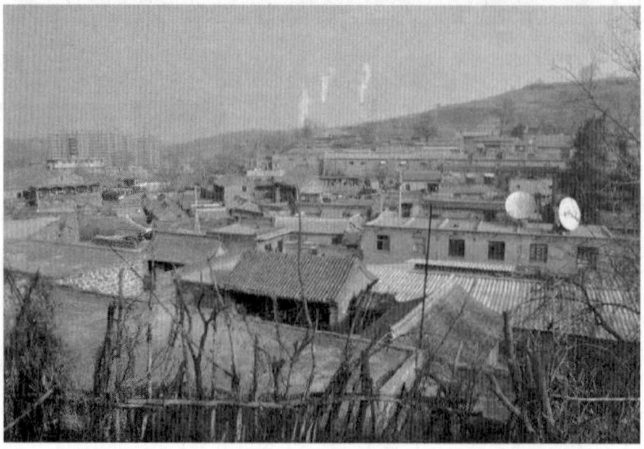

图 3-16　宋家庄村依山而建

3.1.3 选址模式因"水"而变

村落选址与水环境的关系密切,村落因"水"而生,又因"水"而迁。太行山区诸多传统村落最初的村址出于取水之便大多靠近河溪布局,后来又重新选址迁村的主要原因在于对水灾的规避,其选址格局变迁体现出村落趋利避害的适应性特征。如山西晋中地区典型南庄古村、河北省邯郸市涉县河南店镇赤岸村、河北省张家口市蔚县上苏庄。

1. 南庄村

我们现在看到的南庄村是明代以后,村民重新选址按照统一规划建设以后的传统村落。最初,南庄村在村西南沟壑地带,靠近河溪,既有取水之便,又有很好的隐蔽防卫效果,但由于处于低洼沟谷处,十年九涝,对村民的生活产生了严重的影响。面对这个棘手的问题,南庄先民重新对村落地区的自然环境条件进行调查分析,最终选址于沟谷北部高台进行村落重建(如图3-17所示)。

2. 赤岸村

赤岸村所在的涉县位于太行山东麓,地形复杂,地势险要,由西北向东南倾斜,自古为兵家重地,而赤岸村坐落于涉县西北5公里的太行山深处,明净的清漳河水绕村而过,整个村落依山而建、随形就势,民居错落有致、布局紧凑。现在的赤岸村是明代以后村民重新选址建设的传统村落,而重新选择新村址的主要原因在于对洪水的规避。最早的赤岸村紧靠清漳河,具有取水之便,但由于处于地势低洼的平坦区,据当地可靠资料记载,历史上赤岸村曾多次遭遇洪水侵袭,时常冲毁民居建筑,严重影响了先民的生活。明代以后,赤岸先民重新选址,最终将新的村址迁至村西高岸上,变成了现在的模样(如图3-18所示)。

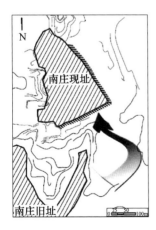
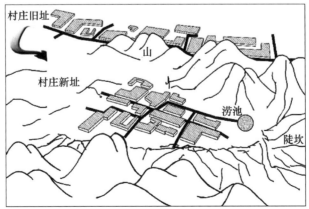

图3-17 南庄村选址变迁示意图

3. 上苏庄村

上苏庄村位于河北省张家口市蔚县，村落东侧、南侧均为恒山余脉，地势东向西渐倾，东南高西北低，西侧为河川。据可靠资料记载和实物证据分析，最初的村落选址在村落西部的地势低洼处，取名为"底村"，生产生活用水依靠水峪和北口峪两大山泉水。后来由于洪水的侵袭对村落的安全造成了威胁，村内水源逐渐枯竭。明嘉靖22年，村人另择新址，在村东较高的台地上选了新的村址建起庄堡，取名上苏庄村（如图3-19所示）。

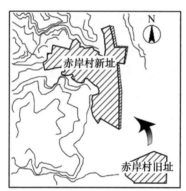

图 3-18　赤岸村选址变迁示意图

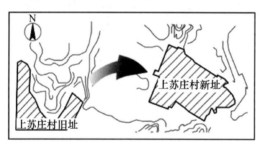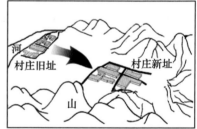

图 3-19　上苏庄村选址变迁示意图

3.2 水环境影响下的传统村落形态结构

本节将分别从宏观、中观两个层面，从空间关系出发对水环境影响下的传统村落空间形态、布局特征进行详尽分析，并结合相关案例进行阐述。具体而言分为如下两个层次（如图 3-20 所示）。

村落层次：首先，从传统村落整体层面分析水环境对村落空间布局和平面形态的影响，对于从整体上把握水与村落的逻辑关系具有重大的研究意义，属于水环境影响下村落空间布局的宏观层面。

街巷层次：其次，街巷空间结构及其营建与水的关系密切，道路街巷是传统村落的骨架和支撑，太行山区不同类型传统村落的街巷布局受到水环境的深刻影响，呈现出既有太行山区村落的共性，又有自身特性的特征。属于水环境影响下村落空间布局的中观层面。

本节研究内容将有助于人们理解水环境诱导下的村落空间结构与水之间的逻辑关系，从而多角度、全方位、更加系统地认知水环境影响下这种最为朴素生态的人居环境形式，是与大自然共呼吸的原生态宜人居所。

3.2.1 传统村落形态结构的影响因素分析

水作为村落生存的必要条件，是太行山区传统村落选址的初衷。此外，交通、社会及人文等也对传统村落的形态结构产生了不同程度的影响。值得一提的是，传统村落的空间布局、形态及营建是自然因素和社会、人文因素相互作用、长期积淀的外在表征，随着历史的进程，是多因素复合影响的结果，各影响因素相互作用、渗透、转化、平衡，共同形成一个复杂的有机系统，在不同程度上影响传

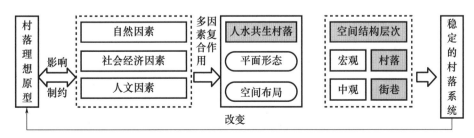

图 3-20　传统村落空间结构层次图

统村落的形成、发展和空间形态演变。

1. 自然因素

不同地区的村落是当地传统文化、建筑艺术和村镇空间格局的体现，其反映着村落与周边自然环境的和谐关系。而村落的自然因素，又不断影响着村落的发展，这主要包括地理区位、气候条件、地形地势等方面，通过分析传统村落所处地区的自然环境，便于对村落的形成与发展、空间布局、形态结构以及营建特征等进行全方位的解析。

水作为自然环境中的重要组成要素，对传统村落的形态结构产生极大的影响。一方面，太行山区冬季无雨则旱，村落先民们对于水资源尤为重视，水资源对于村落的选址起着最为直接的制约作用。人类的生存始终离不开水，其选址首要考虑的问题就是能够供给足够的人畜生活用水。另一方面，太行山区夏季洪灾频发，尤其是中下游地区，为了解决洪灾侵袭对于村民生活居住安全的影响，防洪排涝需求也成为村落选址的重要因素之一。而天人合一的理念影响村落选址数千年，负阴抱阳、背山面水成为村落选址的永恒命题。

以位于太行山区中部西麓的西郊村为例，该村在山西省阳泉市平定县中部，村境东西最长处 3.95km，东距河北省会石家庄 98km、首都北京 380km，西距平定县城 4km，距离阳泉市区约 15km，山西省会太原 130km，为山西省重要枢纽要道。在气候条件上，地处暖温带半湿润区，属明显的大陆性季风气候，由于本村处于太行山山脉西麓，处于地理气候界线 400mm 等降水量线太行山一段，属于平定县降水较少的村落之一，干旱少雨的气候特征直接影响到西郊村村民的生产生活用水，逐水而居为西郊村民选址的首要条件。在地形地势上，村境地势东南、西北高，东北低，地势平坦而具有一定坡度，境内沟壑纵横，峰峦叠嶂，属土丘河谷地形单元，该村群山环抱，两河于村前交汇，形成背山面水基址的基本格局，这些便利的地形环境使得西郊村成为不可多得的宜居地带（如图 3-21 所示）。

2. 社会经济因素

交通是社会生产、商品流通和人们出行的前提，村落的经济发展状况与该村

图 3-21　西郊村自然环境

的交通条件紧密相关，经济的低迷或繁荣引导村落形态的演进，而村落的经济情况又反映了该村的交通与地理状况。便利的水源条件与兴盛的晋商文化为传统村落的营建提供了绝佳的环境，由此在太行八陉沿线形成了众多以商贸流通为主要功能的商贸交通型传统村落。如今，随着社会进步与科学技术水平的提高，靠近交通干道的传统村落便显示出明显的区位优势，村落建设用地范围也逐渐向现代交通方向扩展。

西郊村形成早期，先民多在卧牛山腰垂直节理发育良好的黄土坡建造靠山窑，呈自然散点式定居。自明代中叶，开通了"东达燕京""西通晋省"的通京驿道后，就以驿道为中心，在驿道沿线大量修建住宅，形成了独具本村特色的街巷格局。据《平定县地名志》记载："位于城东的西郊，也是通京要道的一个重要枢纽，富有战略意义。"穿村而过的古驿道被赋予了商业交通功能，成为了重要的商品流通地，驿道街的繁盛大大促进了村落的经济发展；商贸文化下的西郊古村空间形态呈现开放性特征，村落规模逐步扩展。清末至民国时期，村落仍保持以驿道街为核心，见缝插针式垂直于驿道大街向南北方向扩展，但受到战争因素影响，村庄扩张规模有限。新中国成立之后，国力民生得以恢复，加之人口增长，村庄规模迅速扩大，在村庄原有的用地基础上新建大量的民居建筑，翻修、改建、加建原有民居建筑，破坏了原有村落肌理（见表3-2）。

3. 人文因素

受礼制思想的深刻影响，传统村落大多是一村一姓或是多姓合住的宗族关系，每个村落都有自己的族规与族谱，制约村落的生产发展以及村落布局。传统村落的内部空间布局与礼制、文化有着千丝万缕不可分割的联系，这主要体现在建筑形式的规范、建筑等级的严密，甚至建筑装饰的限制，礼制思想无不淋漓尽致地得以体现。一般在形成初期，村落多呈散点式布局，后来因家族规模的扩大，村落内部秩序也逐渐形成，于是村民开始建立宗族祠堂、寺庙、鼓楼等公共空间以此来满足人们的精神文化需求，村落的整体形态以宗族为基础、以公共空间为核心向外扩张，显得有主有从、秩序井然。此外，礼治秩序的制约多形成中轴对称的建筑格局，遵循我国儒家思想影响下的建居传统。

以南峪村为例，该村主要有张、王、陈、李四大家族，这些家族在传统的农耕社会中一代代传承，留下了深厚的宗族文化，保留了当时的建筑院落，且建筑院落中轴线多垂直于街巷布局，这样的布局方式不仅体现了儒家文化影响下的礼治秩序，还充分结合地势，易于院落排水系统的组织（如图3-22、图3-23所示）。

表 3-2　西郊村空间形态演变分析

时间	特征	示意图
明以前	自然散点式布局	
明清时期	沿古驿道线性发展	
清末至民国时期	见缝插针式垂直于驿道大街扩展	
中华人民共和国成立后	新建大量民居建筑，继续向外扩展	

表格来源：根据相关资料整理。

图 3-22 南峪村王家院群布局
        示意图

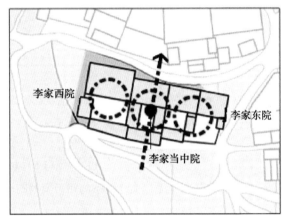

图 3-23 南峪村李家院群布局
        示意图

3.2.2 宏观层面传统村落整体空间形态

宏观层面是指传统村落整体层面水环境对传统村落空间布局的影响，具体表现在水环境与传统村落的空间关系方面。太行山区现状地形和水系布局虽一定程度上限制了村落的形态和规模，但古代太行山区先民注重将村落的空间形态与自然环境（尤其是水资源）的承载能力相协调，利用河流水系满足日常生活所需，村落整体空间因水的形态多样化而呈现不同的外部形态，建设出因形就势的村落布局模式。太行山区水资源主要包括地上河流以及地下泉水两类，见表 3-3。

1. 传统村落整体空间布局特征

按照太行山区传统村落整体形态进行分类，基于图底关系的空间视角，借助村落边界形态指数分析方法及公式，对传统村落平面形态的类型进行数理解析，形状指数公式如下，进而探讨水环境影响下太行山区传统村落的形态特征。可将其分为团状、带状、指状和散点几种。式中，S 为村落边界形状指数，P 为村落边界周长，A 为面积，λ 为边界最小外接矩形的长宽比。根据浦式方法，设定形状

表 3-3 太行山区主要河流及泉群

主要河流	岩溶泉群（组）
浊漳河	王曲泉群（林滩、西流、王曲、南流泉组）
	实会泉群（石会、安乐、东流、北耽车泉组）
桑干河	神头泉群（神头、司马泊、河道泉组）
汾河	兰村泉群
	郭庄泉群
	古堆泉群
	洪山泉群
	龙子祠泉群
桃河	娘子关泉群
沁河	延河泉群
丹河	三姑泉群
滹沱河	坪山泉群
清水河	甲子湾、水泉湾、段家庄、李家庄泉组
唐河	城头会泉群

指数 $S=2$ 作为临界值，当 $S \geqslant 2$ 时，为指状；当 $S < 2$、$\lambda < 1.5$ 时，为团状村落；当 $S < 2$、$\lambda \geqslant 2$ 时，为带状村落（见表 3-4）。

$$S=\frac{P}{(1.5\lambda - \sqrt{\lambda} + 1.5)}\sqrt{\frac{\lambda}{A\pi}}$$

此外，传统村落是以血缘关系为纽带聚集的地区，一般具有单姓地缘关系和多姓地缘关系两种，太行山区具有单姓地缘关系的村落有：位于河北省西南部以梁姓为主的大梁江村、韩氏家族聚居之地的北京市爨底下村，以及因于姓聚居而得名的河北省井陉县于家村等；具有多姓地缘关系的村落有很多，如位于山西省东南部的南峪村，该村主要为张、陈、王、李四大家族的聚居之地。

（1）团状村落

这类村落一般成片分布，所处地势较为平坦，多分布在河谷地带，单侧临河。在村落建设之初，为规避水灾，多以山体为靠，居高避洪，后来为了方便取水，在发展过程中村落开始试探性地向河流方向拓展，但仍与河流保持一定的距离，逐步形成了由"靠山"向"近水"演变的面状团居型形态。部分村内存在多处泉位，且泉水涌量较大，村落多以泉源和溢流水系为中心，在发展演进过程中逐渐向外围扩展，从而形成了面状团居型的空间布局形态。与带状形态村落相比，团状村落因进深相对较大，排洪泄涝效率不如前者高。除此之外，宁艾村、岩会村等也属于团状村落。

同时，为了避免洪水对村落的冲刷破坏，此类村庄还会营建城墙抵御山洪对村内民居的破坏，并通过城墙将山间的雨水分流至沁河当中，将洪水对村落的破坏性降到最低，北留镇郭峪村和郑村镇湘峪村是其中典型代表（如图 3-24、图 3-25 所

表 3-4　水环境影响下太行山区传统村落形态特征

类型	团状	带状	指状	散点
形状指数	$S \geqslant 2$	$S < 2$ $\lambda < 1.5$	$S < 2$ $\lambda \geqslant 2$	
示意图	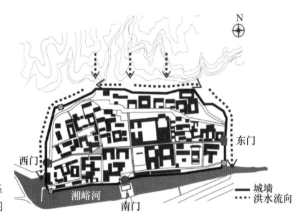			
几何图形				

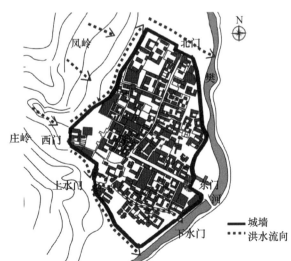

图 3-24　湘峪村形态与水流关系
　　　　　示意图

图 3-25　郭峪村形态与水流关系
　　　　　示意图

示）。北留镇郭峪村位于庄岭山腰的缓坡上，因夏季多暴雨容易形成山洪，所以村落在营建时着重考虑防洪泄洪问题。当雨季山洪来临时，村西面庄岭以及东面凤岭的山洪会向东北、东南低洼处的樊河汇集。郭峪村村民为抵御洪水对民居的侵蚀，修建了高大的城墙和水门。一方面，将上西沟的洪水沿城墙汇集于北沟，再沿北部城墙水沟流入樊河。另一方面，将庄岭流入南侧的洪水引入村庄的上水门，通过村庄内修建的南沟，由下水门排入樊河。南北两条泄洪沟与樊溪形成一个扇形的三角地带，将郭峪村保护在其中，避免了洪水的危害。

（2）带状村落

带状村落是指村落按照水系的脉络，分布于河流一侧，沿着水系走向逐步向两翼扩展，从而形成条带状布局的空间形态，具有街巷布局简单、空间导向性强的特点。此类村落大多分布于两山之间，整体空间布局受到河流和泉水的影响较大。主要分布于滨临江河湖泊等地表水丰富且具有良好水质的地区，这类村落以河湖等地表水为生活生产的主要水源，如取用永定河水的三家店村、小店河村等；以及按照泉水水系的脉络，沿着其泉水水系走向呈线形布局村落的形式。泉水沿着等高线流出，呈现出泉水村落与泉水平行布局的空间形态。村落内部道路往往与水系垂直，承担将雨水排入河流水系的功能。如山西省平遥县东泉镇东泉村、山西省襄汾县襄陵镇黄崖村等。根据带状村落与水环境之间的关系，将其主要归纳为两种类型：一是临河傍水的单侧型，溪流河水沿村落边缘涓涓流过；二是跨溪而过的贯穿型，一条或多条溪水穿村而过（见表3-5）。

临河傍水的单侧型是指村落紧邻河畔的一侧布置，且以河流弯曲的内侧凸岸为主，而河道的另一侧则由于地势低洼或不需太多居住用地而用作耕地、种植树木等。根据水系流经村落的形态，可分为平缓的"J"形和玉带环抱的"C"形；除此以外，还有"反弓水"类型，即村落位于河流弯曲的外侧凹岸，这种选址布局是智慧的先民通过朝向及方位的转换达到逢凶化吉、趋福避祸的目的（见表3-6）。

跨溪而过的贯穿型村落布局模式源于先民沿溪河建村，呈纵向分布，随着村子的不断扩张，于河对岸开始兴建，于是溪流便成为村中的内河，是村落的重要组成部分。水系穿越村落一般分两种情况：一种是"中分"类型，即呈现常见的村落沿主河道两侧布局，这一类型因为河道两侧基底条件基本相同，同时符合村落发展需要，故均衡线性扩张；另一种是非"中分"类型，其特征为主河道横穿村庄，整个村落沿着主河道支流发散布置，这样的情况往往会在河道与道路交汇处形成一个集中核心空间节点（见表3-7）。

表3-5　滨河村落空间布局类型

类型	示意图	典型特征	村落名称
临河傍水的单侧型		河流往往与村落主干道相平行，次要道路与河流垂直，因其用地狭窄、土地紧缺，村落形态通常为线性或组团结构。同时对于交通和水源的依赖，村落也不会过于远离河流。	大阳泉村、岩会村、上董寨村、下董寨村、南庄村、辛庄村、柏井一村、乱流村、西郊村、娘子关村、桃叶坡村、冉庄村
跨溪而过的贯穿型		贯穿型水系表征多为"中分"，源于先民沿溪河而建，呈纵向分布，随着村子的不断扩张，于河对岸开始兴建，于是溪流便成为村中的内河，是村落的重要组成部分。	西花园村 西锁簧村 小河村 英谈村

表格来源：根据调研结合相关资料整理。

表3-6　临河傍水的单侧型布置类型

类型	特征	典型村落	示意图
J形	"J"形村落民居一般沿水线性生长，这类水系多趋于直线型，村落位于河流弯曲的内侧。	上磐石村	
C形	玉带水如同"C"字一样多面环抱村落，村落位于河流弯曲的内侧凸岸。	西郊村	
反弓水	即河流弯曲的外侧凹岸，其区位历来不受选址者欢迎，但智慧的先民通过朝向及方位的转换达到逢凶化吉、趋福避祸的目的。	娘子关村	

表格来源：根据调研结合相关资料整理。

表 3-7 跨溪而过的贯穿型布置类型

类型	特征	典型村落	示意图
"中分"类型	村落沿主河道两侧布局，由于河道两侧基地条件基本相同，同时符合村落发展需要，故均衡线性扩张。	西花园村	
非"中分"类型	主河道横穿村庄，整个村落沿着支流发散布置。	山西省平遥县东泉镇东泉村	

表格来源：根据调研结合相关资料整理。

（3）指状村落

水系与村落交错布局多发生在水量较为丰沛的地区，主要受到周边山体环境的影响，在河谷地带最为常见。村内活水沿水道穿街走巷，循地势高差而自由发散，构成了村落的基本空间骨架。故村内河道或蜿蜒曲折、形似飘带，或开合有秩、收放自如，呈现出自由松散的布局形态。而伴水而居的需求促使村落建筑组群以一种"迎合"的态度与水系形成最大程度的契合，村落以水源为中心向外拓展形成辐射状布局形式。

山西省阳泉市平定县宋家庄镇的宋家庄村村内被南川河南源支流穿村而过，村落遵循山谷汇水线的脉络自然生长，避开汇水线流经的区域，朝着多个方向延伸拓展，如同人的一根根手指一般向外蔓延，自由、灵活，边界不规则。汇水线流经的区域形成街巷骨架，便于排除过境雨水，最终形成了向外发散式的指状形态（见表 3-8）。

北京市房山区南窖乡水峪村因村内多泉水而得名，泉水清澈见底，村中及周围的山上有十余处泉水，水资源极为丰富。村内有一条泉溪穿村而过，因此村子被分成两部分，一为新村、一为旧村，村内民居皆顺应水流的走势布局，呈辐射状向外扩张的形态。这样的格局空间变化丰富，且有较好的可观性。因村落中部有水道，两侧的街巷与其相连，构成了村落的基本骨架，其树枝状的结构也决定了多变的内部空间。

（4）散点状村落

此类村落多位于山地丘陵，因此选择一整片的平地进行村落统一规划营建十分不现实。许多村落会根据地形与河流走向，将村落营建成几个组团单元，几个单元分布在多个位置，各单元之间相离较近，形成散点状的村落形态。散点状村落虽没有上述两种村落整体联系性的优点，但它能顺应地势，极大地利用周边资源。

沁水县的坪上村和半峪村较有代表性。半峪村位于沁水县郑村镇，由胡家掌、上半峪、下半峪、反后四个自然村组成，并沿半峪河自西向东排开。四个自然村中的村民大多使用河水进行洗衣、灌溉，极大方便了村民生活生产用水需求（见表3-9）。

此外，在太行山区，一般同一宗族几户甚至上十户人家围绕一处水源布置房居，或是水井、水窖，抑或是池塘，他们以一处水源为中心，在合理的服务半径内布局建筑院落，易形成多组团散点式村落布局。由此可见，这种以血缘为纽带"聚族而居"的布局形式也受到了水环境的制约和影响。山西省阳城县上庄村以水井作为主要水源，不论是单口井还是多口井都是由村落族人一同集资、一同管理，民居建筑多围绕水井为中心展开，根据调研发现上庄村原有六口古井，均属于公用水井，辐射到周边的村民使用（如表3-10、图3-26所示）。

表3-8　指状村落

类型	特征	典型村落	示意图
交错布局的自由型	水系与村落交错布局多发生在水量较为丰沛的地区，活水沿水道穿街走巷，循地势高差而自由发散。	宋家庄村	

表格来源：根据调研结合相关资料整理。

表3-9　散点状村落

类型	特征	典型村落	示意图
散点型村落	丘陵地带，平坦区域较少，村落分布顺应地形，最大程度利用水资源。	半峪村	

表格来源：根据调研结合相关资料整理。

表 3-10　上庄村古井信息统计表

序号	位置	原服务区域（图中标示）	挖掘年代
1	樊家庄园	A	明
2	遵四本院边	B	清
3	棋盘四院—竹园左侧	C	明
4	广居门边	D	清
5	新台上院内	E	明
6	滚水泉（泉井）	F	明

表格来源：根据调研结合相关资料整理。

图 例
—— 传统村落范围
● 古井位置
◎ 服务范围

图 3-26　上庄村古井位置及服务范围示意图

2. 仿生象物的平面形态

村落的平面形态与仿生象物的营造意匠有关，使得传统村落的形态各异、丰富多样，有些传统村落的形态类似于一些与水相关的动物，抑或是船的造型，这主要体现在以形法来规划村落的形态（见表 3-11）。据统计，模拟中国古代四灵中的龙、龟、凤凰这三神灵是最多的。太行山区境内的沁河流域自古以来就流传有上伏一条龙、屯城一条船、砥洎城是只龟的说法。除此以外，模拟龙形的传统村落还有河北省蔚县白中堡村，船形有北京市佛子庄乡黑龙关村。其中模拟龟形的是最多的，有山西省大阳泉村和丁村、北京市灵水村、河北省上申庄村以及河南省小店河村等。此外，还有鱼形、大雁、凤凰等一些常栖息在水生植物丛生的水边或水里的动物。

（1）龙形

①主管四季降雨的神灵

龙位于中国古代四灵的首位。中华有关龙的历史，从考古的文物出土到民间的神话传说，从可征的文史资料到现实生活中的各种器物，纷繁多样，源远流长，

表 3-11　村落平面形态示意图

序号	类型	村落特征	村落示意图
		山西上伏村位于沁河南岸，呈东西长、南北狭窄的带状结构，河阳古道贯穿全村，村落具有明显的线型结构体系特征。自东而西形似一条巨龙伏在河阳大地上，龙脉就是贯穿村落的三里长街（主街），两侧多条支巷与之相交。	
1	龙形	河北省蔚县南留庄镇白中堡村，古堡沿东、西、南三面古河道而建，形成了"二龙戏珠"之势。	
		润城镇上庄村，村落周边地貌以丘陵为主，素有"十山九回头"之称。庄河自村东向西横穿而过，并形成极具特色的"河街"，宛如一条长龙穿村而过，村民相信这条龙街可以保佑风调雨顺。	
2	蛇形	山西省阳泉市平定县下董寨村，整体坐落在龙潭北部的巨石之上，村南有巨石探出温河，形如蛇头，村落顺应河流走向蜿蜒分布，形似蛇身。寓意驾驭河流，免遭水患。	
3	船形	山西屯城村船形格局讲求选址布局，沁河水自北南下，到上石崖根急转西流，把古村包围大半个圈。从高处俯瞰，村落周围整齐坚固的城墙就是船帮，南北拔地而起的几座堡楼如船上的桅杆，整个村落如一艘大船漂在水面。	
		北京市佛子庄乡黑龙关村整个村址如一艘大船，两头尖，中间宽。	
		晋城市泽州县石淙头村四面环水，河水自西向东流淌，整体形状如同一艘正在海面上航行的帆船，船头方向是坡地，船尾方向是一泉瀑布，顺应河流方向，如同一艘乘风破浪的帆船。	

续表

序号	类型	村落特征	村落示意图
		山西省砥洎城选址因地制宜，独创新意，以积极的态度"迎风劈水"，在千米宽的沁河河床上，巧借河心一大砥石建城，三面环水，村落与水落差最大处达十几米，易守难攻。其城似龟，金龟探水；其村若凤，凤凰展翅；如舟船，击水中流。	
		北京市门头沟区斋堂镇灵水村，由于大量的历史遗留院落及古商号聚集在村落中部，古人依"玄武"之势建村，头部朝向北山，群山环绕，负阴抱阳，从村南的南岭上看，村落的形状似龟在爬行。	
		山西省郊区义井镇大阳泉村从航拍图上看，犹如一只爬行中的龟，头向西方的狮垴山，尾朝东边的桃河。	
4	龟形		
		山西省襄汾县新城镇丁村从空中俯瞰，村落布局形状形似"金龟戏水"，村落的四角分别有魁星阁、财神阁、文昌阁、玉皇庙，四座殿阁是为龟足；东面的狼虎庙，西面的弥陀院，它们为龟的首尾，整个村寨为龟身。	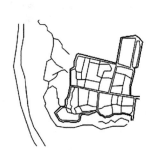
		河北省沙河市十里亭镇上申庄村的形状呈龟形，中间高、四周低，四肢和龟手清晰可见。翁岗山为龟背，新建的上申庄民居的转山为龟首，龟首下是圣水岗，呈金龟探水之势。	
		河南省卫辉市狮豹头乡小店河村从远处看像一只巨龟，头指沧河，如"神龟探水"。整个村寨都建在龟背上，人们形象地称为龟背宝地。	

续表

序号	类型	村落特征	村落示意图
		河北省邢台县路罗镇鱼林沟村始建于明代年间，祖辈们从遥远的地方迁来，看到这块酷似鱼形，并且鱼鳞清晰显现的巨石时，认为是神灵的昭示，因此就把这个村定名为鱼鳞沟村。二十世纪七十年代，改名鱼林沟村。	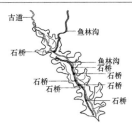
5	鱼形	山西省高平市东城街道店上村，村庄呈南北长方形状，村南建有两个对称的水池，形如鱼眼，分别位于道路两旁，自此村状犹如一条肥壮的大鱼，村形特色为之少有。	
		山西晋城市郭峪村形状似一条鱼，中间穿过的大道仿佛鱼骨，村内蜿蜒曲折的小路仿佛鱼刺，形成了一条灵活生动的鱼，鱼头朝向樊河下游，宛如沿着樊河向下游动，活灵活现。	
		河北省井陉县于家乡南张井村的村落整体如凤凰展翅之状，巧合龙凤呈祥、丹凤朝阳之意。	
6	凤凰	河北省井陉县天长镇乏驴岭村，绵河南岸，背靠照天梁，面对绵河水，整个村落形状像一只展翅飞翔的凤凰，又有乏驴岭凤凰脉之说。	
		河北省井陉县于家村从山上鸟瞰下去，就宛如一只展翅欲飞的凤凰。	
		山西省阳泉市平定县大石门村形状似凤凰鸟，落在大石门水库旁饮水，河流沿岸形成了它的两翼，凤头朝向大石门水库，凤尾向通京大道延展，状若惊鸿。	

表格来源：根据调研结合相关资料整理。

无不显现着龙从古至今的重要性。从汉代开始后的两千多年历史中，人们常把帝王比喻成真命天子，而龙则比喻为帝王，甚至割据的政权之间，也争相以龙为喻，来证明自己为正统。据史书记载，秦始皇是第一位比喻成龙的帝王，从秦末到司马迁之时，《史记》中的龙都象征帝王，不同凡人、不同凡响，是吉祥之征兆，可以转危为安，化灾为福，是大福大贵至福至贵之标志，是无人能敌、无人能比之符号。而龙的含义，还充满着一种奋发向上、百折不挠的精神和力量，一种面对强敌毫不畏惧、勇往直前的胆量和见识。

在《后汉书》《春秋繁露》中，龙被赋予了主管四季降雨的神灵形象。《后汉书·礼仪志中》记载："自立春至立夏尽立秋，郡国上雨泽。若少，府郡县各扫除社稷；其旱也，公卿官长以次行雩礼求雨。"《春秋繁露·求雨》记载："四时皆以水日，为龙，必取洁土为之，结盖，龙成而发之。四时皆以庚子之日，令吏民夫妇皆偶处。凡求雨之大体，丈夫欲藏匿，女子欲和而乐。"自古以来，雨水的多寡与农业收成有着密切的关系，关系着国泰民安的重大问题，因此，无论是洪水还是旱灾，对于百姓、对于国家，都是严峻的考验，故求雨往往是十分重要的社会行为。至于为什么龙在求雨中扮演了如此重要的角色，还要追溯到龙的原型——扬子鳄，由于扬子鳄大多时间是在水里，在大雨即将到来之时往往浮在水面，嘶声怒吼，声震几里之遥，人们往往认为下雨是扬子鳄呼喊的结果。由近及远，出现了天象中外形上与扬子鳄相似的东宫苍龙，由此产生了周代"龙见而雩"的求雨方式，每年四月举行祈雨仪式。

②龙形传统村落案例

在太行山区这样干旱少雨的地方，求雨是该地必不可少、流传甚广的传统习俗。很多传统村落都建有专门求雨的龙王庙、龙天庙等，也有很多村落的平面形态酷似龙的造型，象征着国泰民安、生活安康。

山西上伏村位于沁河南岸，呈东西长、南北狭窄的带状结构，河阳古道贯穿全村，村落具有明显的线型结构体系特征。自东而西形似一条巨龙伏在河阳大地上，龙脉就是贯穿村落的三里长街（主街），两侧多条支巷与之相交（如图3-27所示）。

山西润城镇上庄村，村落周边地貌以丘陵为主，素有"十山九回头"之称。庄河自村东向西横穿而过，形成极具特色的"河街"，宛如一条长龙穿村而过，村民相信这条龙街可以保佑风调雨顺。

（2）龟形

①象征长寿的神灵

自古以来，龟被人们封为中国古代四灵之一，龟文化在中华传统文化中具有

图 3-27　上伏村平面形态

崇高的地位。这主要是因为龟有天、地、人之象，上古轩辕黄帝族以龟为图腾。历史上有关龟的神话传说有很多，在先民的观念里，龟可以撑起苍天，使其不能塌下来，用自己的身体为人类的生存建起足够的空间，保护了人类赖以生存的环境，还为人类的生存和繁衍做出了牺牲。在神话故事中，龟能做到人类做不到的事情。龟在水中既可以游泳，又可以浮水。因此，龟在水中可以游刃有余，与水和谐共生。在神话故事中，无论是大禹治水还是李冰修建都江堰，都反映了先民与水不断抗争的历史。因此龟就顺理成章地成为寄托抵抗洪水、逢凶化吉的四大神灵之一。除此之外，从神话故事中我们还可以捕捉到龟在人们心中的光辉形象——顶天立地、力大无比、长寿不老，作为沟通天人的使者，人们信仰它、崇拜它，这也正是太行山区先民们模拟龟形建村的原因。

②龟形传统村落案例

在太行山区中以龟形营造村落平面形态的例子是最多的，如山西省大阳泉村和丁村、北京市灵水村、河北省上申庄村以及河南省小店河村等。

山西省砥洎城选址因地制宜，独创新意，以积极的态度"迎风劈水"，在千米宽的沁河河床上，巧借河心一大砥石建城，三面环水，村落与水落差最大处达十几米，易守难攻。砥洎城的防御性极强，城墙固若金汤，相传抗日战争时期，日军不断用炮击城墙也丝毫没有反应，城墙也因此能完整保留至今。城内的道路成网，曲折多变，巷道大多呈"丁"字形。其城似龟，金龟探水；其村若凤，凤凰展翅；如舟船，击水中流。

山西省襄汾县新城镇丁村从空中俯瞰，村落布局形状形似"金龟戏水"，村落的四角分别有魁星阁、财神阁、文昌阁、玉皇庙，四座殿阁是为龟足；东面的狼虎庙，西面的弥陀院，它们为龟的首尾；整个村寨为龟身。山西省郊区义井镇大阳泉村从航拍图上看，犹如一只爬行中的乌龟，头向西方的狮垴山，尾朝东边的桃河。

（3）凤凰形

①象征吉祥的神灵

凤，又称凤凰，栖息地在中国东部，靠近海洋，又叫水凤凰。在人们的心目中凤凰是吉祥的象征，代表着喜庆、美满。作为古代四灵之一，它的历史源远流长；作为一种神鸟，在古代文学作品中经常出现，代表的是光明和希望；作为一种图案、装饰、花纹，在古代和当今生活中运用广泛。

凤凰作为自然界的鸟是有灵性的，与其他鸟相比，更能做到趋利避害，总是在安定祥和的环境里出现，久而久之，人们就把它看做吉祥的征兆。从刘邦开始，龙常常成为帝王的象征，特别是黄龙，更是与帝王紧密联系在一起。从西汉起，不仅是龙，凤凰也成为帝王的象征。在晁错的《盐铁论》里边，就把刘邦的出世说成"龙飞凤举"，不仅把刘邦比喻成龙，也比喻成了凤，凤凰也成了皇帝的象征。

②凤凰形传统村落案例

在太行山区中以凤凰形营造村落平面形态的例子也有很多，如河北省井陉县于家村、张井村、驴岭村等，还有山西省阳泉市平定县大石门村。

河北省井陉县于家村从山上鸟瞰下去就宛如一只展翅欲飞的凤凰。其村落建置有很好的规划布局：四面设门，东门清凉阁、西门西头阁（已毁）、南门观音阁、北门龙天阁（已毁），使于家村俨然如一座天然城池。位于"凤凰"中心区域的就是于氏宗祠，它不仅是地域空间的中心，也是村民精神文化的核心，村民的居住区以此为中心，向四面发展。位于"凤凰"头部的即是村落的东大门清凉阁。村落的基本地势是东高西低，北高南低，清凉阁正处在东部的制高点，就如同凤凰向东方高昂着头，迎接每天的日出。位于"凤凰"南端翅膀的是观音阁，它是村落的南门，和南边永固桥起担任保护村落的职责，山洪来袭时，只要水不漫过观音阁和永固桥，整个村落就会安全无恙。可惜的是，"凤尾"和北面的村门已毁，只留在人们的记忆中。

（4）船形

①象征一帆风顺之意

船，古代又称为舟。船能运载货物，来往于水面上，给人们带来物资和财富。《周易·涣》"九二，涣奔其机，悔亡。""涣"为离散，"奔"为速走，"机"同几，因其以平置为宜，故引申为俯就得安之义。句意为在涣散之时速就安身之处。"涣散之时，以合为安，二居险中，急就于初求安也。赖之如机，而亡其悔，乃得所愿也。"《伊川易传》卷四一说"涣"为洪水，"奔"通"贵"，为覆败，"机"为兀，即房基（李镜池《周易通义》）；亦有认为"涣"为水流，"机"为阶（汉书《周易》作阶），即今所谓门（高《周易大传今注》卷四）。由上释文可知，取舟形为城门之形，以表换卦之象。在古代，由于商道文化的兴盛以及河道密度，诞生了举足轻重的渡口文化。来往客商都是通过船只来进行贸易往来和货物运输。因此，船在先民们的心中有着举足轻重的意义，许多村落也将形态营建成船形，象征一帆风顺、乘风破浪、无往不利。

②船形传统村落案例

泽州县周村镇石淙头村和阳城县润城镇屯城村是船形传统村落的代表。石淙头村三面环水，西南有一道天然的瀑布景观"老龙温"以及巨石形成的"看河亭"。从高处俯瞰，村落周围整齐坚固的城墙就是船帮，南北拔地而起的几座堡楼如船上的桅杆，整个村落如一艘大船漂在水面。村南长河自东向西流淌，并在石淙头处转向朝东北方向流去。村落就像河水中的一艘大船，带领村民乘风破浪，风调雨顺。

3.2.3 中观层面传统村落街巷空间结构

中观层面所体现的是水环境影响下的街巷空间布局与结构，在传统村落的空间结构体系中，道路街巷是传统村落的骨架和支撑，它决定并限制了村落的形态和发展。太行山区村落街巷大多因地制宜、因水制宜，太行山区不同类型传统村落的街巷布局受到水环境的深刻影响，呈现出既有太行山区村落的共性，又有自身特性的特征。

1. 街巷空间布局

在水资源丰富的地区，村落大多随着水系脉络的布局走势，蜿蜒变化，灵活曲折，构成了较为自由的道路系统和变化丰富的村落空间，呈现出村落街巷顺应水脉走势延伸的布局特征。街巷除行走外另一重要功能就是快速将过境雨水排出村落，因此太行山区许多村落内道路结构都与汇水、排水路径有着耦合关系。

（1）"防—排—蓄—用"一体

山西省晋城市上庄村内的道路系统与排水系统相重合，主街既是河道也是街道，东西方向贯穿全村。在古时，庄河沿现今水街方向穿村而过，河水对两岸的民居墙体不断冲刷，造成不小的破坏，尤其是夏季雨量充沛，河流水位上涨，严重影响了两岸居民的生活。因此，上庄村先民们沿庄河走向，修建了水街，作为预留的排水通道，并在村西口营建水门，即现在的永宁闸。此后，在春夏雨季时，山洪雨水沿着山坡至永宁闸外，再沿水街汇集成河由西向东流入村外农田等地，秋冬旱季则转变为陆路用以行人。

山西省平定县大前村属于自然生长的聚落，整个村落依山而建，层层叠叠、鳞次栉比，村落街巷骨架顺应岸底沟壑走势灵活布局，形成了带状生长的村落发展脉络（如图 3-28、图 3-29 所示）。

这两个典型村落案例均很好地证明了水环境影响下村落街巷空间布局的内在逻辑性，村落街巷随着水系的脉络灵活变化，二者之间关系密切。

而在干旱缺水的地区，街巷布局往往更多地需要考虑蓄水的问题，在街巷地势低洼的地方修建水井、水窖来收集储存雨水，从而解决干旱缺水的问题。山西省上盘石村巧妙利用基地自然地势高差，排水体系与"鱼骨形"道路走向完全契合，村落散布的七口古井均位于地势较低的街巷交叉口，有利于修建水井储存雨水。河北省井陉县大梁江村由于自然条件的限制，村四周群山环绕，自古水源奇缺，是一个典型的旱村，人畜饮用水及粮食耕种等生产用水皆靠天降雨，故自古以来村民皆借水如金，盼水之情代代以传，在适应自然的过程中，该村先民利用西北高、东南低的地势条件，在村南建立一座蓄水池，该蓄水池位于村主路一侧，用以储存雨水（如图 3-30 所示）。

此外，传统村落在街巷空间布局方面多与村落的排水和蓄水相结合。在排水方面，太行山区的村民们巧妙地借用地形地势布置整个村落的排水体系，利用街巷、沟渠、涵洞等进行排水。雨水通过有组织或无组织的设计，经由建筑屋顶到院落墙角排水口进入小巷道，再由巷道汇入村落主路，主路承担着主要的排水泄洪功能，一部分雨水汇入涝池、水窖，一部分直接排入农田河流。

在蓄水方面，考虑到生产生活的蓄水问题，通常会在街巷地势低洼的地方修建水窖来收集雨水，经过泥沙落叶的自行沉淀，较为清洁的雨水流入水窖，在达到蓄水目的后堵住入水口停止蓄水，多余雨水经由街巷排入河流田地。这一系统使得建筑、街巷、铺装、水窖共同参与集水系统的运作，解决村民用水问题。在传统村落街巷空间的营建方面，村民们合理组织街巷空间，充分"迎合"水的走向，形成了前街后河或是河街一体的水居形式，从而达到蓄水与排水相中和的目的（如图 3-31、图 3-32 所示）。山西省上庄古村整体格局体现了"防、排、蓄、用"一体的过程，其村落选址在地势低洼的樊河沟内，樊河穿村而过，形成一条"水街"，该河是季节性地表河流，春夏降雨沿山坡流下，至此汇集成河，枯水期则为街道，承担村内主要核心交通功能。"水街"除了发挥汇集、排除村落雨水的作用，同样有着承接过境雨水的功能，将村内外雨水及时排出，避免内涝。

（2）排水系统的构成

太行山区传统村落中的排水系统主要分为对过境雨水的排放和对村内雨水的排放。

①过境雨水排放：整体布局沿着溪流沟渠展开的村庄一般中间的溪流沟渠起

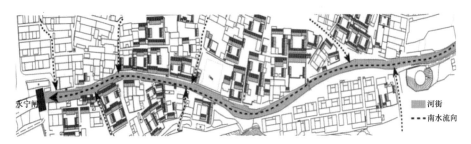

图 3-28　上庄村主街与水路关系示意图

图 3-29　上庄村主街
　　　　与水路关系

图 3-30　大梁江村蓄水池
　　　　在村落的位置

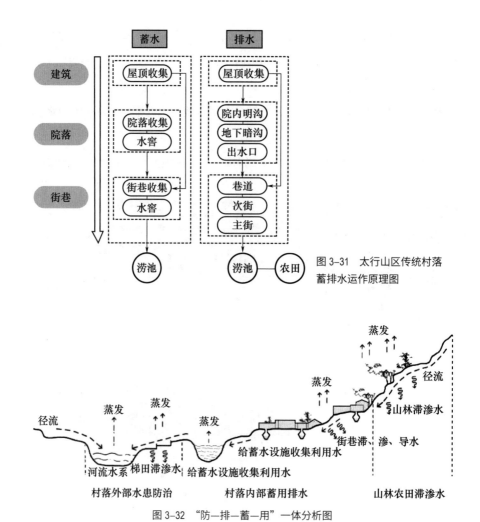

图3-31 太行山区传统村落蓄排水运作原理图

图3-32 "防—排—蓄—用"一体分析图

到排除区域汇流雨水（过境雨水）的作用，避免村庄受山洪和泥石流的侵袭，如英谈村、大梁江村、上庄村、郭峪村等。其中部分村庄保持原有溪流沟渠的自然形态，如英谈村的座后沟；有的于沟上起拱券，形成一个暗渠或者大的涵洞，雨水经此穿村流出，上部可争取更多的建设面积，用来建房，如大梁江村；还有的村庄沿着低凹的溪流或沟渠位置修建街道，晴则为街，雨则为渠，是名"水街"，如上庄、暴底下、琉璃渠等村。过境雨水排放的三种基础设施包括：沟渠、涵洞和水街（见表3-12）。

②村内雨水排放：水落入建筑屋顶，通过有组织或无组织设计排水汇入院落，再通过明沟、暗沟与排水口排出院落。排入街巷的雨水通过巷道、次街、主街的汇集，流入村内涝池或者经过沟渠流入村外湖塘或河流。整个过程可概括为"建筑排水—院落排水—街巷排水—沟渠排水"四个层次，最终排入村外的池塘河湖内（如图3-33所示）。

2. 街巷空间结构

村落内部的道路街巷体系是村落空间结构的骨架和支撑，各个不同等级的主路、街巷、巷道相互穿插，共同构成了村落的骨架，而点缀在村落骨架之上的节点空间进一步丰富、完善了村落整体空间，本节主要论述的是中观层面水环境影响下的街巷空间结构，与水有关的节点空间将在"水环境影响下的公共开放空间营造"中具体阐述（如图 3-34 所示）。

（1）道路层次划分

太行山区传统村落的道路体系层次一般可以划分为："主路—街巷—巷道"三个层次，共同构成村落的空间骨架。

表 3-12　过境雨水排放的三种基础设施

类型	特征	村落实例	示意图
沟渠排水	整体布局沿着溪流沟渠展开，中间的溪流沟渠起到排除区域汇流雨水（过境雨水）的作用，避免村庄受山洪和泥石流的侵袭。	英谈村、大梁江村、上庄村、郭峪村等	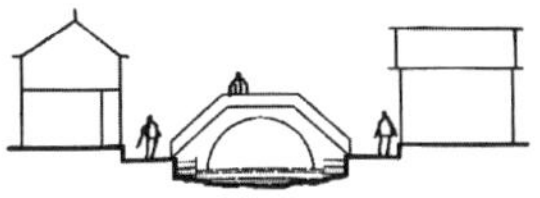
涵洞排水	保持原有溪流沟渠的自然形态，于沟上起拱券，形成一个暗渠或者大的涵洞，雨水经此穿村流出，上部可争取更多的建设面积，用来建房。	英谈村的座后沟、大梁江村	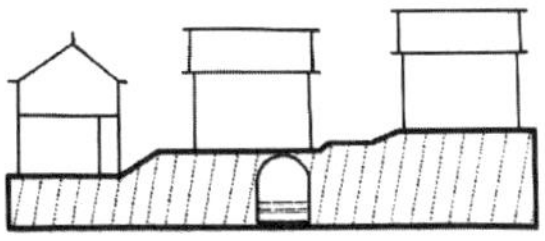
水街排水	沿着低凹的溪流或沟渠位置修建街道，晴则为街，雨则为渠，是名"水街"。	上庄村、鬓底下村、琉璃渠村等	

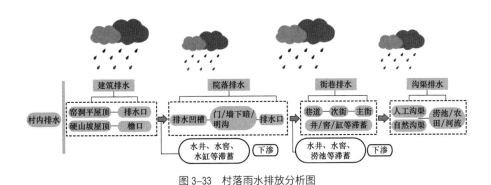

图 3-33　村落雨水排放分析图

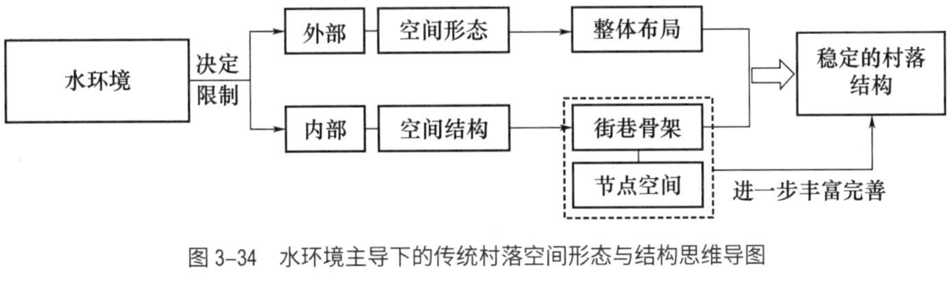

图 3-34　水环境主导下的传统村落空间形态与结构思维导图

①村落的主路作为村里主要的对外交通，具有重要的交通出行功能。其道路的走势布局多从防洪排涝需求考虑，既要避免山区村落在暴雨时的洪水侵袭，同时还要避免村里内涝，保证雨水及时排出村外。在技术经济不发达的太行山区，传统村落几乎没有统一规划建设的给排水系统，先民们采用最朴素生态的方式解决村里的排水问题，此时主路就承担了重要的排泄作用。

②街巷属于村落道路的第二层级，其走向与水的关系密切，大多顺应水流的走势灵活多变，形成较为自由的道路系统和丰富的村落空间。此外，街巷属于村内生活性道路，除了承担交通功能以外，还是村民们日常交往活动的核心公共开放空间，如街巷转而开敞的地方有水井、水窖，抑或是泉眼、泉池等点状水环境设施，以这些水环境设施为核心展开的街巷节点空间大大丰富了原本乏味单调的街巷线型空间。

③村落的第三层级是巷道，巷道属于村落街巷的支路，一般垂直于街巷布置，这样更有利于排水的处理，村民们通过门前出水口将雨水或是污水排出巷道，然后由巷道将水汇集一处排至街巷，最后由街巷顺应地势排至主路或者直接排至村外，形成层级分明的完备排水体系。

对外交通、街巷、巷道三者组成的道路体系根据空间形态可以将其划分为"鱼骨状""树枝状""棋盘型"以及几种形式的组合（见表3-13）。

鱼骨状布局通常逐水而生，主街巷顺应河流走向，位于河流一侧或两侧。民居建筑一般沿山地坡势而建，形成参差阶梯状，由河流向远端逐渐抬高，具有近水平缓而远水处略有起伏的地势特点。村内次要街巷垂直相连于主街巷，形成鱼骨状街巷结构，层级分明，有利于快速有效汇水并及时排出。以山西省晋城市上庄村为例，借助ArcGIS10.8的水文分析工具，通过地图代数计算公式Con（流量＞50，1）与Con（流量＞10，1），得出阈值大于50和10的两条汇水路径（如图3-35、图3-36所示）。借助水经注软件下载村内道路的矢量数据，可以看出阈值大于50的汇水路径与道路主街，即庄河水街相重合；阈值大于10的汇水路径则与主街呈垂直状，与村内巷道相符合。这种结构有利于村内过境雨水的排出，由巷道收集雨水，排入主街再排出村外。

山西省平定县巨城镇上盘石村位于桃河东侧，整个村落形态顺应桃河走势而建，路网结构以"对外交通—主街—巷道"三级划分，该村的水组织体系充分借助道路展开。村中主街呈东西走向，而次要巷道则垂直于主街呈南北向分开，规划形成"鱼骨形"的道路骨架。村落散布的七口古井（七星）均位于地势较低的街巷交叉口，七星贮水，利于战时"以水克火"，可以有效地化解敌人的火攻，是

表 3-13　街巷空间结构分类表

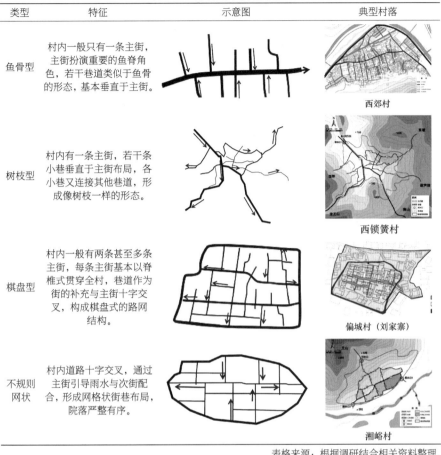

类型	特征	示意图	典型村落
鱼骨型	村内一般只有一条主街，主街扮演重要的鱼脊角色，若干巷道类似于鱼骨的形态，基本垂直于主街。		西郊村
树枝型	村内有一条主街，若干条小巷垂直于主街布局，各小巷又连接其他巷道，形成像树枝一样的形态。		西锁簧村
棋盘型	村内一般有两条甚至多条主街，每条主街基本以脊椎式贯穿全村，巷道作为街的补充与主街十字交叉，构成棋盘式的路网结构。		偏城村（刘家寨）
不规则网状	村内道路十字交叉，通过主街引导雨水与次街配合，形成网格状街巷布局，院落严整有序。		湘峪村

表格来源：根据调研结合相关资料整理。

图 3-35　上庄村汇水路线与村落道路分析图

图 3-36　上庄村 3D 地形分析图

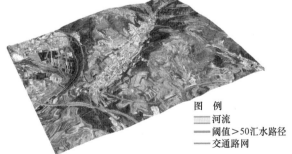

村落完善的消防设施，同时供村民洗涤、浇灌、美化村内环境等。上盘石先民善于因借自然，一方面，巧借地形走势布置排水体系，其排水流线与"鱼骨形"道路走向完全契合，村落主路承担主要泄洪职能，院落或屋顶径流通过小巷汇入主路，向地势更低处排水。另外，上盘石先民善于因借地形，在地势低洼处修建水井收集雨水，建筑、街巷、铺装、古井同地形紧密协调，共同参与集水系统的运作，其目的就是解决村民的生产、生活用水问题（如图 3-37、图 3-38 所示）。

树枝状布局通常位于地形较为复杂、有一定坡度的山地，村内有一条主街为"树干"，若干街巷为"枝干"，与主街道相连。这种布局形式受到地形制约，往往街巷在布局时首先要考虑到雨水排放问题，形成以主街巷为树干，若干次要街巷呈树枝状随形就势向外伸展的主次分明、结构清晰的树枝状街巷格局。山西阳泉市平定县冠山镇的西锁簧村，地处沟谷，村落周边群山环绕，处于山坳之中，境内山岭起伏。村内主街将西锁簧村分为东西两部分，这条汇水线正是该村汇水率最高、最直接的原古倒淌河河道。其余巷道则与主街相连，整体形态顺应山势低洼处，便于排水。主街与巷道组成了西锁簧村树枝状的道路骨架。通过ArcGIS10.8 的水文分析工具，可以明显看出汇水路径与街巷的重合关系，汇水路径呈现出树枝状，阈值大于 10 的汇水路径逐渐汇入阈值大于 50 的汇水路径（如图 3-39、图 3-40 所示）。

棋盘状布局一般位于地势平坦开阔、坡度较小的山谷地带，各街巷十字交叉，村落借助外部山体结合自然地势将雨水引入村内，通过主街合理引导雨水与次街相配合，从而合理分配雨水，最终形成网格状的街巷格局，院落严整有序，随街巷整齐划一。河北省邯郸市涉县偏城村的道路系统采用棋盘式和脊椎式两种道路形态相结合的方法，整个村落的道路层次分为街、巷和窄巷三级。街是一条位于偏城村东西方向中轴线上的主要道路，东西贯穿整个村寨，联系起重要的建筑群和主要公共活动空间节点。与东西主要轴线平行的一条街道，位于主轴线南侧，但并未以脊椎式贯穿全寨，而是连通寨子位于南北轴线南侧的一半；巷的宽度比街要窄，主要是两条南北向的道路，它们作为街的补充，与主轴线十字相交。各个院落通过巷；窄巷与村中各级道路发生联系，共同形成了村落的空间结构。ArcGIS10.8 的水文分析图可以清晰地看出，阈值大于 10 的汇水路径基本与道路重合，并逐渐汇入阈值大于 50 的汇水路径。阈值大于 50 的汇水路径正是该村汇水率最高、最直接的原古倒淌河河道，起着最大程度汇集雨水又及时将雨水排出村外的作用（如图 3-41、图 3-42 所示）。古代河道雨则为河，晴则为街，后来经过先民长期观察，将古河道改造为街道，开辟成排水之路。

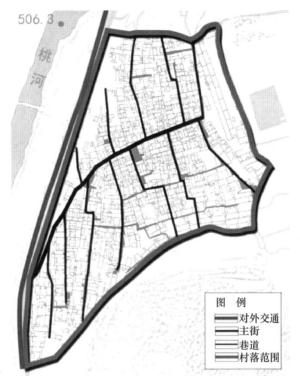

图 3-37　上盘石村道路层次划分

图 3-38　上盘石村排水体系

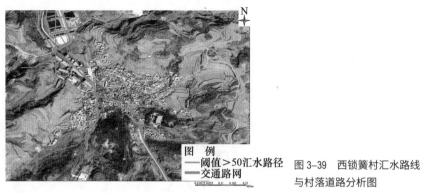

图 例
—— 阈值＞50汇水路径
—— 交通路网

图 3-39　西锁簧村汇水路线
　　　　　与村落道路分析图

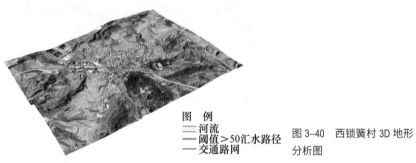

图 例
═══ 河流
—— 阈值＞50汇水路径
—— 交通路网

图 3-40　西锁簧村 3D 地形
　　　　　分析图

图 例
—— 阈值＞50汇水路径
—— 交通路网

图 3-41　偏城村汇水路线
　　　　　与村落道路分析图

图 例
—— 阈值＞50汇水路径
—— 交通路网

图 3-42　偏城村 3D 地形
　　　　　分析图

　　网格状布局一般位于地势平坦开阔、坡度较小的山谷地带，各街巷十字交叉，村落借助外部山体结合自然地势将雨水引入村内，通过主街合理引导雨水与次街相配合，从而合理分配雨水，最终形成网格状的街巷格局，院落严整有序，随街巷整齐划一。山西省阳泉市乱流村位于阳泉市区东部，平定县城东北部。选址于河谷地带，周边方山、艾山、绵山三山环抱，桃河从村前流过，并与南川河于村前交汇，背山面水，地理位置优越。该村文化源远流长，自新石器晚期起就有人类在此定居。作为井陉古驿道沿线的重要村落之一，自古以来交通就十分便利，通信发达。村落用水主要以套盒水源为主，也会修建水窖储存雨水。整个村落地势西北高、东南低，因此乱流村需要从北至南引导和分配雨水，从而形成如今西北—东南向和西南—东北向街道纵横交错的网格状街巷空间格局，并将乱流村划分为九个不同的用水范围。由 ArcGIS10.8 的水文分析图可以看出，阈值大于 50 的汇水路径与河流基本重合，而阈值大于 10 的汇水路径则呈西北—东南向，且顺应山势与河流垂直。呈东北—西南走势的汇水路径与桃河谷地的走势大体一致，可以判断为村落外部汇水率最高的河道，分析发现，有两条汇水线往乱流村建设用地方向汇流，其与村落交汇的两个入口可以初步判断为村落引水或排水的主要入口（如图 3-43、图 3-44 所示）。

　　（2）街巷空间界面

　　街巷空间是由界面围合而成的，因此街巷空间形态受到各个界面的影响，村落街巷空间界面主要包括底界面和侧界面（如图 3-45 所示）。

图 3-43　乱流村汇水路线
　　　　与村落道路分析图

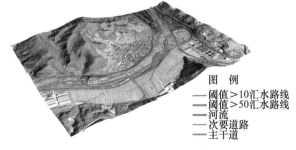

图 3-44　乱流村 3D 地形
　　　　分析图

图 3-45　街巷空间界面分析

①底界面

街巷空间的底界面，即村落的承载界面，也就是地面，主要起空间的引导作用。单条街巷的排水方式可以分为平整水街式、明沟式、暗沟式和中央凹面式四种（见表 3-14）。在底界面上表现最为明显的就是地面的铺装，不同的铺装形式会形成不同的效果。太行山区自古以来采用道路街巷明沟排水的方式，为防止内涝，街巷地面的铺设大多因地制宜、就地取材，为生活之便，呈自然之态。不同地区的村落结合自身的资源禀赋，充分利用当地材料，在满足交通需求的基础上，也会考虑雨水的及时下渗或排除，根据调研统计，太行山区街巷铺装材质主要有碎石、石板、青砖以及沙土几种形式（见表 3-15）。

②侧界面

侧界面是街巷空间的围合界面，它是建筑院落与街巷的明确分隔，即院内与院外的界线。围合界面由建筑的对外界面拼合而成，包含建筑立面、院墙、院门等建筑元素组成（如图 3-46 所示）。由于太行山区地处华北地区，冬季气候寒冷，因此建筑院墙很少对外开窗，给人厚实稳重的感觉。同时在调研测绘的过程中发现，墙体的开窗位置一般距离地面大约 3 米，其做法其实是在避免洪水通过低矮的窗口进行倒灌，并在墙角处设置特殊的材质以抵御洪水。所以，就整体而言，呈现了"高""坚"的防洪营建智慧。太行山区大部分传统村落采用街巷明沟排水

表 3-14　太行山区传统村落街巷空间底界面排水类型

类型	平整水街式	明沟式	暗沟式	中央凹面式
示意图				
营造特征	使用砖石材料，靠地形落差排水	街巷一侧或两侧营建排水沟，组织排水	排水原理与明沟类似，表面覆盖石板等	街巷中央营建下凹弧形，汇集雨水排出

表 3-15　太行山区传统村落街巷空间底界面铺装类型

类型	碎石	石板	青砖	沙土
典型村落	小桥铺村	大阳泉村	西古堡村	水东堡村
实景图片				

表格来源：根据调研结合相关资料整理。

图 3-46　西郊村侧界面分析

的方式，这种情况下，通常在院墙墙基处会有排水口，此外，很多民居在门前会设暗渠排水口，这些点状的排水设施都在一定程度上丰富了原本单调乏味的街巷空间（如图 3-47 ～图 3-49 所示）。

（3）街巷空间尺度

街巷尺度直观地影响了人行走其中时的感受，太行山区传统村落的道路尺度根据其用途不同，高宽比也有所不同，不同的 D/H 值可以营造不同的街巷氛围，形成变化多样的街巷系统。以山西省阳泉市乱流村为例，商业性街巷和主街 D：H ≈ 2：1 左右，空间紧凑热闹，没有建筑压抑的感觉；生活性的次街 D：H ≈ 1 ～ 1.5，空间氛围较为静谧，尺度适宜步行；巷道的尺度则更小，D：H ≈ 1：2 左右，街巷两侧的建筑形成了较强的围合感（如图 3-50 ～图 3-53 所示）。

图 3-47　门前排水口

图 3-48　门前排水口

图 3-49　墙基处排水口

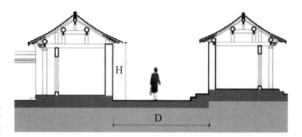

图 3-50　主街与商业性街道
示意图

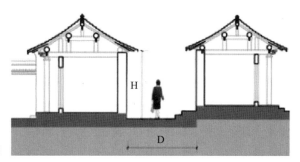

图 3-51　次街示意图

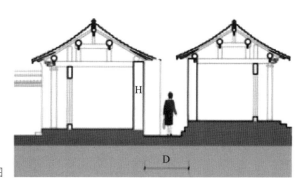

图 3-52　巷道示意图

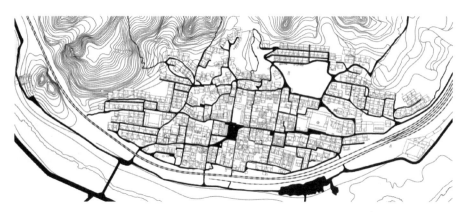

图 3-53　街巷尺度示意图

（4）街巷空间变化

水环境除对整体街巷格局产生深刻影响外，单条街巷的形态也受到不同程度的影响与制约。太行山区因其"有雨成涝、无雨则旱"的气候特征，形成了类型丰富、特色鲜明的传统水环境设施，包括水井、水窖、泉池等，这些设施往往分布在街巷交叉处和民居院落中，对街巷尺度与空间产生了影响，并逐步形成了变化多样的街巷空间。将其进行概括可以分为：收放、转折和分化三种模式（见表3-16）。此外，街巷空间的形成受到多种因素的耦合作用，这里只阐述水环境对其产生的影响特征。

①收放：收放空间缘起于直线形街巷，主要存在于地势较为平缓的村庄，而后在发展中逐渐演变为一种向外延伸的开放空间，使空间层次更加丰富。这是为了最大程度地收集雨水，水窖、水井等设施多营建在主要街巷上地势较低的地方，而这些设施多为公共资源，因此围绕公共水井、水窖或泉池会展开一些行为活动，聚集一部分人流，村民们除了在此进行与水有关的行为外，还衍生出日常交流、停歇逗留、嬉戏玩闹等其他行为活动，为避免这些行为活动对交通造成影响，会在路边局部扩大，给人流活动提供场所，形成了一个半围合的小空间。街巷上放大的水环境空间，为原本狭窄、平直和单调的直线形街巷增添了不少趣味性，错落有致，街巷上呈现的细微收缩和局部放大，丰富了街巷的空间层次，给人一种秩序感和韵律感。

表3-16　太行山区传统村落街巷空间形式

空间形式	收放	转折	分化
平面示意图			
典型村落	 大阳泉村	 大石门村	 西郊村
空间视觉感受	转而开阔 变化多样	移步换景 高低起伏	起承转合 视野开阔

②转折：转折空间多位于地形略有起伏、有一定坡度的地方，这种街巷多垂直于等高线，主要起汇集雨水的作用。雨水经富于变化的街巷在自然地形的影响下汇流，因垂直于等高线坡度较大，为了适当减缓水流速度，并保证雨水能够在足够时间内汇流和分配至各家各户院落储水设施中，太行山区的先民们采用了略有弧度、蜿蜒转折的形式布置街巷的走势，延长雨水流经的时间，蜿蜒的街巷也会产生一定的缓冲效果。行走在这种转折形式的街巷上，高低起伏、富有变化，眼前的景色伴随着脚步的移动逐渐展开，避免了一眼望到头的枯燥与无趣，使人们对街巷前方的景色充满了好奇与新鲜感，给人移步换景的感觉，产生了不断变换的视觉效果。

③分化：分化空间无论是在地形平坦的地方还是在地势略高的地方都会出现，是较为常见的一种街巷形式。有街就会有巷，有巷就会有道路交叉口，通过调研观察发现，一般在道路交叉口地势较低的地方常布置水窖用以储存雨水，保证周围村民能够公平地分配到水资源。街巷交汇处的空间转而开阔，为了保证一定距离的合理转弯半径，尺度比转折形式中提到的开阔处更大，可以聚集更多的人流，为人们的取水、用水甚至闲聊嬉闹等逗留行为和空间功能的转换提供了良好的支持。而转折处的水窖与周边环境一起构成了传统村落独具特色的风貌景观，丰富了街巷空间的视觉感受，甚至形成整个村落意象中的标志性景观，具有认知、提示和引导的作用。

3.3 水环境影响下的公共开放空间营造

　　一般来说，除了作为水资源的功能，水环境还会利用自身的特性衍生出公共开放空间。公共供水水源及其周边的环境形成村落重要的公共空间，太行山区先民们多围绕该水源布置公共建筑或者组织村落公共活动，根据水环境影响公共空间的存在方式不同，将其分为水环境空间和水文化空间（见表3-17）。

　　其中，水环境空间是指人类适应自然环境中所进行的以水为依托的空间营建，承载的是交往、生活、公共活动等。值得一提的是，水环境空间与其承载着的人类行为活动是共同影响、相互演进的，如晴天作路、雨天为河的"水街"综合解决交通出行和排水双重问题，还是人们日常行为活动的重要公共空间。水环境空间依据形态或构成差异不同又分为点状水环境空间（水井、水窖）、线形水环境空间（水街、河道）、面状水环境空间（涝池、泉池）。水文化空间主要是指寄托人们对水文化的美好向往与期待的物质空间载体，主要以龙王庙、河神庙、井神庙等形式存在。

表 3-17　水环境主导的公共开放空间

类型		具体形式	典型案例	基于水资源的功能	衍生功能
水环境空间	点状	水井	灵水村	取水、淘米、洗衣	休憩闲谈、停歇
		水窖	桃叶坡村、大前村	储水、取水	休憩闲谈、停歇
	线形	水街	上庄村、宋家庄村、师家沟村	排水	交通出行、驻足交谈、赏景
		河道	娘子关村	取水、灌溉	交通出行、赏景
	面状	涝池	王硇村、丁村	蓄水、取水、灌溉	散步、驻足交谈、改善微气候、生活性景观
		泉池	大阳泉村、大前村	取水	休憩闲谈、改善微气候
水文化空间		龙王庙	苇子水村、三家店村、砥洎城	求雨	祭祀集会
		河神庙	西郊村、娘子关村	祈神保佑，免遭水灾	祭祀集会
		井神庙	上伏村、黄花村	祈神保佑，井水管理	祭祀集会

表格来源：根据调研结合相关资料整理。

3.3.1 点状水环境空间

1. 水井（井台空间）

水井是太行山区传统村落最为主要的取水方式之一。根据其分布位置可以将其分为田间水井、村口水井、街巷水井、院落水井、建筑内部水井等。其中，田间水井和街巷水井属于村落建筑外部空间，其井台主要以实用功能为主，但它作为传统村落中的一处景观节点，也是水环境主导下的一处公共开放空间。例如在异常封闭狭窄的街巷空间中，井台空间无疑是为单调的线状空间增添了节奏感，这里不仅是村民们日常取水的场所，同时也是邻里交往、互通消息的交往空间。太行山区至今仍保存着大量古井，延续着独具特色的水崇拜文化，村民们饮水思源，挖井筑台，除了表达对水源的尊敬和崇拜，也是出于村民日常取水安全的考虑，防止不慎跌入井中，井台一般就地取材，将水井取水口的周边用石块或石条等材料包围起来，并砌筑成井台。由于街巷上的水井一般都是村内的公共水井，是整个村落的村民一起使用的公共资源，考虑到取水用水时聚集大量的人流会对交通造成影响，于是会围绕水井在路边留出局部放大的空间，呈现半围合状。井台空间主要以实用功能为主，承载村民取水行为，平时不用时，井口会用石板遮盖，保证水井的水质和卫生安全，这些井口或方或圆、或大或小、或繁或简，形状各异、大小不一、丰富多样。

北京市门头沟区斋堂镇灵水村主要有三处水井，其中有两处属于街巷水井，一处是村口水井(如图3-54所示)。灵水村民在水井处用石块砌筑了一个井台空间，多位于道路旁的一块空地，这样不仅方便村民们日常取水，也不妨碍过往的行人。虽然水井的形式不同、大小各异，但是却为传统村落公共交往行为的发生提供了可能性。和城市相比，乡村的精神活动略显单一，而承载这些公共活动的空间也极为稀少，很少有专门建设的公共活动场地，通常是以某处寺庙、祠堂等公共建筑门前或附近的空留地方作为村里的公共场地，而位于街道旁的井台空间属于人们日常交通中的必经之处，人们见面互相打个招呼、拉下家长里短等，多数人都愿意在此停留，这些点状的水井设施将单调乏味的线形街巷串联起来，使得街巷空间变得更加富有活力。因此，井台空间不仅是村民们打水、淘米、洗衣等日常行为活动的主要场地，同时也是他们白天交流、互通消息、休闲娱乐的公共开放空间（见表3-18）。

隶属于山西省平定县宋家庄镇的宋家庄村自古就有"三大家族一口井，主人二字为昌明"的说法，据调研统计，宋家庄村村内主要有三口古井，这些古井分布在河沟街沿街处，选择在村内多条道路交会处，可达性较好，便于村民日常生

图 3-54 灵水村水井分布图（图片来源：根据《产业转型背景下灵水村村落空间形态与功能转变研究》改绘）

表 3-18 灵水村井台空间分析

古井	位置	平面图	实景图
古井 1	村口处		
古井 2	南北主街的街边		
古井 3	村北街边		

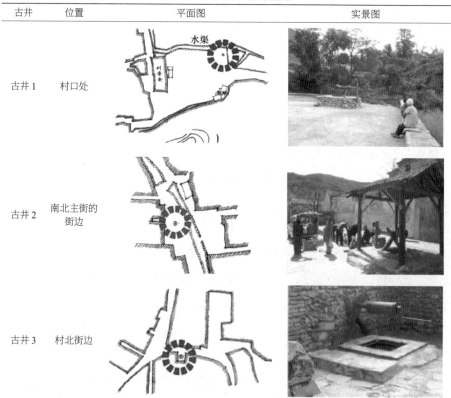

图片来源：尚芳. 产业转型背景下灵水村村落空间形态与功能转变研究 [D]. 北京建筑工程学院，2012.

表格来源：根据调研结合相关资料整理。

活和生产。为了保护水井的水质和卫生安全，水井周围会形成一定范围的空间。这些空间一方面便于村民取水时等待，另一方面也成为村民日常交往时聚集的场所。水井空间的界面设计往往就地取材，传统的水井往往通过石头砌成井壁，井口通过红砖围合，为了加固井口，使用水泥进行修缮。在平时，井口会使用石板遮盖，一方面防止树叶落入井内，另一方面也防止村民不慎掉入井中（如图3-55、表3-19所示）。

2. 水窖（传统蓄水设施）

在地下水较少的地区，水窖成为村内蓄水的主要设施。在村内会修建水窖，服务于村落十几户甚至几十户居民的生活用水，在这些水窖附近往往会形成一定范围的公共空间，便于村民取水。

山西省平定县桃叶坡村有两处公共水窖，分别位于主街道的东侧和中央（如图3-56所示）。大量雨水顺应街道地势，部分流经东侧石块垒砌的引水通道，汇入进水口，最终流入储水井；另一部分雨水流入中央街道引水通道进入引水口最终汇入储水井中；其他雨水通过排水口排出至主街道顺势流出。为保证收集雨水的效率，更为保持所收集水源的水质卫生，水窖的铺装均不采用土质地面，而是普遍采用石板铺装，周边也不种植任何植物；水窖位于道路一侧，坡度相对较大，以便使雨水快速汇集至沉淀池所在的区域。受地形的限制，水窖的形态不规整，规模不一，较大的水窖会有沉淀池。为便于村内居民取水，水窖位于村落交通便利处，可达性较高。水窖空间的功能以服务村民日常生活为主，村民经常聚集于

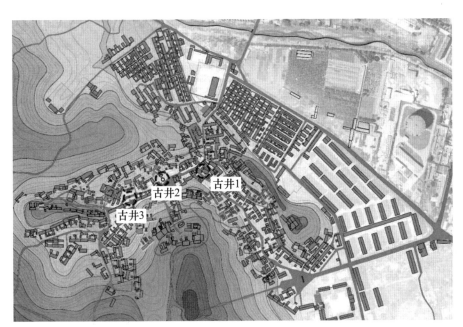

图3-55　宋家庄村水井分布图

表 3-19　宋家庄村井台空间分析

古井	位置	平面图	实景图
古井 1	村东边		
古井 2	村中部		
古井 3	村西边		

表格来源：根据调研结合相关资料整理。

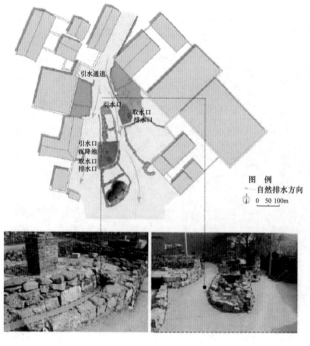

图 3-56　桃叶坡村水窖分布图
（图片来源：高怡洁. 晋东地区传统村镇建设中的人居智慧研究[D]. 北京：北京交通大学，2020.）

此，久而久之，在水窖的附近出现了戏台等公共活动场所。

　　大前村位于山西省平定县，海拔在 720 米以上，村落建于两山之间，沿山势呈带状分布。由于村落海拔较高，离周边河流距离较远，大前村主要的用水设施是水窖，村内建有多个水窖，服务于村民的日常用水。由于山地村落用地较为紧张，大前村的水窖空间形态受地形影响较大，形态较为自由，而且尺度较小。大前村水窖的修建主要考虑功能和可达性这两个方面。在功能方面，水窖兼具生产和生活两方面的功能，以生活功能为主的水窖，地势较低，多修建于民居较为集中的地区，水窖附近会有一些空间，供取水的村民等待休息。以生产功能为主的水窖，一般建于地势较高、靠近耕地的位置，这些水窖周边会预留有一些空间，放置灌溉等取水设施。为了保证水窖水质的卫生安全，同时就地取材，大前村水窖的铺装主要为水泥铺装和石质铺装相结合，保证一定的美观与实用功能（如图 3–57、表 3–20 所示）。

图 3–57　大前村水窖分布图

表 3–20　大前村水窖空间分析

水窖	位置	平面图	实景图
水窖 1	村北部		
水窖 2	村中部		

表格来源：根据调研结合相关资料整理。

3. 涝池（传统蓄水设施）

涝池是北方干旱地区常见且工艺简单的农用蓄水工程设施，采用最朴素的生态技术将雨水汇集到一起，用于日常洗衣、洗菜等。涝池的主要作用是蓄洪防涝、干旱供水。另外，涝池是传统水环境设施系统的终点，也是村内重要的景观节点和精神象征，具有洗衣、农业浇灌、牲畜饮用、堆肥等功能。太行山区先民在水旱灾害频繁及水资源时间分布不均衡的环境下，通过自然或人工开挖的方式，充分利用坡面汇水建造涝池。涝池具有截留、储蓄和净化大气降水的功能，在生产和生活用水两方面发挥重要作用。此外，涝池对于村落的生态系统构建也有一定的功能，不仅增加了动、植物的多样性，还使得在地形复杂的坡面上可以顺利进行水的收集、蒸发等循环。

太行山区传统村落涝池的布局需考虑自然地形，巧用地势、水流环境的同时还需满足生产生活等，根据调查发现涝池和村落的空间布局关系能归纳为三种模式，分别为：涝池村内分布型、涝池村外分布型及混合分布型，即涝池村内外均分布（见表3-21）。

表 3-21　涝池与村落的空间布局类型

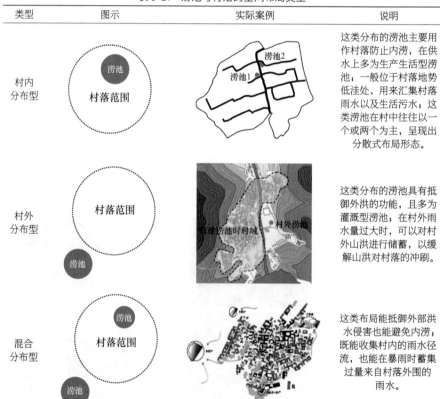

类型	图示	实际案例	说明
村内分布型	村落范围 / 涝池	涝池1 涝池2	这类分布的涝池主要用作村落防止内涝，在供水上多为生产生活型涝池；一般位于村落地势低洼处，用来汇集村落雨水以及生活污水；这类涝池在村中往往以一个或两个为主，呈现出分散式布局形态。
村外分布型	村落范围 / 涝池	未建涝池时村域　村外涝池	这类分布的涝池具有抵御外洪的功能，且多为灌溉型涝池；在村外雨水量过大时，可以对村外山洪进行储蓄，以缓解山洪对村落的冲刷。
混合分布型	涝池 / 村落范围 / 涝池		这类布局能抵御外部洪水侵害也能避免内涝，既能收集村内的雨水径流，也能在暴雨时蓄集过量来自村落外围的雨水。

表格来源：根据调研结合相关资料整理。

（1）涝池村内分布型

坐落于山西省临汾市襄汾县的丁村就是涝池村内分布型的典例，丁村沿主街一东一西，建有两个涝池，由于涝池蓄积天雨，因此村里人又将涝池称为"天池"，主要供村民日常洗涮和畜用。东边涝池位于丁字街巷的路南，是南北长 20 米、东西宽 15 米的矩形，约 2 ~ 3 米深。西边的涝池在南门巷丁字路口的北侧，东靠菩萨庙，规模与东边天池相近。满足日常生活的同时，天池还能起到防御火灾的作用，自建村始，至今都没有房屋因失火而受灾。晋南地区降雨集中在每年七八月份，大雨猛且多，常造成短期河流暴涨。丁村雨水通过街巷利用自然坡度形成排水沟，村内雨水通过街巷排向涝池，防止村落形成内涝。此外，天池还与村中的观景楼、观音阁、石牌楼等建筑组合在一起，形成了村中最重要、最开放、景观最丰富的公共空间，村民们在这里闲谈、散步、健身，涝池以及周边建筑的存在为原本单调乏味的农村生活增添了生气与活力（如图 3-58、图 3-59 所示）。

图 3-58 丁村涝池分布图

图 3-59 丁村涝池（图片来源：丁村民俗博物馆提供）

张壁村位于山西省介休市龙凤镇，村落中间由一条 S 形条石铺面主街道连接。整个古堡基本呈圆形，面积 12 万平方米，大街西面兴隆寺前及靳家巷口各有一人工涝池象征为阴阳池，整个古堡就像一个八卦太极图，所以该村又被称为八卦村（如图 3-60 所示）。张壁村涝池的主要功能为防洪调蓄，在降雨时，各家各户院子里的雨水沿着次街道中心低洼处汇集到主街，同样，雨水再沿着主街顺着地势排向堡外。张壁村特别的是主街的尽头有两个人工涝池，在暴雨季节可以分流部分雨水，起到缓解排水压力的作用（如图 3-61 所示）。

（2）涝池村外分布型

山西省阳泉市的大石门村位于平定县城东南 20 公里处，大石门水库下游。村落一侧有条季节性河流——阳胜河，雨季为河，旱时作为村落的排水沟渠。大石门村营建在阳胜河的西侧，村落农田大部分在阳胜河东侧山脚下的平地，先民为防止村外农田受山洪破坏，在村外农田山脚下修建了一处村外涝池。雨季时，涝池集蓄村落东面山体流下来的山雨，减小东面山洪的雨水径流，避免村外农田受灾（如图 3-62 所示）。

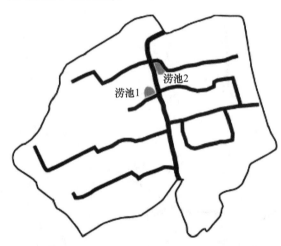

图 3-60　张壁村街巷格局及涝池分布

图 3-61　王家巷口涝池

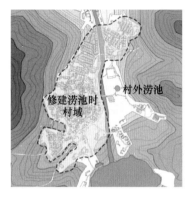

修建涝池时村域

村外涝池

图 3-62　大石门村落和村外涝池分布

（3）混合分布型

王硇村坐落于河北省邢台市沙河市西南部的浅山地带，四周沟壑纵横，地下水难以提取。当地先民利用地形特征，把村落周边的山坡转化为梯田，且在村内挖凿蓄水的涝池四处：其中 B 涝池主要用于生活，C、D 涝池用于生产灌溉，A 涝池则二者兼备（如图 3-63 所示）。促进村落农业生产的是在雨季依托山势收集雨水的山脚处涝池，其在蓄水的同时还防止雨季洪水入村形成内涝，在旱季则用于提供生产用水。

涝池的存在不仅解决村民们日常生活生产的用水问题，而且也有利于改善村内环境的微气候，具有一定的生态价值。大小形状各异的涝池是村内重要的生活景观，也是当地人重要的精神场所。

3.3.2 线状水环境空间

在太行山区传统村落中，线状水环境空间主要以街巷、河沟等形式存在，村落在布局营建过程中，因地制宜，充分配合水系，形成河街一体或者两街一河等多样化的水居形式（见表 3-22）。这些水环境空间除了承担村内的主要交通外，同时也是重要的公共开放空间。

1. 水街

水街通常贯穿于整个村落，成为村落空间结构的主线，是村落发展的主干。街道两旁的民居建筑逐水而建，并随着河道宽窄前后退让，空间变化丰富，提升了水街整体的景观效果，这样线状的开阔空间成为村民们日常交往的主要场所。

山西省上庄古村由特殊的蓄排水方式所形成的线状水环境空间——"水街"是当地先民智慧的结晶，属于河街一体的水居形式。该村选址在地势低洼的樊河沟内，樊河穿村而过，形成一条"水街"，该河是季节性地表河流，春夏降雨沿山

图 3-63　王硇村涝池分布图

表 3-22　线形水环境空间类型

类型	特征	典型村落示意图
河街一体	枯水期为街道，雨水期为河道，河街共用一条河沟，承担交通和排水等多重功能。	水街 上庄村
两街一河	河沟古道中的河沟作为雨天排水之功用，河沟两侧街道平行于河沟布置，做通行之用。	街　河　街 宋家庄村

表格来源：根据调研结合相关资料整理。

坡流下，至此汇集成河，枯水期则为街道，两侧建筑物台基均高于街道 2 米左右，并通过缓坡与"水街"相联系，有效防止了雨水对建筑墙基的破坏，承担村内主要核心街道的功能，呈西南—东北走向贯穿全村，南北连接着十余条曲折幽深的小巷，组织起村落的交通系统（如图 3-64、图 3-65 所示）。"水街"两侧集中分布着民居住宅、庙宇、宗祠、书院等不同类型建筑，建设年代跨越元、明、清、民国等时期，展现了上庄古村丰富的建筑文化内涵[1]。

　　"水街"这一线形的水环境空间无论是在晴天还是雨天都承担着非常重要的公共空间功能，夏季时樊河涨水，水街即是河道，村民们可以通过水街划船出行，

[1]　刘捷，张玲慧，刘婧祎，等. 上庄十年：山西省阳城县上庄古村落的保护、修复与再生 [M]. 北京：中国建筑工业出版社，2016.

图 3-64　上庄村水街

图 3-65　上庄村水街平面图

体验北方"江南水乡"前屋后河的乐趣；而旱季，水街是村落的主要核心街道，也是人们日常活动行走最为频繁的空间，路上碰到熟人打声招呼、唠下家常，在街巷转而宽敞的地方做暂时的停歇，是上庄村民们主要的精神活动场所。

　　此外，位于河北省蔚县西北部的宋家庄村，村内有一条河沟古道贯穿了整个宋家庄古村的南北，现存的历史建筑依此而展开，河沟古道中的河沟古时作为雨天排水之功用，两侧古道完全平行于河沟，做通行之用，形成了"两街一河"的水居形式。河沟古道承载了宋家庄古村的多种功能，见证了宋家庄古村的悠久历史。古村中的三面阁开有三个门洞，分别为水道、车道及鬼神之道，更加丰富了村落的线形街巷空间层次，彰显了河沟古道的文化特色。

　　山西省汾西县僧念镇北部的师家沟村一带夏季雨水集中，极易出现大暴雨，整个村落北、东、西三面环山，均高于村落用地，三面汇水之地遭遇洪水及滑坡侵袭的可能性极大。师家沟村智慧的先民在建村之初就建立了完备的村落排水系统，采用多层次相互承接的排水设施。先由屋面到地面，再通过出水口排至院外，第三层次排水的主体是一条环村的石板路，这条环道将村庄围成一体，长约1500米，将建于村落中央的居住区和居住区外围的作坊、牌坊、寺庙等公共建筑区分隔开，该环道不仅承担着村落的主要交通功能，同时也兼起重要的排水作用。环道沿沟谷开挖而成，符合水流趋势。环道的条石铺面以下埋有陶质的排水管，收集各院的排水，将其迅速排下山去，在当地村民中有"下雨半月不湿鞋"的美称。这套排水系统十分完善，从清朝中叶至今二百多年的时间里，从未发生过因黄土湿陷而致房屋倒塌的事件。该环道依山就势，多有变化，利用虚实对比、高低起伏、开敞闭合的手法，使空间显得丰富独特，成为了村落一个重要的线性公共空间（如图3-66所示）。

　　该环道两侧原布置有油坊、酒坊、当铺、商铺、染坊、醋坊、药店等商业设施，因此环道还兼具了商业街的职能，村民们在这边进行商业交易活动，也可以歇脚或休憩，还可以领略环道外侧的重要公共建筑，兼有商业氛围和生活气息。虽然现在环道沿侧的商业功能逐渐消失，但是几百年来形成的公共空间已经成为了师

图3-66　师家沟村环道平面布局图

家沟村民休憩、散步、闲聊、出行的主要场所。

2. 河道

河道这类线状公共空间主要以溪流、小河等线型形态存在，有的在村落边缘，有的穿村而过，或稀或密，和建筑空间连成一体，形成了以线状形式展开的公共开放空间。

按照村落与水系的关系，可以分为两种：一是沿村外围流过，二是穿村而过。第一种沿村落外围而过的传统村落，一般溪流沿村边流过，在满足村民日常生活用水需求的情况下，与周边的山体一起塑造了绿意盎然的山水环境，对于改善微气候、形成良好的景观效果具有突出的作用，人们在河边除了进行基于水资源的取水功能外，还衍生出散步、晨练、日常交流等功能；第二种是指溪流贯穿整个村落，建筑随着溪流的走势灵活多变地布置在沿河两侧，并依托于溪流向外延伸，穿村而过的溪流就像是村落空间结构发展的主干，而与溪流垂直布置的街巷便是这条主干上的若干分支，它们共同作用、相互关联，与周边建筑空间一起形成了完整的村落线状空间体系，因溪流穿村而过，与溪流沿村一侧布局的形式相比，村民到溪边淘米、洗菜、洗衣更加方便，成为了人们日常交流、娱乐、嬉闹的公共空间，营造了更加宜居和浓郁的生活环境氛围。

山西省娘子关村的泉溪属于面状与线状的结合，既有傍村而过的绵河，形成了大片的面状水环境空间，又有线状穿村而过的泉溪。外溪位于村北，也是村落的空间发展边界；内溪主要是指村内由泉眼溢出形成的泉溪，南北向贯穿村落，最终在村北与绵河相汇。

绵河河水自西向东从娘子关村北边穿过，北岸峭壁壁立千仞，雄险异常，娘子关村便坐落在绵河峡谷南崖上，形成了良好的景观效果。千百年来为娘子关村的生产做出了巨大的贡献，提供了良好的生活用水，满足了农业生产的需要。

娘子关村村内的泉溪形成了著名的"水上人家"，因娘子关泉在村内是一个比较集中的出露点，泉水流量丰富稳定，流向曲折，傍街道而流，房屋建在水边，形成了水在门前流，人在水上住的特色，故称为"水上人家"。水上人家总面积约为 50000 平方米，泉水流经近百户人家，每户的门口或院内都留有水道，呈现出北方地区独有的水乡特色。常见有妇女在泉溪边洗衣、洗菜、淘米，小孩们在水系嬉戏、玩闹，男人们提着水桶在溪边舀水，大家其乐融融、怡然自得，形成一幅浓郁的乡村生活画卷。泉溪作为娘子关村的动脉，与街道和周边的建筑营造出别具一格的线状水环境公共空间，溪水清澈、潺潺不息，地势起伏、变幻多样，趣味横生（如图 3-67、图 3-68 所示）。

图 3-67 娘子关村泉溪穿村而过

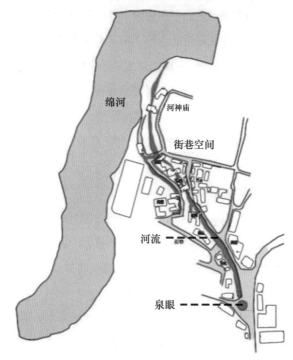

图 3-68 娘子关村河流与泉溪
布局平面图

3.3.3 面状水环境空间

1. 传统村落水库

在太行山区，由于其季节性干旱的气候特征，先民们常利用水库储水，对水资源进行时空调控，围绕水库也会形成较为典型的公共空间。水库大多自然形成，分布在传统村落的外围，这些蓄水设施作为雨水排泄的终点站，在传统村落防洪调蓄方面起到重要作用。水库多存在降水量大或地下水富集等水资源丰富地区，主要是在自然条件的基础上进行少量的人工干预而形成，具有生产养殖及防洪调蓄等作用。

较为典型的有山西省青钟村水库，青钟村位于朔城区紫荆山脚下，整个村庄三面环水,水利设施便利,小型水库 10 座,其中用于养殖鱼类水库 6 座(如图 3-69 所示)。山西省平遥县岳壁乡梁村,地处汾河支流惠济河夹角之处,南连孟山,北衔尹回水库(如图 3-70 所示)。

阳泉市平定县大石门村,为了控制阳胜河,洪水暴发时上游来的洪水由石门出口卡控制使下游少受洪水的灾害,是天赐的天然屏障,上世纪 60 年代初国家已经把这个石门卡建起了大石门水库。大石门水库作为大石门村八景之一,是村内重要的公共活动场所(如图 3-71、图 3-72 所示)。大石门水库是全县最大的一座水库,始建于 1960 年,水面面积为 1846 平方公里,平均水深 14.3 米,为了引水浇灌,曾修建了数十里长渠,以及高空流水道,尚未受益。1988 年,随着水利的发展,该村在二十四亩堰修建了 3 万方大池,扩大了种菜面积,九亩堰往下,都承包给村民种菜,解决了吃鲜菜问题。由于水库上游的厂矿污染了水库的水,对人畜饮水产生影响,因此 1989 年国家投资在村东的杏堰钻出了 400 米深井,泉水抽到地面,彻底解决了人畜吃水难的问题。

2. 泉池(畔泉空间)

在太行山区,典型的面状水环境空间除了水库外,围绕泉眼、泉池所形成的村落节点空间也是较有代表性的水环境空间,又称畔泉空间。一般分布在村落道路交叉处、道路转折处、道路尽端以及道路中段。

一方面泉池具有满足村民日常取水、用水等生活需求的实用性功能,与道路系统相结合也具有一定的交通职能;另一方面畔泉而形成的开放空间还是村民们聚坐闲谈之所,未来,在传统村落旅游业日益发展之后,这里还将成为村民们售卖土特产、纪念品的集中场所,游客观赏游玩的主要景点。值得一提的是,畔泉空间的出现使得原本乏味单调的村落线型交通空间变得有趣且富有生机,使得村落的景观层次更加丰富,是村落中最具有活力的公共开放空间,也是泉水村落区别于其他村落的标志性景观。

在太行山区,主要以漾泉和水池较有代表性。以晋东大阳泉村为例,其漾泉文化非常知名,村庄亦得名于此。由于临近河流的浅层河水渗透,形成泉水出露,后来因农田灌溉的需求,在东漾泉的基础上,修建蓄水池,成为泉池。古时村中有 5 个漾泉,其中南漾泉在村外且已经消亡。目前村中仍保留 4 个漾泉,分布在村庄四周,方便周围村民能够就近取水,十分便捷(如图 3-73 所示)。中央泉是大阳泉村五泉之一,因位于村庄五泉中央而被称为"中央泉";北漾泉泉流不息,形成一条有开有合的溪流,西漾泉原位于一片田地之中,后来因小区建成,泉眼被井盖盖住,但是村民还在使用西漾泉的泉水;五龙泉(东漾泉)泉眼已被水面

图 3-69 青钟村水库

图 3-70 梁村水库

图 3-71 大石门水库实景图

图 3-72 大石门水库平面位置图

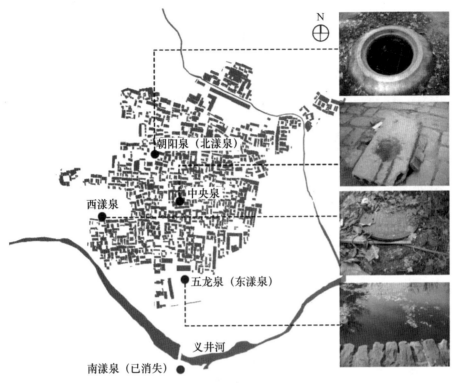

图 3-73　大阳泉村漾泉位置示意图

覆盖，汇集成一汪潭水，形成了一个巨大潭池，水潭长宽都约为三丈，因为池水不清澈，且原泉眼已被临近河流义井河河水淹没，潭深无法测量。在五龙泉边还有一潭池名为黑龙潭，两者是一脉贯通的，黑龙潭很深，现在基本上作为储存水窖使用。

　　此外，娘子关村的畔泉空间也具有代表性。娘子关村因地处深谷之中，其下方为绵河，同时绵河河谷上的泉水资源丰富，再者山高谷深的自然地貌使得用地更为紧张，因此河谷上方泉水平坦地段是娘子关村最佳的营建场所。娘子关村内泉水出露形式多样且与生活生产联系紧密，故大都经过人工改造，其中人工砌筑泉池 2 处、泉井 5 处，未经改造的自然泉眼 2 处，另有 1 处匿于道路下方。其中位于村落主支路的圆形泉池最为有名，池中泉水清澈，其半径约为三米，泉池中间雕绘盘龙图样，栩栩如生（如图 3-74、图 3-75 所示）。村中各泉溢流水系均经人工修葺，明渠、暗沟并存。村民不仅饮用泉水，也借助了泉水用以生产。

　　除大阳泉村和娘子关村外，山西平定大前村的泉池也较为独特。大前村位于山西省平定县岔口乡，村内共有五眼泉井，水量可以满足村落的生活用水需求。其中比较典型的是位于观音庙下面的观音泉，当地人又称其为"神泉"。观音庙建于村中的一石崖上，依山就势，随形生变，被高大郁葱的松柏所掩映，既神圣又

图 3-74　位于道路交叉处的娘子关村畔泉空间

图 3-75　娘子关村落主支路的圆形泉池

神奇，在庙座下面有一股神泉潺潺流出，像银丝、像珠链，顺石崖流下，冬天形成几丈高的水柱，夏天雨季时又不乏形成很大的瀑布，煞是好看（如图 3-76 所示）。由于观音泉水冬去春来，从未间断过，当地人称它为"神泉"。此泉水含有大量的矿物质，水质清淡爽口，饮之可败火。据说喝此水能祛病驱邪，故现在仍有许多已经搬迁到城里的大前村人回乡时都要灌几桶观音泉水回去享用。

3.3.4 水文化空间

在生产力水平低下的古代，人们普遍采取修祠起庙的形式，通过供奉和举行民俗仪式等面对各种灾害，渐渐形成民间崇拜神灵的现象。水文化是指以水和水事活动为载体，人们创造的一切与水有关文化现象的总称，包含了水利文化的全部内容。在水旱灾害频繁的太行山区，祈求风调雨顺为先民的祭拜首选，龙王、水官、水神等是人们祭拜的普遍形象，与水相关的祭祀空间存在于各个村落之中，承载水文化的物质空间主要为龙王庙、河神庙、井神庙等由水崇拜所物化的空间载体（见表 3-23）。

图 3-76　大前村观音泉

表 3-23　与水相关的庙会活动

类型	调研村落	起源及发展	举行日期
伏水庙会	北社东村	始于明代，经清代，盛于民国	每年伏日（暑伏第一天）
代王庙庙会	青钟村	传承至今	每年阴历四月八
祭冰灾	上苏庄村	祈求天公赐村民以甘霖，免百姓于雹灾，流传至今从未间断	除夕午夜
拜灯山	上苏庄村	起源可以追溯到明朝建村时	每年的农历正月十四、十五、十六举行
祭祀龙王	苇子水村	求雨活动	时间不定，每逢天旱缺水
春秋二祭	郭峪村	春祭：祈神降雨；秋祭：感激汤帝的恩赐	春秋季节，时间不固定
大王庙庙会	小河村	祈雨	七月初一、九月十三
祈雨仪式	西郊村	请石佛爷祈雨[1]	时间不定，每逢天旱缺水
雩祭（魇马畀）	柏井一村	由古代求雨祭祀发展而成的一项民间习俗活动，流传至今	农历七月二十二

表格来源：根据调研结合相关资料整理。

1. 龙王庙

龙王庙是古时专门供奉龙王之庙宇，每逢风雨失调，久旱不雨，或久雨不止时，民众到龙王庙烧香祈愿，以求龙王治水，风调雨顺。据《太上元始天尊说大雨龙王经》记载，"如是诸龙王闻是称善，即现感通，兴腾云雨，遍洒人间，救彼焦枯，悉得生发，免其时害，无损禾苗，川渎流通，河源注润。"龙王之职就是

1　据《西郊村志》记载，石佛爷乃从河中捞起的石人，村民们见其线条流畅，造型优美，并留着胡须，便称其为"石佛爷"。

兴云布雨，消除酷暑和旱灾，龙王庙在中国各地均有分布。太行山区干旱缺水、旱涝不均的水环境特点，使得传统村落中几乎每村都建设有龙王庙，并定期举行祈雨活动及庙会，通过一定的仪式达到求雨得雨、解险旱渴或五谷丰收、安民乐土的目的。

龙王祈雨仪式的内容主要包括以下几个方面：请龙王、游会、祭龙王、送龙王、谢龙王。往往由距离相近的几个村落共同举行祈雨仪式。龙王庙的祈雨仪式可以分为两类，一类定期举行，另一类不定期。不定期的祈雨类似于"临时抱佛脚"，成本相对较低；而定期举行的祈雨仪式，通常要花费更多的财力和人力，但也更能展示虔诚[1]。时间一般与当地的庙会存在一定的联系，农历六月正是庄稼最需水的生长期，也是华北地区大多数龙王庙举行祈雨的时期。

龙王祈雨仪式的路线一般分为多个村落之间的大型仪式和单个村落内部的仪式。比如山西太原赛庄村，以它形成了一个以龙王信仰为中心的祭祀圈。最先请龙王的是西流村，从西流村王庙出发，沿蜿蜒崎岖山路而上，路经数十个村落，最后抵达赛庄村五龙庙。人们虔诚祭拜、举行祈雨仪式、供奉贡品后，将龙王神像连同"龙椅"一起抬起回村[2]。河北张家口蔚县暖泉村，祈雨仪式游行的路线是从龙王庙门前的广场出发，经上街到下街，再折回到龙王庙（如图 3-77 所示）。

北京市门头沟区的爨底下村，村中建龙王庙，每年六月二十二祭拜龙王，祈求龙王保佑风调雨顺。碣石村的龙王庙位于村东，坐东朝西，为三合院，有东房 3 间，南北房各 3 间。整点供奉泥塑龙王及雷公、雨师、风婆、电母，还有木雕的青龙、白虎、黑龙等神像。天旱时，人们把神像搬到村中，搭蓬供奉，以求风调雨顺，五谷丰登。数百年来，龙王庙承载着村民们朴素的信仰。庙前不远处为干涸的河道，巨石散落其中，构成村中特殊的景观。苇子水村村口原来就是龙王庙和娘娘庙，据说当年龙王庙里供着青龙、白龙、黄龙、黑龙四个龙王泥塑坐像，村民在此杀猪宰羊祈求风调雨顺。苇子水祭祀龙王很有特色，每逢天旱缺水，有时也去山上龙王庙，但是，大多是在山下龙王庙祭祀龙王，进行求雨活动。求雨时敲锣打鼓，人们头戴柳枝帽，烧香叩拜，向龙王许下一只羊。这只羊是官中（相当于村公所）出钱买的，把羊牵到龙王庙里，头冲着龙王爷，大家给龙王爷上香，然后祷告说："我们许你的（一只羊），现在还你来了，你就领了吧。"然后，把一

1　杨翟，罗德胤.蔚县暖泉镇龙王庙的空间布局和民俗信仰及其与泉水、书院的互动 [J]. 建筑史学刊，2023（2）122–129.

2　张钾琪.山西地区以龙祈雨习俗研究 [D]. 山东：山东大学，2022.DOI: 10.27272/d.cnki.gshdu.2021.003438.

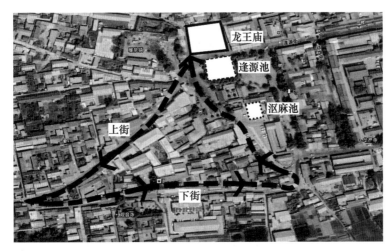

图 3-77　龙王游巡路线（图片来源：蔚县暖泉镇龙王庙的空间布局和民俗信仰及其与
泉水、书院的互动_杨翟）

壶凉水从头到尾浇在羊身上，羊被水浇当然要抖了，它一抖，水花四溅，大家就说："收走了，磕头吧！"然后把羊拉走，杀掉给大家分着吃了。三家店村的龙王庙建于明崇祯年间，位于村西口，其内供奉四海龙王、永定河龙王等五位龙王，以缓解永定河水患，祈求风调雨顺。这一庙宇的特殊之处在于同时设有海龙王、河龙王神像，工艺精美，保存完好，在北京传统村落中独一无二。

河北省的水东堡堡门正对面是座隔扇庙，朝北为观音庙，朝南为龙王庙，过去每逢初一十五，村民们会到龙王庙烧香祭拜，以祈求风调雨顺。南王庄村的龙王庙，位于南王庄村南，始建于明朝正德年间，占地650平方米，建筑面积500平方米，建筑材料为石、木、砖、瓦。分主殿和东西配房，院中香亭和东西厢房建造精致，结构美观大方，大庙主殿四梁八柱支架彩色琉璃瓦盖顶，大殿金碧辉煌，殿内神态形象逼真，威武森严，彩画满墙，自然生动，栩栩如生。古式雕刻精致，院两旁石碑林立，记载着龙王庙历代修建情况。院门两侧树木参天，松柏、青竹枝叶茂盛，仙气十足，香火不断。

山西省长治市潞城区东邑乡东邑村，祈雨之前，会首要做许多准备工作，安排好求雨、演戏、社火等各项事宜。主礼通常由阴阳先生担任，厨师负责煮花祭、备供馔，祭乐乐户承应，执役村民分管，乡人表演社火。第一项是祭拜取水。会首带领男村民，人人头戴柳圈，手执柳条，依次进入龙王庙正殿，专人端上花祭、供馔及长颈陶瓶，上香跪拜，三礼九叩，肃穆虔祷。拜毕，会首手捧陶瓶，举过头顶，领村民走至山门左侧井口旁，用红绳系瓶口，徐徐放入井中，俯首噤声，点燃香枝，频频叩首。礼毕，将红绳系到旁边的柳树上，等待龙王赐雨。晒龙王仪式结束后，恭恭敬敬地取回神水，供奉在大殿的供桌上。井水旱不枯、涝不溢，在民间传说中被认为是通向神秘世界东海龙王居所的海眼。第二项是热闹的晒龙王巡街活动。几个年轻力壮的小伙子将龙王爷抬到坐架上，扛着出行，因为是为民求雨，大家都很乐于出力。八音细吹细打，在前面鸣锣开道，龙王爷紧随其后，会首带领众乡亲浩浩荡荡地从龙王庙出发，顺街出村，沿田间地垄到附近的三皇脑祭拜，然后返回，把龙王爷放回正殿。

山西省北社东村间龙王宫，每逢春夏，天旱无雨，禾苗、庄稼干旱时，村民在龙王宫组织祈雨活动，以求神灵保佑，降下雨水，五谷丰登。祈雨兴于清代，到建国后才停止（如图 3-78 所示）。润城镇西北隅砥洎城现存龙王庙两座，黑龙庙和白龙庙，旧时专门供奉龙王之庙宇，供村民烧香祈愿，以求风调雨顺。花塔村的龙王庙位于村西入口路北侧的台地上，背山面水，占地约 12 平方米，坐北朝南，面阔一间，双坡顶。整体建筑格局简单朴素，院墙用村落生产红涂料刷色，庙前有 2 级石阶。庙内三面墙均绘有彩绘，北墙绘有龙王爷神像，前有供台和香炉，供台正中摆放龙王爷的彩绘泥塑，两边摆放排位共 11 个。东侧墙壁绘有风、雨、雷、电神施雨的图像，展现的是他们手握施雨宝物，骑着坐骑，踏着祥云，为人间降雨造福的景象。西侧墙壁绘有众人求雨的热闹场面。

2. 河神庙

河神庙是指所有为祭祀江、河、湖、海而建立的神庙。河流与人类休戚与共，人们对河流依赖且敬畏，河神庙就是在这种复杂矛盾的情绪中萌生，先民们修建了许多祭祀河神的专门场所——河神庙（又名大王庙、金龙大王庙等），在河流泛滥之时，以求平安。

具有"北方水城"之称的娘子关村，因濒临绵河，为祈求河水平静，现平定县提水一泵站原建有大王庙一座，供奉龙王，在绵河边上建河神庙一座，祭祀龙王。面积 20 余平方米，砖、石、瓦、木质结构，清乾隆、道光、光绪年间多次重修。庙宇坐南朝北，石头拱券窑洞，进深 2 米。内塑有河神雕像、供台、香炉、蜡台，现存基本完好。

图 3-78 山西省北社东村的
庙会仪式

良户村修建大王庙目的是要镇压肆虐的河水，以防泛滥成灾，冲毁大片的良田。大王庙位于良户村东南一高岗上，紧邻原村河，村人称二道河，坐南朝北，面向大河。"地据岗峦，位正离宫，面临大河，诚巍巍巨观也"。该庙为两进院，中轴线上依次分布的为戏台、二道门、三道门、后殿，后院保存基本完整，后殿面宽三间，进深四椽，供奉为道教三尊神仙，东西两侧各有角楼、厢房等附属建筑，基本保存完好。大王庙有西北和东北两个大门，形制独特，南北高，院落低，阶梯很长，两进院落，北有戏台，中间两边是看楼，东西有厢房，据说供奉的神仙为金龙大王，专门管理河务水情，确保没有洪涝灾旱。九月十三日是大王庙会，主要是搭台唱戏。

屯城村北有关帝庙、二郎庙、文昌阁，村东山上建有东岳庙、观音阁，村西有张公阁，村南有供奉山神、河神的阁楼，将祈福纳祥这种精神寄托与村庄建设联系起来（如图 3-79 所示）。

上伏村多神崇拜，庙宇众多。在街巷的起止点、交接点上往往有一些阁或者圪洞之类的节点，部分供奉了一些神龛，这些神龛有不少体现出上伏村作为商道型村落祈求商旅平安和财运亨通的特征。上伏村共有祀神点 32 处，受享最多者为关公、山神、龙王、河神等。武财神关公，保佑上伏商旅商路亨通；而山神、龙王等则可保佑水路陆路交通平安。比如村内的西券，跨路而建。券上两向奉神，南向为关公，北向为河神。龙街一侧的大王庙，后院北殿祀金龙四大王，据说此神被封为黄河之神。古时西券附近有一庙，南殿三间祀龙王，殿西有一偏殿，祀河神。船工于六月二十六神诞在此祀神（如图 3-80 所示）。

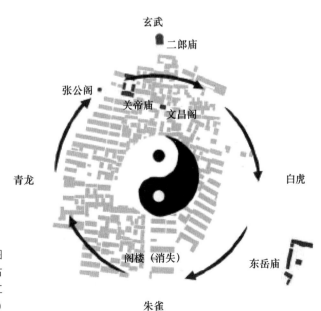

图 3-79　屯城村的庙宇分布图
（图片来源：宋毅飞．屯城古村聚落形态研究 [D]．太原理工大学，2016.）

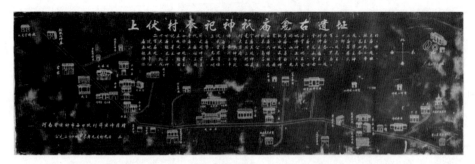

图 3-80　上伏村庙宇分布图（图片来源：由上伏村于国安老师提供）

　　西郊村原有两座河神庙，即东河神庙和西河神庙，创建年代无考。因本村临南川河和阳胜河，所以古人对河神祭祀很重视，祈神保佑，免遭水灾。东河神庙位于村杨树巷东，坐西朝东，占地面积 20 平方米，建筑面积 10 平方米，该庙在新中国成立前被拆毁。西河神庙在村北，坐南朝北，石碹窑洞，窑顶起脊，上覆筒瓦，为无梁洞建筑，占地面积 15 平方米。庙内无存神像，唯存数面石碑。西郊村内有东中西三阁，分布在村落中心驿道上，不仅作为进出村落的出入口标志物，而且整个村落以驿道与三阁为中心纽带向南北方向扩张。西郊西部以西河神庙为界定点，东部以东河神庙为界点，南部有苍岩行祠、李家祠堂等制约，北部有祠堂和乐楼（即戏台）为界点，以此来制约村落的边界和范围（如图 3-81 所示）。

　　"四渎者，江、河、淮、济也"，济水在古代是与长江、黄河、淮河齐名的重要河流。在太行山区，由于夏季洪涝灾害频发，当地村民对于济水神崇敬有加。济渎庙作为太行山区重要的水文化承载体，具有较高的研究价值。其中以北留镇尧沟村济渎庙较为出名。北留镇尧沟村济渎庙，位于村东山头，创建于明崇祯六年（1633 年），清朝中期重建，造型独特，轮廓分明。寺庙有正殿 9 间，拜殿 9 间，南北配殿各有 11 间，真武殿 8 间，老君殿 16 间，共计 53 间，总占地面积

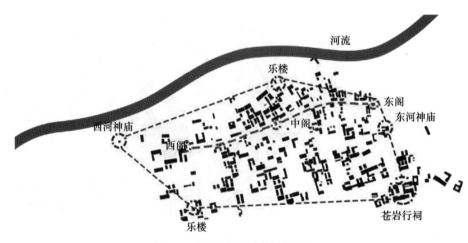

图 3-81　西郊村河神庙位置分布图

2300 平方米。济渎庙入口的戏台，每年 3 月 18 日会在此进行祭祀、祈雨等庙会活动，此外每年的 4 月初八会举行药王庙会，在药王殿前进行祭祀，并进行物质交流。其作为阳城县境内规模最大的济渎庙，对当地传统村落水神祭祀及水文化传承产生深远影响。

3. 井神庙

井是水的载体，因此由水崇拜产生了对井的崇拜。井神庙是供奉"井龙王"的庙宇，普遍存在村内的各个村落。比较典型的村落如上伏村，村内古时共有 8 个吃水井，在每个吃水井旁均建有井龙王的神龛和牌位。山西省长治市的黄花村，村南建设龙王庙，到了清朝时期，黄花村村民在修建了古井之后，为了使井水水源充足，同时修建了古井龙王庙，至今仍可使用。

4. 其他水文化空间

水文化公共空间除了重要的祭祀建筑外，还有一些古代士大夫、文人雅士所修建的园林等休憩建筑。如在嘉峰镇屯城村，便修建有泊水园和沁园。沁河亦称泊水，康熙四十一年（1702 年），陈廷敬的长子陈谦吉一家迁居到了沁河边的屯城，占据屯城西南角给自己建造了一个名叫"沁园"的园林，现在村中尚存一方石刻，上勒"沁园"两个大字。泊水园是张慎言所建，其地处山谷，环境优美，特别是他还在山谷中发现了汩汩流滴的泉水，因此取名"泊水斋"。他在园内建造了新居，除在池上建桥，在桥北山崖边建菌阁外，还在泉源建"一勺泉"，泉旁建"勺水庵"。在池西修建了住宅和书斋，形成了居住与观赏价值兼具的水环境空间（如图 3-82、图 3-83 所示）。

3.3.5 理水节水理念下的水文化特征

1. 共建共享

水资源作为公共资源，常由村民共同建造。以山西省晋城市高平市康营村为例，自古以来，康营村地下无水，人畜用水都靠上游河流引入蓄水池后再经过澄清使用。康营村共有五个水池，一个位于村南其余位于山脚下。村南水池最大且取水方便，为人畜主要水源。据村中碑刻记载，南池因年久失修、淤泥、泥土污浊池水且水池漏水严重。道光二十一年（1841 年）10 月，村民经往年经验预测，山脚下 4 个水池足够生产生活，于是重新兴工修凿南池。竣工后，村中修建《重凿南池功德碑》以记载此壮举。

在太行山区的传统村落内，村民在日常生活中形成统一的用水准则。除自家院落中的水井，先民还会在公共区域内共同修建水井，共享水资源，围绕水井建

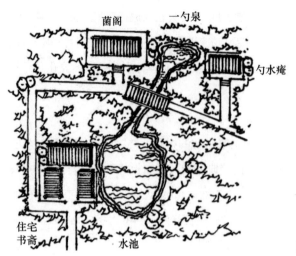

图 3-82　泊水园平面示意图

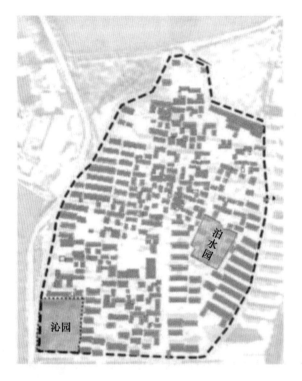

图 3-83　屯城村泊水园、沁园
位置

造住宅，几户人家共同使用一口水井，村落居民不仅去水井汲取生活用水，一些来往客商也会选择在水井旁摆摊做生意，这样不仅方便招揽生意，也能为自己补给水源。一些沿河的传统村落共同在河岸边修建谷沱，方便村民使用河水，体现合作共济的精神。对于村内的公共水源，村落会形成共同管理的共识，利用水井、泉眼等水资源作为饮用水，而河水、沟渠水源则多用于灌溉浣洗（如图 3-84、图 3-85 所示）。

图 3-84　石制水窖盖

图 3-85　拱券式水井房

2. 集体维护

水作为村落重要的公共资源，具有物质性和社会性的双重特征。因此村内对于水资源会形成集体维护的意识，部分村落还会立碑铭文，明确管理，约束村民的用水行为。在山西省晋城市高平市侯庄村，有一块清代"禁约碑"，详细记载了村落水池收水、放水的管理制度："三池水满，公许放兼口，如有一口未满，不许私放。有强违社规私放口，送庙重罚，报信者全得。合社公立。"意思大致是，只有村落公用水池的水收满了，才允许私人的水池、旱井蓄水。山西省晋城市陵川县大槲树村于咸丰十一年（1861 年）凿刻的"大槲树村禁约碑记"，记载了水井禁止土石、粪土、灰滓投放，更突出强调了轻生之辈投池殒命对水源的污染。以及北京门头沟灵水村的"三禁碑"、河北石家庄于家村的"柳池禁约"等，都是为了提升村民对于水源的保护意识，以达到干旱时平安度过的目的。

此外，太行山区传统村落的蓄水水池边多不准植树，以免树木生长耗水、树根破坏池底导致漏水等，陵川县井郊村的"井郊村禁约碑"规定：泊池沿上不许搬取石头，如若搬石一块，罚油五斤，拿获者得油一斤。

3.4 本章小结

　　本章主要基于人水共生的角度，从太行山区传统村落的选址、空间布局特征以及内部公共空间营造三个方面梳理了传统村落与水环境的关系，分析了人水和谐共生下的传统村落整体营构特征。首先，传统村落选址受到生产生活用水需求、防洪排涝的深刻影响。出于生产生活用水的目的，村落择水而居，充分因借、利用自然，而防洪排涝需求又在无形中限制了村落的空间拓展方向，从而形成了"近水而不临水"选址的一般特征；此外，水崇拜等文化心理需求进一步促进了人们逐水而居的思想，体现了太行山区传统村落先民们天人合一的智慧选择，以及朴素的自然生态观念。其次，从水环境影响角度系统分析了宏观、中观两个维度的传统村落空间布局特征。宏观上，村落的空间分布和形态格局与水之间有着密不可分的联系，此外，太行山区先民们利用朴素的技术，在中观层面从街巷空间和的布局中体现了排蓄合一、互为中和的营建智慧，在满足生产生活需要的基础上，努力提高村落人居环境，实现人与水的和谐共生。最后探讨了水环境主导下传统村落内部公共空间的营造，这主要包括一些点状、线状、面状的传统水环境设施在传统村落中所承担的公共开放功能，与其周边的场地共同形成了村落的开放空间。最后，探讨了在节水理水理念下形成的共建共享共理的人文观念，体现了先民对于水资源的集体建设与维护意识，以求村落在旱涝并存的太行山区平安发展。

4

太行山区传统村落水环境
设施营建技艺

4.1 传统水环境设施构成及类型

太行山区传统水环境设施主要是指在民国以前设计，运用传统的营建技艺和就地取材的乡土材料进行建造，用于满足当地村民生产生活所需的给水、用水、排水需求的设施。按照在水环境系统中的作用，主要包括给水设施、蓄水设施和排水设施三类。

4.1.1 对应水循环流程的构成及类型

太行山区水环境由地表水、地下水和降雨构成，形成一个完整循环的水环境系统，在这个水环境系统中，传统村落也衍生出相应的传统水环境设施来满足村落生存和发展的需要。太行山区先民们通过一系列传统水环境设施的系统运作，将水资源在传统村落中循环的先后流程主要分为："给—排—蓄"三个部分，传统村落也相应地衍生出一系列给水设施、排水设施和蓄水设施。其中，水循环中还包括水的下渗及蒸发，但人为干扰较小，多为自然运作（如图 4-1 所示）。

4.1.2 对应水资源类型的构成及类型

太行山区水资源分为地表水、地下水及降雨三个部分，其中地表水主要为河流水系，是滨河村落的主要水源，为了解决河流枯水期的取水问题，太行山区先民们在枯水的河床上修建能收集河床沙土中蓄水的供水设施——"谷沱"。地下水为另一种重要水源，分布在太行山区各处的地下岩层中，是太行山区中传统村落利用较多的自然水资源。地下水分为潜水和承压水两种，其中潜水为浅层地下水。先民们为了将浅层地下水提取出来就出现了水井，当利用地下承压的出露水源时便出现了泉眼、泉池或泉溪。降雨也是一种重要的水资源，季节性降雨的特征让太行山区传统村落面临暴雨季节的山洪水患和少雨时干旱缺水的困境。为了应对这样的降雨环境，太行山区传统村落衍生出一系列排水设施，并形成一套高效完整的排水体系来应对山洪水患。同时，通过挖凿水窖、涝池、水掌等传统设施来集蓄雨季时的天水供旱时取用，并且在集蓄雨水时，分流部分水流来降低排水系统的排水压力（如图 4-2 所示）。

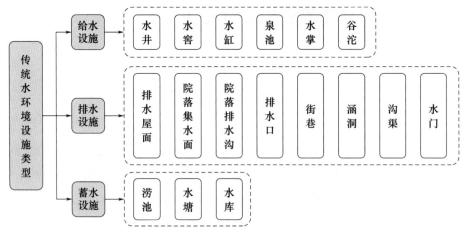

图 4-1　太行山区传统水环境设施类型归纳图

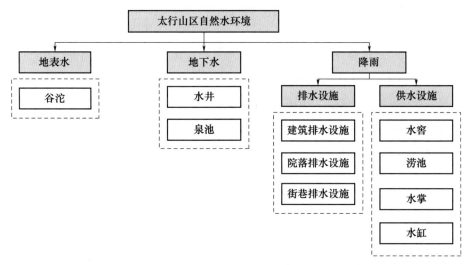

图 4-2　对应水资源类型的传统水环境设施类型

4.1.3 传统水环境设施的系统运作

太行山区水环境影响下衍生出各类给水、排水及蓄水设施，各类传统水环境设施并不是单独运行，而是会相互协同运作，对村内雨水有一个"集—蓄—排—渗—蒸—用"的系统型运行（如图 4-3、图 4-4 所示）。

集水：主要是由于太行山区干旱的气候条件，先民们对雨水进行收集，来满足日常用水需求。

蓄水：雨时，雨水在传统村落中会被给水和蓄水设施收集，而在平时日常或干旱时期则成为村落提供生产生活的水源。通过这种方式对雨水进行时空调控，平衡因降雨时间分布不均带来的缺陷。

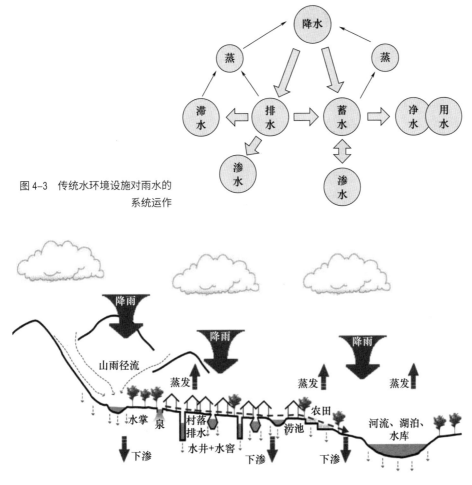

图 4-3　传统水环境设施对雨水的
系统运作

图 4-4　传统村落水环境设施系统运作图

　　排水：由于太行山区夏季多雨容易形成洪涝灾害的气候特征，村落在营建时如何快速排出过境雨水，避免形成内涝是先民需要解决的首要问题。过量的雨水会通过传统村落排水设施的运行排出村外，避免对村落造成灾害。

　　渗水：雨水在排出村落的时候，会形成雨水的下渗，对村落的地下水进行补充，为提取地下水的给水设施提供地下水源。为了便于雨水的下渗，先民在营建村内道路时常使用当地便于下渗的碎石材料进行铺设。

　　蒸发：对于村内自然滞留的雨水，人工蓄集的雨水以及村落周围的自然河湖等水体的蒸发作用能提高村内空气湿度，净化村内空气质量，蒸发时吸收空气中的热量，还能起到调节村落小气候的作用。同时补充空气中的水汽，增加降水。

　　用水：村民在日常生活以及生产灌溉中都会使用大量的水资源，这些被利用的水资源通过蒸发、下渗等方式重新进入水循环中，源源不断，满足村民的日常生活所需。

4.2 传统给水设施营建技艺

太行山区传统村落水环境设施类型丰富，各村结合自身资源优势，少部分村落可以靠一种或一类水资源良好地生存，而大多数使用两种或者两种以上的水环境设施。古村居民营建给水设施不仅取决于临近河流的水量和宽度，还受到河流下垫面的隔水能力、土质等建筑原材料的优良、村落的形态布局等因素的影响。同时，在村落发展过程中井泉又往往会成为村落中最重要的公共空间。如娘子关村、大阳泉村、上盘石村水资源条件得天独厚，自古生活生产用水充足、取水便利。当地的村落取水方式可归纳为两大类，单一方式和混合方式，前者多为水资源丰富且独特的村落，后者一般面临水资源匮乏的难题，通过祖辈的努力，综合多种取水方式打造了与村落浑然一体的传统水环境设施，为村民的生活提供了坚实的保障。

4.2.1 太行山区传统给水设施类型及区域分布

1. 太行山区传统给水设施类型

太行山区传统给水设施主要归纳为以下六种类型：水井、水窖、泉眼（池、溪）、水掌、谷沱和水缸。水井和泉眼（池、溪）取用的水源为地下水。水窖、水掌和水缸主要是收集天雨，而谷沱这一传统水设施取用的是河流水系的地表水。其中水窖和水掌除了供水功能外，在雨季期间蓄水的同时还能起到帮助村落防洪调蓄的作用（如表4-1、图4-5所示）。

2. 太行山区传统给水设施区域分布

太行山区传统给水设施中的水井、水窖、泉三类是太行山区传统村落主要的给水设施类型，受到太行山区水环境的影响，这几类传统给水设施在区内的分布有一定的规律性，具有分布特征。水井和泉都取用地下水源，而水窖取用的是降雨水源。其中，水井和泉分别取用地下潜水和承压水。潜水即浅层含水层中的地下水；承压水即存在两个隔水层之间含水层中的地下水，由于受压导致水的压力很大，会在地表形成出露（如图4-6所示）。

太行山区整体呈现出中间高、两侧低的地形地势特征。一方面，太行山区东

表 4-1　太行山传统给水设施类型及特征

设施类型	水源	蓄水量	蓄水期	附加属性	和村落分布关系
水井	地下潜水	大	雨季及雨季后	—	村内外均分布
泉眼（池、溪）	地下承压水	较大	雨季及雨季前后	—	村内外均分布
水窖	天雨	小	雨季	防洪调蓄	村内
水掌	天雨	大	雨季	防洪调蓄	村外
水缸	天雨	较小	雨季	—	村内
谷沱	地表水	较小	雨季及河流枯水期	—	村外

表格来源：根据调研结合相关资料整理。

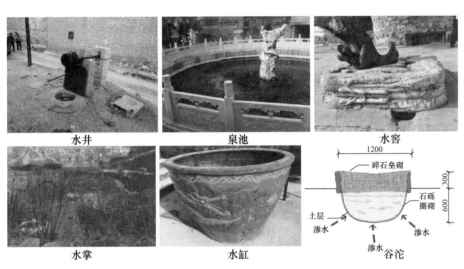

水井　　　　　　　泉池　　　　　　　水窖

水掌　　　　　　　水缸　　　　　　　谷沱

图 4-5　太行山区各类传统给水设施

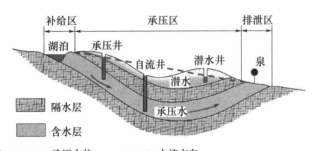

图 4-6　地下水构成　- - - - 承压水位　——→ 水流方向

北部地区位于拒马河与滹沱河流域，有大量的河流水系分布，这些河流水系自西向东流入地势较低的太行山区东部地区，在其下游向太行山区东部地区地层渗入大量的地表水源。同时，太行山区东北部地区的含水岩层多为富水程度强的松散岩类，这样一来，太行山东部地区地层中集蓄了大量的地下水源。因此，太行山区东北部地区多分布取用地下水源的水井和泉。此外，太行山区南部靠近沁河流域地区，利用地下水挖凿水井的村落也很多。经调研发现，太行山区东北部地区的传统村落中水井及泉数量较区内其他地方较多。营建水井较多的传统村落有：

琉璃渠村（村内各种水井 40 多口）、碣石村（56 眼水井）、白河东村（全村每个院落都有水井）等；分布泉的传统村落有：宝水村（宝水泉）、水峪村（有 10 余处泉眼）、上苏庄村（2 股泉溪）、一斗水村（一斗水泉）等。

另一方面，太行山区中部地区地势较高，大部分地区地下岩层的富水程度较低，但降雨量较高，更适合修建水窖做为该地区的给水设施。同时，该区南端的晋东南地区及阳泉的地下岩层富水程度高，但多为地下承压水，地下水位线很低，大多在深山的山谷及峡谷位置，不宜修建水井，当地传统村落村民常挑取出露的泉水作为村落水源。因此该地区以修建水窖为主，同时分布有泉。例如：阳泉的大部分传统村落中，家家户户都修建水窖，以水窖作为主要给水设施，同时，阳泉也有丰富的泉水资源，如娘子关村，是典型的以泉水为主要水源的村落。

最后，太行山区西部地区地势较低，当地降雨量较多，大部分地区地下岩层富水程度强，且属于汾河流域，有大量的地表水补给地下水源，地下水位较高。该区水资源丰富，分布水井和泉较多。例如：新沂的槐荫村，主要水源为村内朱后泉和古井；介休的张壁村，主要水源为村内的 11 口水井；晋中的平遥古村，主要水源为泉水，同时村内还有多处水井（如图 4-7 所示）。[1]

4.2.2 水井营建技艺

"耕田而食，凿井而饮"是传统中国乡村社会文化的真实写照，太行山区整体干旱少雨，地表水相对有限，河流水系覆盖的供水区域较少，大多数村落都通过取用地下水作为日常生活生产用水的来源。因此，水井成为太行山区重要的给水设施。太行山区的先祖们在开凿水井的同时，也给后人留下了他们古老的凿井技术与智慧。

1. 水井类型、构成及运行

太行山区传统水井的主要地下水源来自地下浅层的潜水，故称为潜水井，这类水井通常仅有十几米到数十米深，深度远不及现代深井。传统水井取用的地下水源相比地表河流水系受到自然环境影响较小，供水相对稳定，同时水井的普及让太行山传统村落脱离地表水系的束缚，村落生存和发展的空间得到了扩展。

（1）水井构成

太行山区传统水井的主要构成部分为"井壁""井台""井架""井亭"及"井

1　该图根据梁永平，王维泰.中国北方岩溶水系统划分与系统特征 [J].地球学报，2010；曹建生，张万军.太行山区浅层地下水可持续开发利用技术研究 [A].中国水利技术信息中心地下水开发利用与污染防治技术专刊以及课题组调研成果绘制而成。

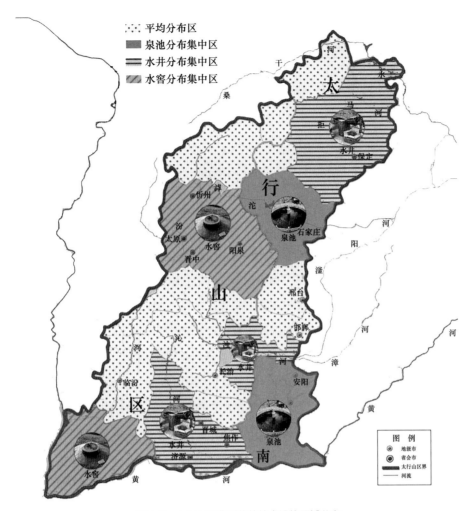

图4-7 太行山区典型传统给水设施区域分布

盖"等。其中，井壁为水井的主体结构，常用坚固耐用的材料砌筑而成；井台是水井突出于地面的小台，或称为台面，为了安全起见常将其砌筑一定高度，防止小孩或小动物跌入井内；井架一般为木制构件，立于井栏的两侧，中间架以横木，其上放置滑轮；井亭是设立井上的设施，防止雨水、落叶等物进入井内；井盖在古时称井幕，防止灰尘、落叶等不洁之物落入井内，井盖一般为木质或是竹质（如图4-8所示）。

（2）水井类型

太行山区传统水井的种类繁多，类型丰富。笔者根据实地调研将水井按其"所有权""主要用途""空间分布""含水层和井的关系""井壁"及"井眼数目"这几个方向进行分类。其中，根据其所有权的归属可分为"公用水井"和"私人水井"；在主要用途上可分为"生活水井""消防水井"及"灌溉水井"等；从村

　　　　　　　---- 井亭

　　　　　　　---- 井架

　　　　　　　---- 井壁

　　　　　　　---- 井台　图 4-8　水井的构成

落的空间布局上可分为"村内水井"和"村外水井";以含水层和井的关系能分为"完整井[1]"和"非完整[2]井"(如图 4-9 所示)。

　　除了上述类型外,水井的"井壁"是水井地下结构的主体部分,是防止水井坍塌破坏及影响水质好坏的关键因素。同时,水井"井眼数目"的多少是反映水井供水能力的关键因素。笔者根据调研水井的井壁类型不同,将太行山区水井归纳为"木井壁水井""石井壁水井"和"砖井壁水井"三种类型,也称为木井、石井、砖井(如图 4-10 所示)。其中,木井壁的结构不稳定,容易坍塌。同时,按照调研水井的井眼数目把太行山区水井分为"单眼井"和"多眼井"两类,其中,多眼井包括双眼井、三眼井及四眼井等多眼水井(如图 4-11 所示)。砖井壁和石井壁是太行山区水井的主要井壁类型,这些井壁结构坚固,分别用砖块或石块层层错位砌筑而成,井台也多用石材等耐用材料修筑。这类古井大多坚固耐用,留存年代久,大部分修建于明清时期,直径多为 1～2 米,深度从数米到十几米甚至数十米不等,开采的也主要为浅层地下水。取水平台会根据井口周围的地形与环境确定形状,尺寸大小也会因势而动(见表 4-2)。

　　同时,太行山区一眼井较为常见,多眼井数量较少,山西阳城县郭峪村的双钱井就是典型的多眼井案例,古时并列两眼水井,后被填封一眼,目前仅一眼能用。山西省壶关县数掌村有一口罕见的四眼水井,铸铁的井圈竟然被井绳磨出了道道勒痕。四眼井其实是一口井,水量很大便修筑了四眼井台,开凿于清乾隆二十四年,距今整整 260 年了。除了以上类型外还有特殊类水井,如:子母井,为单眼井的一种演化形式。北京市门头沟区碣石村就有口子母水井,原为一口建于明代的小井,修建在寺院的路上,因沿途香客太多,井水供不应求,于是便在井周围扩建,保

1　贯穿了整个含水层,而且整个断面都可以进水,这种叫做完整井。

2　没有贯穿整个含水层,但是井壁和井底都可以进水,或只有井底可以进水,或只有井壁可以进水的叫做非完整井。

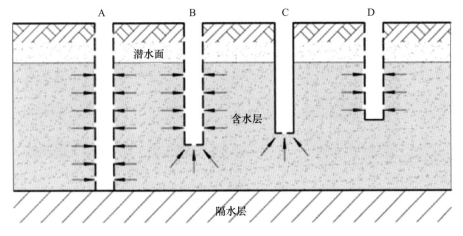

图 4-9 完整井和非完整井

图 4-10 太行山区不同类型井壁

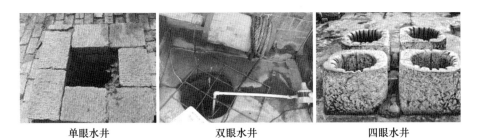

图 4-11 太行山区不同井眼数目的水井

留小井，成为如今的井中之井，香客们起名为"子母井"。

（3）水井运行

水井的运行分为水井的蓄水及汲水两部分。一方面，水井的蓄水是地下水通过水井的井壁渗入井内实现的。水井的井壁有木井壁、石井壁及砖井壁三种类型，其中，木井壁由木材层层叠砌而成，井壁存在较多缝隙，密实性差，渗水能力强，但对地下水的过滤净化能力差，井中水质相对较差；石井壁和砖井壁通过石块或砖块浆砌而成，井壁的密实性强，渗水速度较木井慢，但对地下水的过滤净化能力强，井内水质相对较好。另一方面，水井的汲取分为两种方式，即：绳索提拉

向水而生——太行山区传统村落水环境设施特色及其再生

表4-2　太行山区传统水井不同井壁的水井构造及模型展示

案例	土井壁	石井壁	砖井壁
案例	大阳泉村土井	乱流村石井	上庄村砖
实地照片			
水井平面	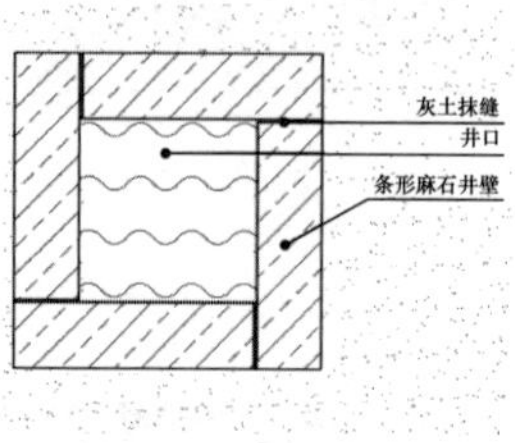	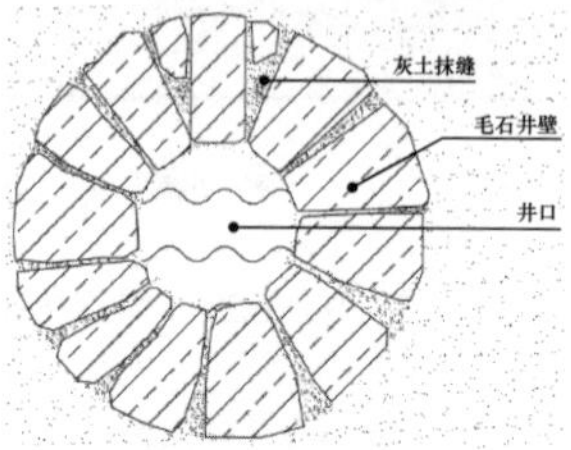	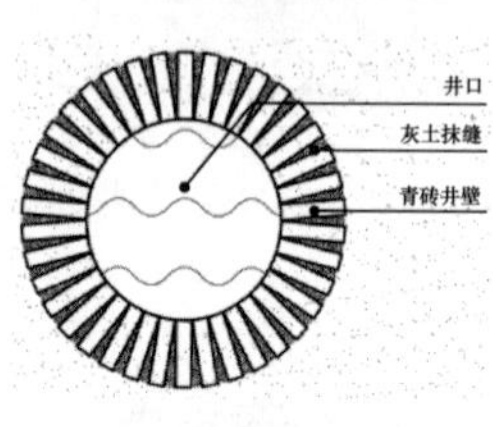
水井剖面	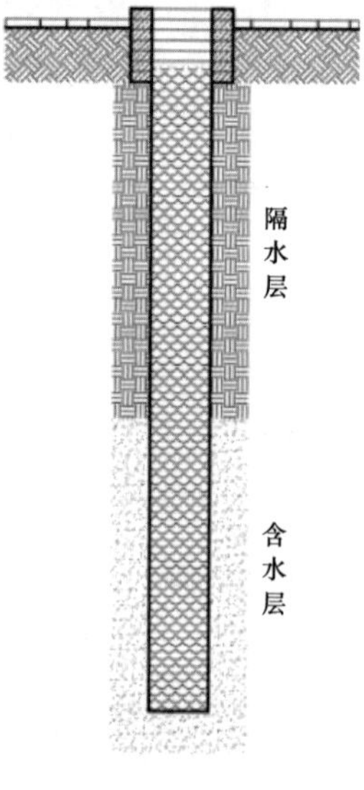	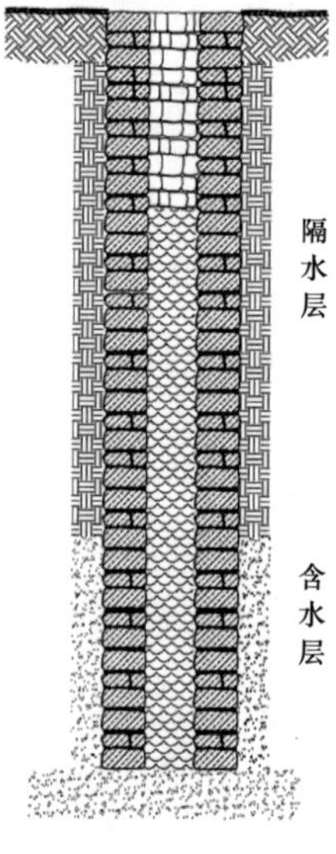	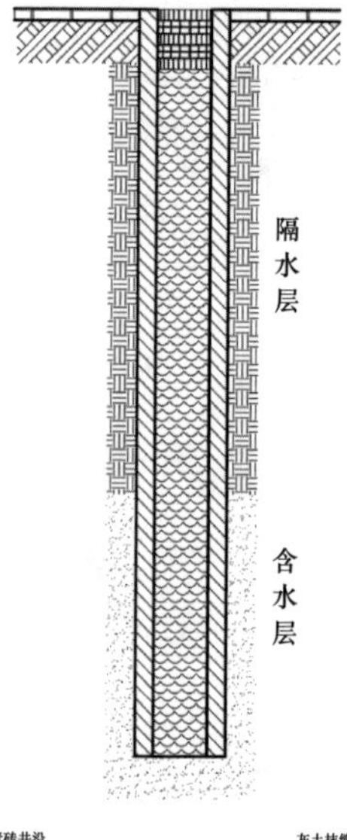
水井剖面节点	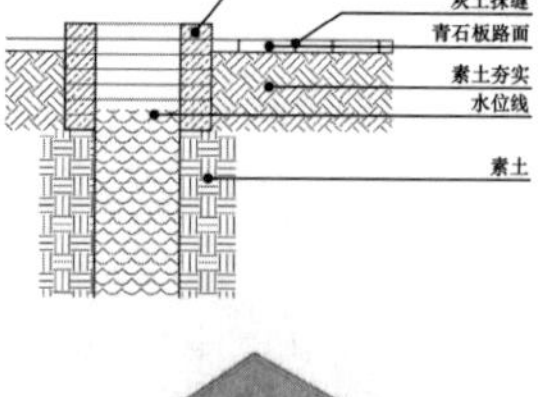	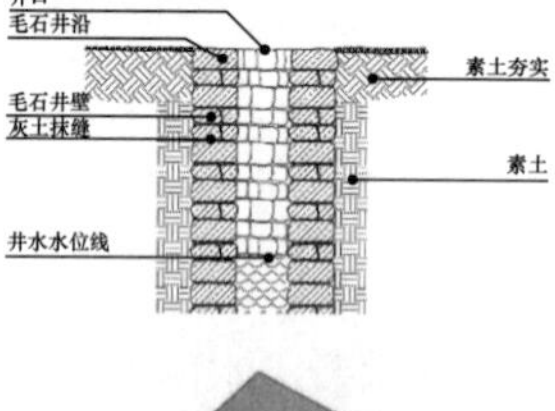	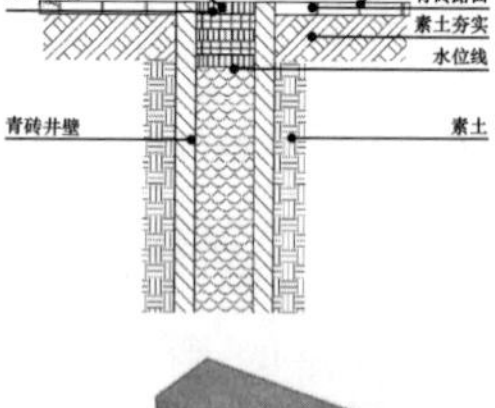
水井模型展示	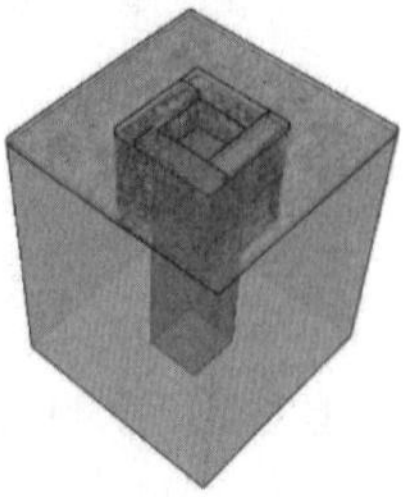		

备注：通过实地调研发现太行山区传统水井井壁的结构类型主要为土井壁、砖井壁和石井壁三种类型。

表格来源：根据调研结合相关资料整理。

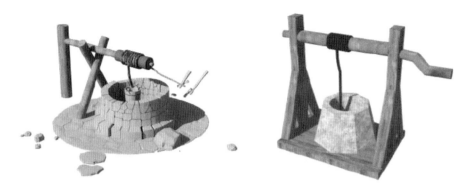

图 4-12　水井传统取水方式示意图（图片来源：本课题组调研考察成果）

和辘轳[1]提水（如图 4-12 所示）。前一种汲水方式在太行山区最为常见，将系好绳索的汲水器具放入井中，依靠人力将水取出，这种方式的优点是方便简单，不需要在井上安装其他设施。后一种是在井上设辘轳，通过摇转手柄使取水容器上下起落提取井水。水井经过一段时间的抽水后，潜水水位开始以水井为中心形成降落漏斗，即水井附近水位最低，距离水井越远处水位越高的水位分布。

潜水受降雨和地表水蒸发的影响较大，太行山区旱季又较长，有的地区含水层蓄水不能得到及时的补给，水井的水位就会继续下降，直到水井干涸。传统水井的蓄水原理为：从地表向下挖井，井深直至含水层潜水面以下，在水压作用下，含水层内的水渗透井壁流入井内。

2. 水井村落内分布特征

太行山区传统村落的水井在古代属于村落的公共资源，挖水井是为了供村民取水生活。在水井为主要水源的村落中，村民为了方便取水会以水井为中心，在水井服务半径内的区域，围绕水井营建民居形成居住组团，随着村落的发展形成民居包围水井呈现圈层式结构的空间形态布局。水井在村落中的布局直接影响到村落的发展布局形态，以上庄古村和旧关古村为例详细说明。

（1）水井村落聚集分布

阳城县的上庄古村坐落于乐山山谷，大部分民居在庄河北岸。早期上庄古村主要水源为村内水井，民居建筑多以水井为中心布局营建，现状调研发现村落原有古井六口，上庄传统村落范围内的六口古井在空间分布上较为聚集，呈线性紧密联系的布局，古民居紧依水井在周边营建，呈现带形片区式的空间形态。根据《王氏家谱》记载得知：之前村中祠堂以西都没干净水源饮用，直接影响到村西的

1　为一种民间提水设施，北方地区较多，由辘轳头、支架、井绳、水斗等部分构成。是利用轮轴原理制成的井上汲水起重装置。

发展。后来村落在村西修筑了一处"滚水泉"以供村民饮用，有了新的洁净水源后村西才开始慢慢发展兴盛（如图 4-13 所示）。

（2）水井村落发散布局

太行山区一些以水井为主要供水水源的传统村落，对水井的依赖性强，在漫长的村落发展过程中出现村落扩张与新建水井有着密切联系。旧关村在村中口坡街和南头街交叉口西头开凿了一口古井——"西头井"，原先是王氏家井家用，当时村里居住人口不多，能满足村民用水。考虑西头井的位置，村落沿西头街—南头街—口坡街发展，形成丁字形布局，便于生活取水用水。民国时期，1942 年日伪时期，修建了南头街北边的道路，形成十字形布局。后来，在西头街的西边又修建了"上西头井"，村落逐步向西北边扩散。在村西南处有口蔡树井，据前人传言是村中李氏所凿，井旁有蔡树故称"蔡树井"，在蔡树井周边形成了居住组团（如图 4-14 所示）。

3. 砖井营建技艺

在对太行山区传统水井的调研中发现，现存砖井多为大户人家院内私人水井，石井多为村内公用水井。砖井在保护力度上较石井力度大，保存也更完整，施工技术更精细。笔者对太行山区砖井的营建做了更为详细的调查。太行山区砖井的营建方法主要为小压轴法和抢盘法，两种方法分别适用于不同土壤条件下的砖井营建。其中，小压轴法适用于黏壤土地区，抢盘法适用于沙壤土地区。两种方式都要先挖井筒，再下井盘，再到井盘上砌砖筒（井壁），不同的是在砌筑砖筒时小压轴法是边砌筑边加固，而抢盘法在沙壤土的影响下，需要追求井壁的快速成型，因此在木盘上直接砌筑砖筒时一气呵成，直至地面（如图 4-15 所示）。

（1）工具材料准备

太行山区先民开凿砖井时主要需准备木盘、掏泥工具、砌筑工具和砌筑材料。其中，木盘能在砌筑过程中起到巩固砖井的作用，是凿井的关键工具。木盘的形式有平盘和快盘两种，平盘由多层 30mm 厚的木板拼接而成，拼接处用字母扣衔

图　例
—— 传统村落范围
● 古井位置
◎ 服务范围

图 4-13　上庄古村水井分布及村落空间形态

接，上下木板错开，并用钉子钉好。快盘的做法和平盘一样，将 5 ～ 7 层木板钉为一个整体，仅盘底不平，其断面呈刀刃形，底面小而尖，因此，下沉也快（如图 4-16 所示）。

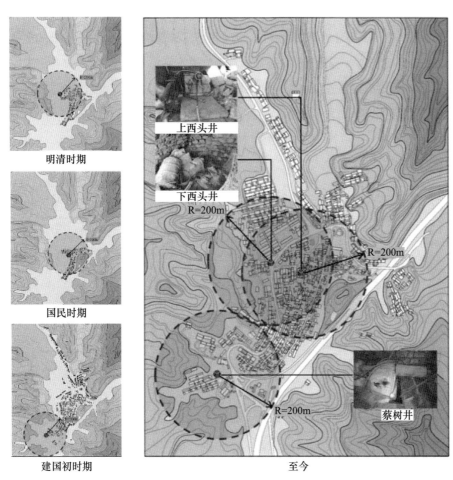

图 4-14　旧关村不同时期水井分布图

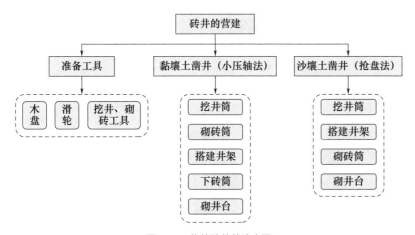

图 4-15　传统砖井营建步骤

（2）黏壤土地区砖井的开凿

在黏壤土地区，先民们用小压轴法开凿砖井，步骤为挖井筒、砌砖筒、搭井架、下砖筒。挖井筒：井筒最好挖成上大下小的形状，以防止井筒坍塌。挖到底部见水时止，然后即可下放木盘（如图 4-17 所示）。砌砖筒：砌砖筒前先在井底垫砖，砖上放置木盘后开始砌砖筒，砖筒的直径一般是 1800mm 或 2200mm。砌砖需平横砌筑，并将砖的棱角磨去，呈扇面状，或在两砖接缝处空隙填碎砖，这样做能减少空隙、严密结实，且砖筒砌得圆，还可防止细沙流入砖筒（如图 4-18 所示）。

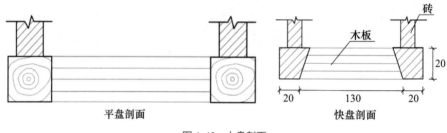

图 4-16　木盘剖面

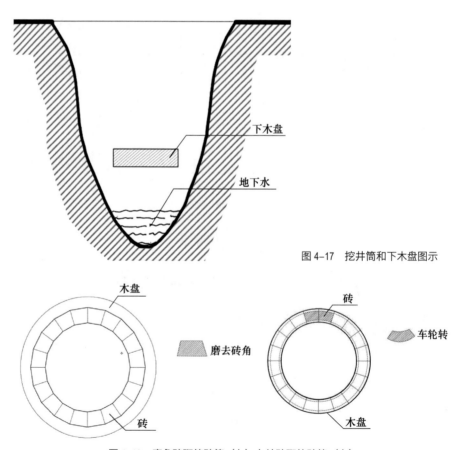

图 4-17　挖井筒和下木盘图示

图 4-18　磨角砖砌筑砖筒（左）车轮砖砌筑砖筒（右）

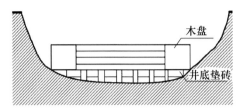

1.井底垫砖并放入木盘

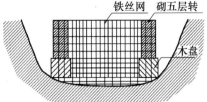

2.用铁丝缠住木盘和井筒形成一个整体

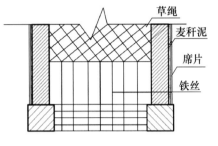

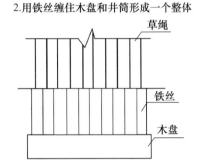

3.井筒外涂麦秸泥再覆席片，用草绳把井筒捆绑成一个整体（左：剖面，右：侧面）

图4-19　砌砖筒步骤图示

　　砖筒砌到5、6层砖时，用铁丝将木盘和砖筒绑在一起，然后继续砌至预计高度。同时，砖筒外围抹麦秸泥，泥外包一层席片，防止砂石和水渗入。然后在砖筒外用草绳把十多根木杆与其捆扎起来，使砖筒更加牢固，不至于被周边流沙破坏。砖筒需一次砌完，通过达到预计井深相等的高度以增加自身重量，待到流沙层好自动下沉（如图4-19所示）。

　　搭建井架：砌完砖筒后在井口上搭建一个三脚架，三脚架每面搭建一根横杆并安装滑车[1]，也称滑轮（可装多个滑车）。准备好工具，如：柳罐、大绳等，以用掏泥掏沙。下砖筒：这时人在砖筒内开始向下挖沙，边挖边向外掏，砖筒随即下沉，待井内水深，便停止下挖。井壁和井筒之间的空隙用碎砖或乱石填充，最后用土填平，然后再向上边砌砖筒边将空隙填实，一直砌到地面，之后制作好井台，全部完工（如图4-20所示）。

　　（3）沙壤土地区砖井的开凿

　　在沙壤土地区打井采用抢盘法，井筒开挖小压轴法。井筒上口大小受水位的高低影响，如地下水位高，上口小些；反之，则上口大些。挖到井底见水时，就在井口上用木杆扎成三脚架，拴上滑车，用"水斗"[2]或土筐向上掏泥淘水；同时，

1　古人称为滑车，现在称滑轮。可以改变力的方向，应用一组适当配合的滑轮，可以省力。从战国开始，滑轮在井中提水等生产劳动中被广泛应用。

2　用来盛水或汲水的用具。

井口上放一块条板，以便站在条板上倒泥倒水，地下水很旺时，便用多个水斗。越往下挖，井筒越小，挖到要求深度时，井底直径比木盘外缘宽 500mm 左右。这时立即把井底平整，并安上木盘（切勿等水涨深再放）向上砌砖，直到高出地面 600mm 左右为止。边砌边在井壁外空隙填上碎砖、乱石，并用土填平，然后做好井台，即全部完成（如图 4-21 所示）。

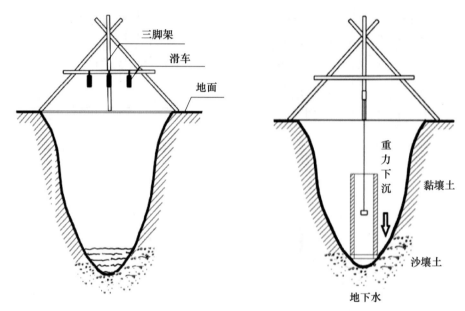

图 4-20　搭建三脚架并安装滑车（左）及下砖筒（右）图示

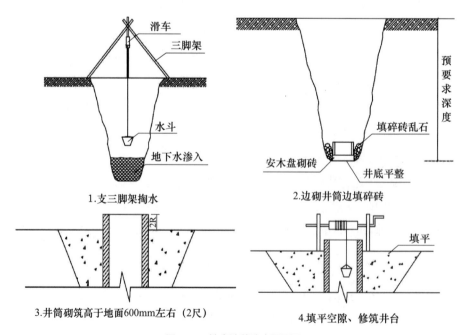

1.支三脚架掏水　　　　　　　2.边砌井筒边填碎砖

3.井筒砌筑高于地面600mm左右（2尺）　　4.填平空隙、修筑井台

图 4-21　抢盘法营建步骤图示

4.2.3 水窖营建技艺

太行山区先民除了开凿水井充分利用地下水外，还修建了数量庞大的水窖用以收集雨水以满足日常用水需求。太行山区降水主要集中在夏季，村民多利用水窖在夏季蓄水用于旱时使用。通过这样的方式来平衡因降雨时间分布不均所带来的缺陷，方便村民取用。古时，在太行山区某些完全依靠水窖取水的村落，先民多遵循先砌水窖后建房的顺序，若修筑水窖困难，无法提供生产生活用水，则在此处建房的概率也会很小。水窖的出现，让传统村落的生存和发展空间得到进一步的延展和扩宽。

1. 水窖构成、类型及运行

（1）水窖构成

太行山区的水窖不单单为蓄水容器，其构成包括集水面、沉砂池及窖体三个部分。集水面的作用是收集雨水，通常为屋面、院落及街道等；沉砂池的作用是净化雨水，通常与窖体通过管道或暗渠连接；窖体的作用为蓄存雨水，为了方便蓄存雨水，窖体一般都埋在地下。在过去，旱井在太行山区传统村落的使用率极高，在没有水井、泉眼（池、溪）等其他洁净水源或洁净水源供应不足时，水窖通常提供村民的生活用水及牲畜饮用的主要水源，不用于浇灌。反之，则主要用于浇灌、洗衣等。

（2）水窖类型

通过对太行山区水窖调研分析，在营建结构上对水窖进行分类，主要分为两种："旱井"和"窑窖"，其中旱井井壁为黏土、黄土等，因此也称"土水窖"（见表4-3）。窑窖的窖壁通常由石材砌成，由于其窖体类似于"窑洞"，故称"窑窖"。旱井受太行山区各地土质的影响，其形式也很多，常见的为"广播筒式"和"酒瓶式"。其中，太行山区的晋北及晋东南地区多打"广播筒式"旱井，这种旱井可以蓄满，对土质要求不高，一般黄土都可以打，管理比较方便。在太行山区西部地区多打"酒瓶式"旱井，这种旱井的施工较为容易，比较省工，但对土质要求较高，一般多打在红胶土或硬黄土。旱井因为是打在地下，它的井壁有泥、灰土等防渗材料，所以能防止蒸发和渗漏，并具有技术简单、占地少、投资小、收益快、使用年限长的优点。受窖壁结构的影响，旱井的容量不会太大，主要用于牲畜饮用等。窑窖多挖在村内地势低的平地及径流集中的地方，通常用石材砌筑而成，窖体平面呈矩形，顶部砌拱形，类似于窑洞。相比旱井而言，这种水窖的蓄水量大，不仅能提供生活用水和牲畜饮用，也可用于浇地，但成本较高，施工耗时长，土质要求高（如图4-22所示）。

表 4-3　太行山区"广播筒式"旱井及窑窖构造、模型

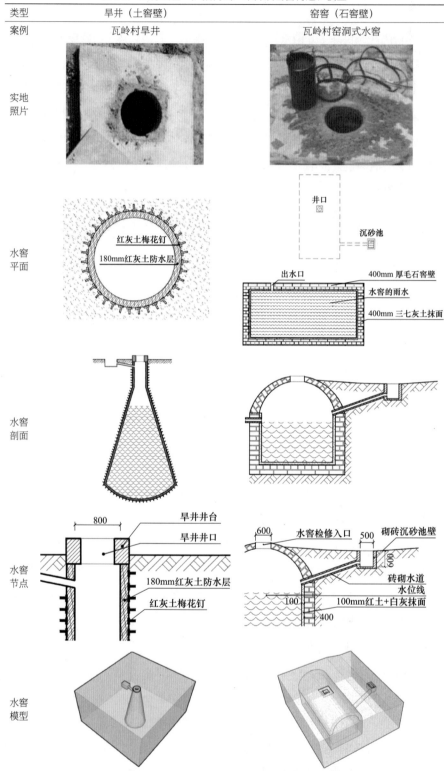

类型	旱井（土窑壁）	窑窖（石窑壁）
案例	瓦岭村旱井	瓦岭村窑洞式水窖
实地照片		
水窖平面	红灰土梅花钉 180mm红灰土防水层	井口　沉砂池　出水口　400mm 厚毛石窑壁　水窖的雨水　400mm 三七灰土抹面
水窖剖面		
水窖节点	800　旱井井台　旱井井口　180mm红灰土防水层　红灰土梅花钉	600　水窖检修入口　500　砌砖沉砂池壁　600　砖砌水道　水位线　100mm红土+白灰抹面　100　400
水窖模型		

备注：太行山区的旱井类型较多，本表着重展示广播筒式旱井构造、模型。

表格来源：根据调研结合相关资料整理。

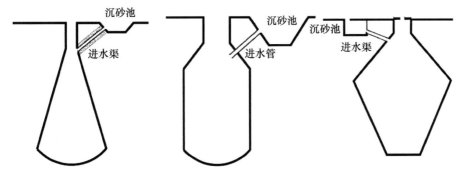

图 4-22 "广播筒式"旱井(左)及"酒瓶式"旱井(中、右)图示

(3)水窖运行

水窖是一种以集蓄天雨的传统给水设施,不同于取用地下水资源的水井和泉眼(池、溪),它们由地下水自动补给水源。水窖的工作整体分为"集—蓄—取"三个步骤,即:先汇集雨水,再经过初步过滤并蓄存雨水,最后才供人取用。雨时,水窖开始运行,首先雨水落在屋面、院落或街道上,然后汇集至沉砂池,雨水流进沉砂池不会马上流入水窖,而是先进行重力沉降,将雨水带来的泥沙、落叶等留在沉砂池,最后,净化过的雨水从进水口通过暗渠或水管流入窖内。待窖内蓄水达到预计蓄水目标后,便堵住进水口,停止蓄水,即蓄水过程完成(如图4-23所示)。在北方地区,人们常把雨水比作"财富",收集雨水意味着收集财富,在南方的院落中更有"四水归堂""肥水不流外人田"的说法。在太行山区的辛庄古村中,有部分民居的水窖收集院落"回财水",即将院落雨水排到街巷后又通过"院外下水口→沉淀池→水窖"的方式回到院内水窖。这样一来,院内水窖的容量被大大增加,街巷排水压力也得到一定的缓解(如图4-24所示)。

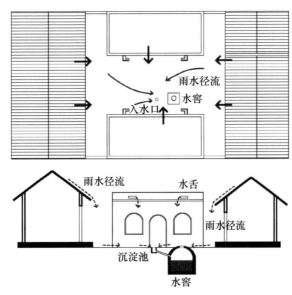

图 4-23 院落雨水集蓄系统平面
及剖面示意图

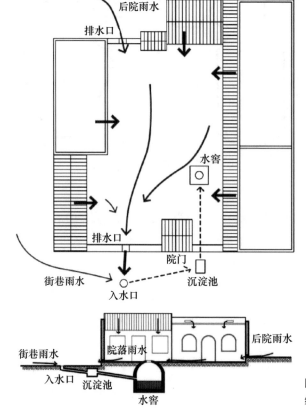

图 4-24 辛庄院落回财水收集系统平面及剖面示意图

2. 水窖村内分布特征

水窖作为供水设施，因其收集雨水的方式及雨水收集面的差异，在村落中的分布呈现出民居内分布、街道分布及村外分布的特征。根据水窖的"空间布局"可分为村内水窖及村外水窖两种。村内水窖又包括院内水窖及院外水窖两类，其中，院内水窖营建在民居院内，蓄集的雨水主要来自雨时屋面和院落中的雨水，受院落大小和屋面投影面积大小的影响，院内水窖的容量也不同，前两者越大，集水面越大，水窖蓄水容量也越大。这类水窖收集的雨水较为洁净，主要用于生活用水。院外水窖常营建在村落街道一侧，根据所处街道级别不同，蓄水容量也有差异，容量大小依"主街→次街→巷道"的层次递减。这类水窖收集的雨水水质较差，主要用于牲畜饮用及洗衣等。村外水窖多分布在村外农田附近，营建在靠近出入村落的主要道路旁，或在大面积的低洼平地处营建，在雨时蓄集出入村落主要道路或低洼平地上的雨水，主要用于浇灌及牲畜饮用和洗衣等。

3. 水窖营建技艺

（1）旱井的营建

旱井主要由窖口、窖体、窖底组成。旱井的深度 3 ~ 4m，窖口的宽度约为

0.6～0.7m，窖底约为 5～7m，整个旱井的蓄水容量可以达到 30～40m³。在旱井的砌筑工艺及材料方面，窖口一般高出地面 20～30cm，并用砖砌加固，进水口一般设置在地面低洼处，并有一个倾斜暗渠与旱窖相通，便于雨水迅速且顺畅流入水窖。以晋北及晋东南地区的"广播筒式"旱井营建为例：旱井上口 750mm 左右，底部 2～7m 左右，形成上窄底宽的圆锥形体，旱井深约 6m。旱井井壁的防渗层用 1：3 的白灰和红土制成的红灰土，红灰土的制作过程为：先将红土用细筛子过筛，筛选出的颗粒越细越好，再将白灰和红土以 1：3 的比例掺水和成干泥，形成用手捏成团的红灰土。防水层采用木槌钉打成形的方式制成。首先，用木槌在旱井内壁及底部原土上用红灰土钉出梅花点，再用木槌将红灰土分层钉打到内壁及底部，共打 3 遍，厚度为 180mm 左右。最后进行一遍刷浆即可，过去用浆为白灰膏和黄米汤混合而成，现在刷素水泥汤，成形后需先进行 3 天的放水养护。在太行山区传统村落，有的村民不但在村内打旱井，而且还利用农闲时间在野地建造，以备天旱时取水浇种农田（如图 4-25、图 4-26 所示）。

（2）窑窖的营建

太行山区另一种水窖主要以人工砌筑而成，因整体形似横形窑洞，又称为"水窑"或"窑窖"，多为中华人民共和国成立后修建而成。水窖整体多为砖石砌筑，纵深 6～8m，其横截面类似拱券形，底部宽 3～3.5m，高 3～4m，砖砌厚度从底部往上砌筑越来越薄，底部约为 0.4m，上部为 0.2～0.3m。

修建水窖的方法有两种：一种是先画出四周的尺寸，用工人挑下壕，再垒墙。直墙垒到预计高度后，将墙内上边的土铲成半圆状，再用石头在上面发券，修成

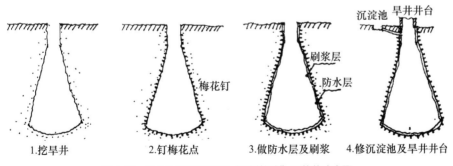

1.挖旱井　　2.钉梅花点　　3.做防水层及刷浆　　4.修沉淀池及旱井井台

图 4-25　晋北及晋东南地区"广播筒式"旱井营建步骤

1.铁镐　　　2.铁锤　　　3.铁锄　　　4.藤条编织篮

图 4-26　"广播筒式"旱井营建工具

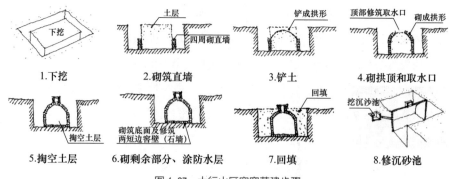

图4-27　太行山区窑窖营建步骤

窑洞状。然后将窑体里边的土挖出来，把底用灰土夯结实，再砌筑底面及修筑两短边窑壁，外边用搅拌好的比例 3 ：7 的灰土、红土夯实（如图 4-27 所示）。另一种做法是把需要修水窑的尺寸画好，把土全部挖出来，垒好直墙后，支好碹（券）模，再用石头碹（券）起来，其后修的方法同前。修建完水窑主体部分后还会在其上用混凝土砌筑填实拱顶，使得地面上形成一个方形窑壁，只露出窑口方便村民取水。在取水口不远处还会修建一个 1m×0.5m×0.6m 的沉砂池，并用引水道与主体窑体连接在一起，雨水带来的灰尘、泥沙和落叶等杂物在此短暂停留后沉到池底，清洁的雨水从出水口流入水窑，以备村民使用。尽管在进水口处修建沉砂池拦截泥沙，沉砂池仅仅拦截粗颗粒泥沙，细颗粒泥沙仍然进入水窑，水窑淤积仍然很严重。

水窑修建的重点在于防渗工作，因此水窑周边禁止种植树木，以防根系的生长损坏水窑的内壁甚至引发塌方。在施工时长方面，一个人一般要修建 200 多天才能将一座水窑建好。但在一般情况下，都是邻里之间互帮互助，四五个人 50～60 天就能砌筑好。一些体积较大的窑内始终要保持一定的水量，使窑内存在一定的压强。

4.2.4 其他传统水环境设施营建

太行山区除了水井、水窑之外还有泉眼（池、溪）、水掌、沙井以及水缸。其中，泉眼（池、溪）的水源来自地下含水层中的承压水，水掌和水缸的水源来自降雨，水掌通过集蓄山体径流雨水补给水源。水缸直接承接天雨，同时也是传统消防设施。沙井的水源来自于河床沙层水，一般沿河岸分布。

1. 泉眼（池、溪）

泉眼（池、溪）的水来自于地下含水层中的承压水，承压水不同于潜水，会从地下向地表自动涌出，这种现象称为"泉涌"。泉涌经常出现于太行山区山麓之间，根据泉涌的水量大小和地下水量的不同，会在地表形成点状的泉眼、片状的泉眼（池、溪）甚至是线型的地表水系。以泉眼（池）作为主要供水水源的传统村落，地下水资源都很丰富。

（1）泉溪与传统村落空间形态的关系

当传统村落的泉水溢出地表形成泉溪时，往往会影响到村落的空间形态布局。在泉水供水方式主导下的太行山区传统村落空间形态主要有"带形布局""面状布局"及"发散布局"三类。

带形布局：村落的布局形式以泉水水系走向为依据，民居建筑沿着水系走向呈现出线性布局形式，其主要分布在山区坡地环境。例如：山西省平遥县东泉镇东泉村、山西省襄汾县襄陵镇黄崖村等（如图 4-28 所示）。

面状布局：村落呈面域式的布局是太行山区常见的泉水村落空间结构类型，这种村落的布局特征表现为：村落一般营建在地势相对平坦的地方，且村内存在多处水涌量较大的泉源。村落在发展演进过程中多以泉源和溢流水系为中心逐渐向村外拓展，从而形成了面域组团型的空间布局形态。面域式布局的一典型案例为山西省平定县娘子关村，村落位于山高谷深的地形地貌环境下，村内的泉水水系和山体地表水形成了村落的空间框架，决定了娘子关村的中心及生长与延伸的方向（如图 4-29 所示）。

发散布局：当村内泉源溢流形成许多走向顺应地势的水系时，这些泉溪构成村落的基本空间脉络，展现出自由分散的布局形态。北京市房山区南窖乡水峪村因村内多泉水而得名，泉水清澈见底，村中及周围的山上有十余处泉水，水资源极为丰富。村内有一条泉溪穿村而过，所以村子被分成两部分，一为新村一为旧村，村内民居皆顺应泉溪的走势布局，呈辐射状向外扩张的形态（如图 4-30 所示）。

（2）泉眼（池、溪）的营建

泉池根据其出露后的形态、水量大小等可分别形成泉眼、泉池及泉溪三种类型的泉水设施，泉眼（池、溪）往往利用溢流的泉水在旁边修建与用水活动相关

东泉村　　　　　凉水泉村　　　　　黄涯村

图 4-28　带形泉水村落空间形态图示

（图片来源：赵斌 . 北方地区泉水聚落形态研究 [D]. 天津：天津大学，2017.）

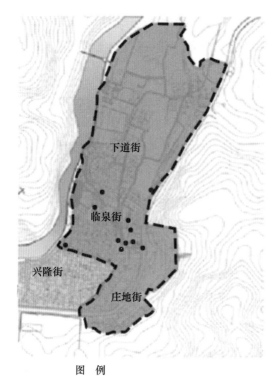

图 例

● 泉

█ 泉水系统主要覆盖区

图 4-29　娘子关村泉水系统覆盖区域

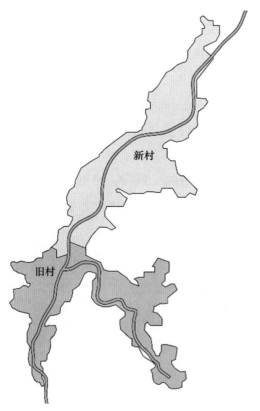

图 4-30　北京市房山区水峪村发散布局
空间形态图示

的设施。根据泉水设施的水量、空间形态及设施周围地形等不同，对其周边营建的用水设施也会不同。笔者通过实地调研走访，将太行山区泉水设施的营建分为"泉池—泉溪组合型"和"泉眼—水槽组合型"两种类型。

"泉池—泉溪组合型"：娘子关村的梅花泉营建就是"泉池—泉溪组合型"的典例。娘子关村因地处深谷之中，其下方为棉河，同时绵河河谷上的泉水资源丰富，再者山高谷深的自然地貌使得用地使用更为紧张，因此河谷上方泉水平坦地段是娘子关村最佳的营建场所。娘子关村的梅花泉处于地势较高处，其旁侧的地方地势较低，呈缓坡，坡向远离泉池的方向。先民们利用地形，在缓坡上修建一条沿地形走向的泉溪，泉溪由数个蓄水槽形成，剖面呈阶梯状。泉池与泉溪相连，泉溪的水来源于梅花泉的溢水口，村民根据水流走向将泉溪分为上游、中游和下游，其中上游泉溪水质洁净，通常用来淘米、洗菜等；中游泉溪用来洗碗、洗衣等；下游泉溪水质较差，村民常在此洗澡、戏水。

"泉眼—水槽组合型"：上庄村的滚水泉营建为"泉眼—水槽型"的典例，在滚水泉的一侧修建蓄水槽，滚水泉的溢水口设置在蓄水槽的上方，泉水从溢水口源源不断地流入蓄水槽。其中，蓄水槽被分为三个小水槽，根据水流方向，在上游水槽进行淘米、洗菜等对水质要求高的用水活动，在水槽下游进行洗碗、洗衣等用水活动，最后，污水流入污水槽通过排水暗渠排走（如图4-31、图4-32所示）。

2. 水掌

水掌通常由山谷处的自然水坑形成，通过收集周围山体流下的山雨补给水源，多自然形成，人工修筑较少。太行山区典型的水掌是大前村水掌，水掌位于大前村东北向的山坡位置，周围三面环山。雨时，山体成为水掌的集水面并带来大量的径流雨水，充足的水源补给让其成为村落清代之前主要的供水设施。同时，村民为了过滤掉山体径流带来的落叶、灰尘等，在水掌几个主要的进水口用碎石与沙砾进行了简单处理（如图4-33所示）。后来随着村落营建规模扩大、取水人数增多以及取水距离过远等，水掌逐渐被弃用，目前仅供牲畜饮用以及农业生产之用。

3. 井（谷沱）

太行山区沿河而建的传统村落往往都会取用河流中的河水，先民们为了解决

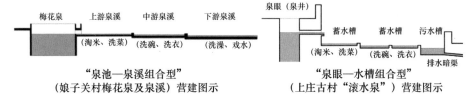

图4-31 太行山区不同类型泉眼（池、溪）营建图示

上庄古村滚水泉

图 4-32　太行山区泉眼调研照片

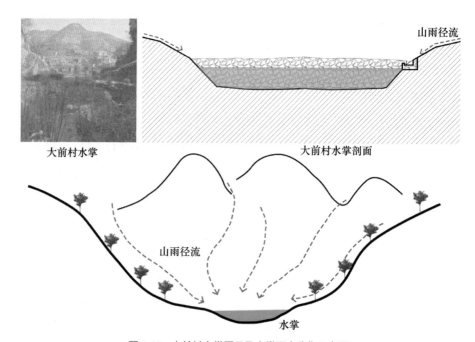

大前村水掌　　　　　　　　　　　　　　大前村水掌剖面

图 4-33　大前村水掌图示及水掌雨水收集示意图

河流枯水期的取水问题，营建出取用河床沙层水资源的"沙井"。沙井通常作为附近农田及牲畜饮用的水源，其做法为：先在河床边挖出一个直径一米左右的水坑，再通过沙土夯筑出坑壁，随后沙井即完工。河床的水受到水压的作用后，通过沙土坑壁渗透至沙井内。此外，太行山区的下盘石村有另一种类似沙井的设施——"谷沱"，其水源和沙井一样来自于河床下的水资源。下盘石村的谷沱同沙井一样，在河床上开挖一个直径一米左右的水坑，再用碎石在水坑外围砌筑出围护结构，坑底用石砾圈砌而成。由于桃河沿村落的河段砂砾下有隔水的红土，为谷沱的营建创造了天然条件。在过去遇到旱季时，村民会在河床沿岸修筑多个大小不一的谷沱进行蓄水，待用水时只需通过水桶将河床边谷沱的水担回家即可（如图4–34所示）。

4. 水缸

水缸，又称"太平缸"，不仅作为传统村落的传统给水设施，同时还是传统的消防设施。水缸通常放在民居屋檐下或院落内，在雨时收集天雨，在北方以水寓财的潜意识下，水缸中蓄集的不仅是雨水，更是财气。水缸的大小、数量和精美程度往往成为村民财富的象征。在阳泉市传统村落还流传着"嫁女不嫁金不嫁银，数数屋檐前，水缸多就成亲"的俗语，反映出部分严重缺水传统村落对水缸的重视。过去，村民习惯在院内放置水缸，并利用水缸对生活用水进行过滤处理，如从水井中取出的水通常会先倒入水缸，等水经过一段时间的沉淀过后再取用。这种习惯延续到现在，如：已通自来水的张庄村，村民还是习惯将自来水倒入水缸先存着再使用（如图4–35所示）。

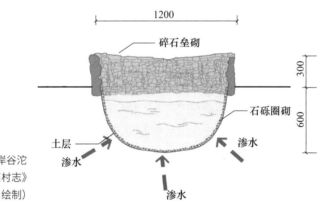

图4–34 下盘石村桃河河岸谷沱（图片来源：根据《下盘石村志》绘制）

图4–35 院内蓄水水缸及消防水缸

4.3 传统排水设施营建技艺

太行山区先民虽解决了村落的取水问题，但太行山区大部分地区夏季降雨量较大，降雨期较为集中，雨水往往不易于控制，引起水患。因此传统村落选址常位于地势较高处，体现"高毋近阜而水用足，低毋近水而沟防省"的选址理念。此外，传统村落还很重视排水系统的构建，村落排水系统不仅需要排除村内的雨水，还需要排除流经村落的过境雨水。尤其是山地型传统村落，通常会修建排水涵洞或主要排水街巷供雨季时排除过境山洪，避免村落遭受损失。

4.3.1 太行山区传统村落防洪排涝下的村落选址及营建

1.基于防洪排涝的村落选址

冯伟波先生基于山地的地貌特征，将适于聚落定居的山地类型分为山麓、山腰、山顶、鞍部四种类型，太行山区鞍部和山顶村落较少且大多分布于山腰、河谷及平原地区，因此可总结为三种地貌类型：山腰型、河谷型及平原型（见表4-4）。

表4-4　防洪排涝型村落选址类型

村落类型	示意图	代表村落	排水方式
山腰型		郭峪村 上董寨村	防外洪
河谷型		上庄村	排内涝
平原型		北社东村 故驿村	阻外洪、排内涝

表格来源：根据调研结合相关资料整理。

山腰及河谷型村落往往在两山夹一川的沟谷附近分布，这样有利于山洪和内涝的雨水沿着山势流向山谷河流，并顺势往下游排去。村落在选址时考虑到与周围河流形成有利于村落排洪防涝的空间分布关系（如图4-36所示）。

（1）山腰型村落

太行山区选址在山腰的传统村落在村落布局营建时，先民尤其重视暴雨季节中山雨的排放问题。根据情况选择把雨水挡在村外或修建穿村暗渠排出雨水，避免洪水对村落形成灾害。如山西晋城郭峪村、山西阳泉上董寨村等。

（2）河谷型村落

太行山区降雨集中在6～9月份，坐落于河谷、山沟的传统村落往往在暴雨季节需要面对山洪的威胁，这类村落重点考虑过境山洪的排除问题。上庄古村就是这类村落的代表，村内有条主街，又名"庄河"，既为主街又为河道。雨季时，山雨沿山坡汇入庄河穿村而过排出，避免村落受到灾害（如图4-37所示）。

（3）平原型村落

太行山区分布在平原地带的传统村落为了避免水患，大多坐落于平台之上。仅山西台地面积就占省内面积的9.8%，面积为15367公里，北社东村位于山西省

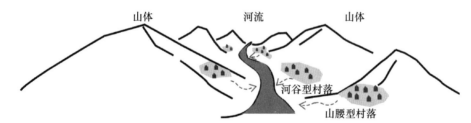

图4-36　有利于村落排洪防涝的空间布局

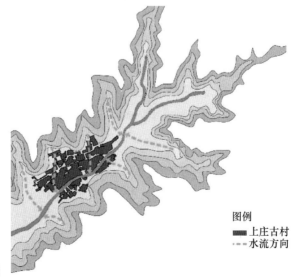

图4-37　上庄古村汇水线

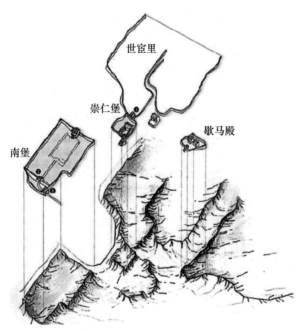

图 4-38　北社东村选址示意图
（图片来源：根据《北社东村保护规划》改绘）

定襄县东北部，村南有同河，村东不远处有滹沱河，为避免河患水灾，村落选址在台地之上（如图 4-38 所示）。

2. 基于防洪排涝的村落营建

太行山区传统村落不仅在村落选址之初就注重避免洪涝灾害，在村落布局营建上同样重视如何快速有效地排出雨水，防止村落受到山洪河患的影响。主要的营建智慧有基于防洪的村落营建、基于排涝的村落营建两种。

（1）基于防洪的村落营建

太行山区位于山腰处的传统村落在营建时多注意山洪排放的问题，有些古堡型村落利用围绕村落的高大外墙将山洪阻挡在村外，并通过墙下排水沟巧妙地将雨水排走。而有些村落灵活结合地形条件顺应山洪走向预留出排水通道，避免洪水直接对村落造成冲击。更有甚者，将排水水路与村内主街形成立体交通形式，顺应地势且较大化地利用交通。

①分流山洪、避免洪水冲刷村落

郭峪村位于庄岭山腰的缓坡上，夏季集中降雨容易形成山洪，村内着重考虑防洪泄洪问题。当雨季来临时，庄岭的水往村子的西南、西北位置汇集，在修建城墙和水门（城门）之前，洪水被引入上西沟再流向北沟，最后排入樊溪，或流经小西沟通过南沟排入樊溪。南北两条泄洪沟与樊溪形成一个扇形的三角地带，将郭峪村保护在其中，避免了洪水的危害。后来修建了城墙和水门后，南沟民居进行了扩建，现在南向的水穿过城门和村落排入樊溪（如图 4-39 所示）。

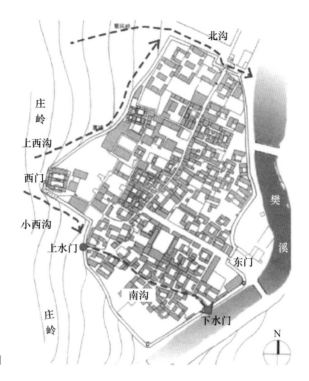

图 4-39　郭峪村排洪示意图

②预留排水通道

上庄古村村域境内山岭土坡两两相对，环抱古村。村内有一水街是上庄村的主要道路，水街既是河道又是主街，东西方向贯穿全村。水街过去是季节性地表河流，在春夏雨季时，山雨水沿着山坡至此汇集成河，雨季后则为街道。水街雨水最终排向村西的永宁闸，通过永宁闸的水流向闸外的河道。

③立体交通排水

位于阳城县的上伏村，村落东北两面高山，西南沁河环绕。村随地势自东而西营建，村中有一条贯穿东西的三里长街，也称村中"龙脉"。北面樊山分支山岭，雨季时山雨沿着山坡倾泻而下，容易对村落造成威胁，先民们在山脚下雨水汇集处修建专门引流的水路，并且一直从山脚延续到沁河河岸。水路雨季为排水沟，平日为交通街道，跨过三里长街形成立体式交通（如图 4-40 所示）。

（2）基于排涝的村落营建

太行山区传统村落除了对村落进行防洪营建外，还会在村落营建上考虑避免村落内涝的问题。为了让雨水在村内快速、高效地排出，太行山区的村落通常会采用依山就势的营建方式。即将村落结合山势地形进行营建，在剖面上呈现出层层退台的台阶状营建模式。这样的处理方式能让村内雨水在自然排出的时候更加迅速，避免大量雨水在村内滞留，形成内涝（如图 4-41 所示）。同时，村落在平面布局上往往会将建筑组团之间形成错位的布局形式，这样的布局方式会让雨水沿着街道形成"之"字形的排除路径，减缓雨水的径流速度，减少径流雨水对房屋建筑的冲刷，或防止雨时冲倒出行的村民（如图4-42所示）。

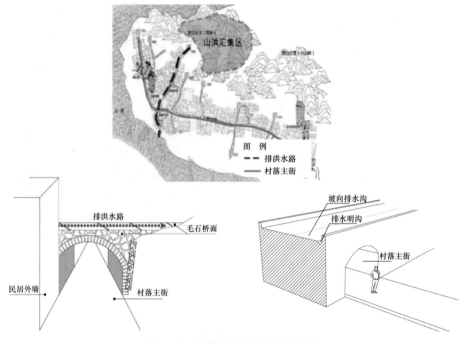

图 4-40　上伏村立体交通排洪示意图

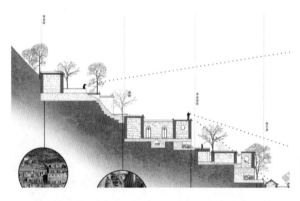

图 4-41　村落剖面上台阶状营建模式

图 4-42　村落平面上错位的布局形式

4.3.2 太行山区传统村落排水系统组成及运行

太行山区降雨受到季风气候和大气环流的影响，呈现出明显的季节性分布特征，降雨主要集中在夏季，且多暴雨，如此的降雨环境给太行山区传统村落带来雨水资源的同时也带来了严重的山洪水患。太行山区传统村落的先民们，通过一系列传统排水设施的相互协同运作形成整套高效的排水系统，来应对过境山洪和村落内涝。

1. 传统村落排水系统组成

太行山区传统村落排水系统由建筑、院落、街巷、沟渠、农田及河湖等组成。同时，我们根据主要排除雨水类型的不同，将传统村落排水系统归纳为两大类，分别为"村内雨水排水系统"和"过境雨水排水系统"。其中，村内雨水排水系统又由"建筑排水系统""院落排水系统""街巷排水系统"三个子系统组成。过境雨水排水系统主要由"街巷排水系统"和"沟渠排水系统"两个子系统组成。值得注意的是，在传统村落排水系统中，这两大类排水系统不是相互独立的，而是相互协同作用，共同为传统村落的排洪防涝做出贡献。同时，给水、排水、蓄水这三者是一个相辅相成、相互统一的整体。太行山区许多传统村落修建水井以利用地下水，但地下水的水量直接受降雨与蒸发的影响，且呈现阶段性特征，因此当地村民会在降水较多的夏季修建水窖，以此收集地表的雨水以便冬季随取随用。与此同时，由于太行山区夏季多雨，为防止洪涝，雨水等地表水又会通过排水体系排出村外。除了排出雨水外，村民还会在地势低洼处修建蓄水设施收集雨水，为干旱季节农田浇灌、人畜饮用等做准备（如图4-43所示）。

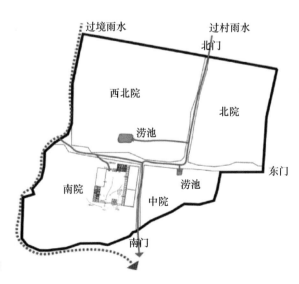

图 4-43　郭峪村排洪示意图

2.传统村落排水系统运行

（1）村内雨水排水系统运行

太行山区传统村落村内雨水排水系统在雨时启动，降在屋顶的雨水通过建筑排水系统的屋面及排水口将其排入院落中，再由院落排水系统将雨水汇集到排水沟，再通过排水口将排水沟的水排向院外街巷。流向街巷排水系统的雨水经巷道、次街、主街的顺序最后排向村外农田、涝池、水塘、水库或河流（如图4-44所示）。

（2）过境雨水排水系统运行

雨季来临后，村落附近山雨或村周围雨水等过境雨水汇集并流向村落，过境雨水排水系统的运行方式为：将过境雨水直接通过沟渠排水系统穿村而过，然后排向村外地势低洼处的涝池、农田、水塘等；或将过境雨水通过村落街巷排水系统的汇集，排放至沟渠排水系统，最后被排向村外农田、河湖、水库、涝池等（如图4-45所示）。

（3）两类排水系统同时运行

雨时，村落中的两类排水系统是一个整体，不会单独运行，往往相互协同运作，村落部分雨水会流入排出境外雨水的沟渠，同时，境外雨水也会流经排除村内雨水的街巷，然后流入沟渠等（如图4-46所示）。

4.3.3 建筑排水系统营建

1.建筑排水系统的组成及类型

建筑排水系统主要由排水屋面和排水口或檐口组成，其中，排水屋面有承接雨水和引导雨水有规律地流向排水口或檐口的作用，排水口和檐口是将屋面雨水排向地面的排水构件。根据调研情况，笔者把太行山区传统建筑的排水系统主要分为坡屋面排水系统和平屋面（窑洞）排水系统两种类型。其中，坡屋面排水系统由瓦屋面、屋脊和檐口组成。因坡屋面的形式不同也形成不同的坡屋面排水系统类型，可以归纳为双坡屋面排水系统和单坡屋面排水系统。在干旱缺水的太行山区，先民们将雨水视为"财富"，把雨水排向院内有"聚财"或"藏风聚气"之意。因此，太行山区双坡屋面会通过调整屋面正脊的位置增加坡向内院的屋面面积，即扩大雨水的收集面，获得更多的财气，如："道士帽"屋面，或将坡屋面直接做成坡向内院的单坡屋面（如图4-47所示）。

平屋面排水系统由找坡屋面、排水凹槽、屋面女儿墙（或拦水凸边）和排水口四部分组成。防止雨水直接流向地面，平屋面的四周都有女儿墙（或拦水凸边），有些女儿墙与屋面之间还有浅浅的凹槽，有利于组织排水。平屋面通常不是平整

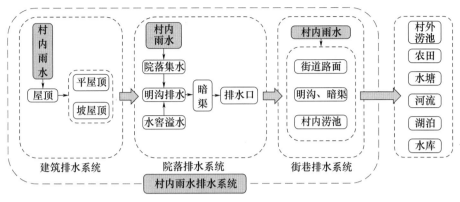

图 4-44　村内雨水排水系统运行

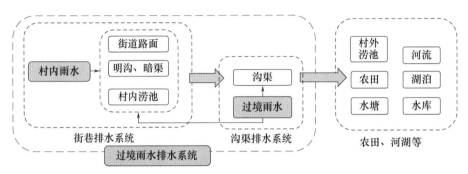

图 4-45　过境雨水排水系统运行

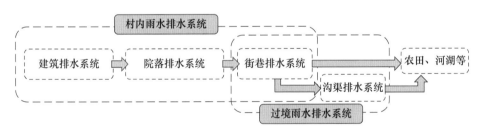

图 4-46　传统村落排水系统运行

双坡面屋顶　　　　　　　"道士帽"屋顶　　　　　　　单坡屋顶

图 4-47　太行山区不同坡屋面类型

的，都会设计一定的坡度，坡度一般在 2% ~ 4% 之间，或坡向屋面四周的排水凹槽或直接坡向排水口。一般排水口的排水方式会有所不同，可分为敞开式明沟排水和墙下暗渠排水两种（如图 4-48 所示）。

2. 建筑排水系统的组织及运行方式

根据建筑排水系统类型的不同，可将建筑排水系统分为坡屋面排水系统运行和平屋面排水系统运行两种。其中，坡屋面排水系统的运行方式为无组织排水方式，即先利用屋面坡度将雨水排向檐口，再通过檐口让雨水以自由下落的方式排出屋面。檐口常做滴水处理，防止雨水倒灌屋面。平屋面排水系统的运行方式为有组织排水方式，即屋面先承接雨水，落在屋面的雨水通过屋面坡度流向四周的排水凹槽，再通过凹槽内的坡度将雨水引到排水口，经过开敞式排水口或墙下暗渠式排水口流向地面。此外，没有设排水凹槽的平屋面会通过屋面起坡直接将雨水引向排水口，再排向地面。经调研发现，太行山区坡屋面有两两相连在一起的组合类型，即"勾连搭"，其排水运行方式为无组织排水和有组织排水相结合的方式（如图 4-49 所示）。

起坡屋面　　　　　　　　屋面凹槽　　　　　　　　排水口

图 4-48　平屋面排水系统

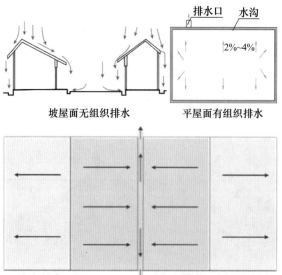

坡屋面无组织排水　　　　平屋面有组织排水

无组织排水　　　　有组织排水　　　无组织排水
勾连搭屋面无组织和有组织结合排水

图 4-49　建筑排水系统的运行方式示意图

3. 建筑排水系统营建

（1）坡屋面排水系统营建

坡屋面排水系统的营建主要是针对其排水屋面的营建，其中，排水屋面的营建可分为瓦屋面排水和石板屋面排水营建，主要体现在瓦材或石板的铺装方法上。太行山区瓦屋面常为合瓦瓦屋面和筒瓦瓦屋面。为了让屋面雨水有组织地排出，瓦件的组装使瓦屋面形成一垄垄小沟，又称"瓦垄"。为了让雨水汇集成直线排出，筒瓦屋面檐口第一块板瓦常做滴水样式。石板屋面铺装材料是用当地盛产的石材，屋顶石板的排水和防水是通过叠砌方式来实现的，叠砌方法为：先错缝搭接大块石板，然后交接缝上设小片石板的盖缝板，也称"扒缝石"，起到封堵雨水渗入的作用。同时，最上面一层的扒缝石最宽，最下面一层的扒缝石最窄，这样的处理使雨水下流的方式更加合理，不容易出现屋顶漏水现象（如图 4-50 所示）。

（2）平屋面排水系统营建

平屋面的排水系统由屋面和排水口两部分组成，其排水系统营建主要为屋面找坡、排水凹槽、女儿墙以及排水口的营建。其中，屋面的找坡方式有两种：一种是以屋顶侧面的中点为最高点向两侧找坡排水，坡度一般在 2% ~ 4%，另一种是以内外两侧各一处为最高点向另一侧排水。太行山区平屋面常用麻刀白砂子掺青灰为防水层，拍实压光以后再刷青灰水两道，出光。排水凹槽一般由屋面缓坡和女儿墙底部形成的空间构成，沿着女儿墙分布，凹槽底部也会有缓坡，坡向排水口方向。女儿墙沿着平屋顶四周布置，或以砖石砌筑或以麻刀白砂子掺青灰筑成（如图 4-51 所示）。平屋面排水口做法主要分为两种，一种是敞开式排水，另一种是墙下排水。敞开式排水主要有瓦片排水口及石砌排水槽等，檐下排水方式类型较多，如：石制排水槽（水舌）等。其中，水舌排水其材料多为青石，经匠人精雕细琢而成，具有一定的审美价值和文化意义（如图 4-52 所示）。

4. 建筑排水系统的营建智慧

（1）坡屋面坡度营建智慧

太行山区民居受到夏季集中降雨特征的影响，十分注重屋面雨水的排放，屋

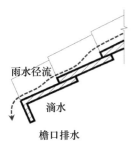

檐口排水

猫头及滴水

石板屋面排水

图 4-50　屋面排水图示

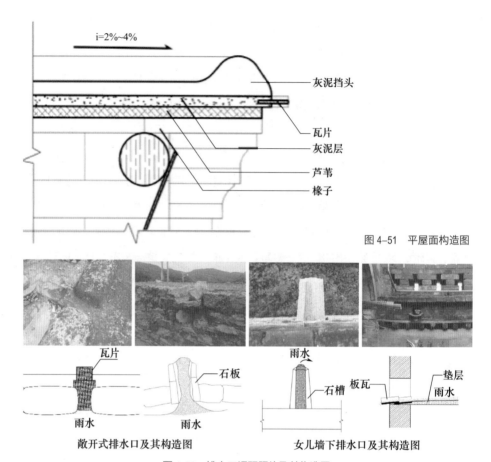

图 4-51　平屋面构造图

图 4-52　排水口调研照片及其构造图

面有高效、快速排雨的需求。为了适应当地降雨特征，提高暴雨季节排水效果，先民们在营建坡屋顶的时候采用举架形式，形成越往上坡度越陡的下凹式屋面。这样的做法有利于雨水在陡坡段下落过程中获得较大的加速度，加快雨水的排放。同时，在缓坡段屋面坡度渐缓，至檐口处近乎水平，利于雨水排得更远，减少对墙体、檐柱及门窗的扑溅。学者筱华和李怀埙也认为传统凹曲线屋顶符合"最速降线原理"，即屋面近似曲线比直线能更快速地排除屋面雨水（如图 4-53、图 4-54 所示）。同时，为了适应夏季集中降雨特征，太行山区有的地区把屋面建成"弓背式"，以提高其使用寿命（如图 4-55 所示）。

（2）建筑防排结合营建智慧

太行山区建筑在有效组织排水的同时也重视建筑的防水处理，将排水和防水结合起来考虑。太行山有大量以木为柱、以土为墙的民居，但这两种材质都是极易受潮的，因此，先辈工匠们创造了一系列有效的措施。如：太行山区民居中，硬山建筑的山墙往往向外延伸到檐柱之外，檐部也有很大的出挑，防止立面被雨水侵蚀。太行山区民居墙体都是土墙、砖墙及石墙，在防水性能上土墙最差。为了延长墙体使用寿命，太行山民居会在楼房土墙表面砌筑一层青砖外皮，也称"金包银"，避免下雨时被雨水淋湿。财力不济的会在土墙下先砌筑石材勒脚再继续往上夯土。此外，还有土墙内嵌石材的形式（如图4-56所示）。

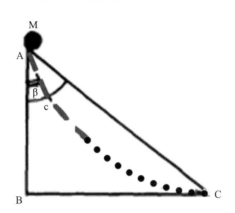

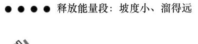

图 4-53　物理学角度最速曲线

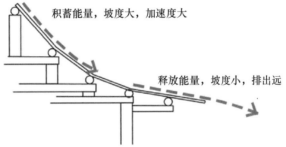

图 4-54　传统坡屋面最速曲线

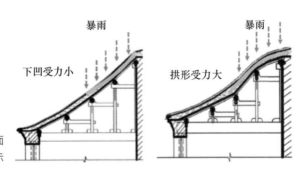

图 4-55　下凹式和弓背式屋面
　　　　雨时受力图示

屋檐出挑

石砌勒脚防水

砖包土"金包银"

图 4-56　建筑防排结合营建智慧

4.3.4 院落排水系统营建

太行山区很多大院民居建筑的排水十分合理化。排水方式与房屋主人的富贵有直接关系，宅院的雨水流动得过于流畅就有流财之意，因此太行山区民居的雨水都排向院内，又称"肥水不流外人田"。

1.院落排水系统的组成、运行及组织方式

（1）院落排水系统的组成

太行山区民居以四合院及窑洞民居为主，院落排水系统主要由院落集水面、排水沟（明沟和暗渠）和排水口三类排水设施组成。其中，院落集水面主要指院落地面，主要负责雨水的收集并将收集的雨水排向四周的排水沟。排水沟是将院落集水面及屋面流来的雨水排向排水口的排水设施。排水口是将院落或排水沟流入的雨水排向下一个院落或街巷的排水设施。

（2）院落排水系统的运行

太行山区民居院落排水系统运行分三个层级，第一个层级是承接屋顶和天空中的雨水；第二个层级是将雨水通过排水沟有序地汇集到院内低洼处的排水口，院落地面都向排水方向起坡2%～4%；第三个层级是将雨水通过排水口排出院落。雨季时，院落排水系统开始运行，院落集水面开始收集雨水并将其依照设计坡度排向排水沟（明沟或暗沟），排水沟则将集水面、屋檐或屋顶排水口汇集的雨水排向排水口，最后，宅院的雨水通过排水口流向村落街巷（如图4-57所示）。

（3）院落排水系统的组织方式

院落排水系统受到太行山区传统民居不同院落之间组合关系的影响，同时，传统民居院落的组合形式主要表现在院落形制上，即单进院、多进院和多路院等。各种形制的院落排水组织方式存在很大的差异性，因此院落排水系统也形成了不同类型的排水组织方式，分别为"串联式""并联式"及"嵌套式"三种。其中，"串联式"排水组织方式是雨水通过上一进院落的排水口或排水沟排向下一进院落，层层排出，最终排向街巷。这类民居院落多呈中轴对称式，以单进院或多进院的形式营建。"并联式"排水组织方式是雨水由大户民居中并排的院落通过排水口或排水沟排向民居内的巷道，通过巷道汇集再排向街巷或流向其他院落，这类大户民居多为同家族或氏族群居的民居。"嵌套式"排水组织方式的民居院落通常没有严格的中轴对称营建，而是在院落之间形成相互嵌套的关系，排水组织方式没有特定的组织特征，大致沿民居院落低处排水（见表4-5）。

图 4-57 院落排水系统的运行

表 4-5 太行山区院落排水系统排水组织方式示意图

类型		剖面排水示意图	平面排水示意图
串联式	单进院落		
	多进院落		
并联式	多路院落		
嵌套式	嵌套院落		

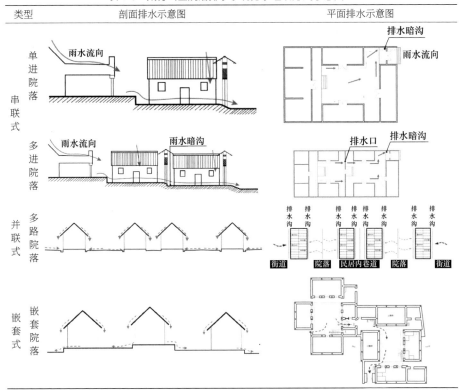

表格来源：根据调研结合相关资料整理。

2. 院落排水系统营建

（1）集水面营建

①集水面起坡

院落集水面在院落排水系统中起到快速有效地将水排向排水沟或排水口的作用，因此，集水面并非完全平整而会起 2% ～ 6% 的缓坡，坡度大小受铺地块材的尺寸及降雨量影响较大。多雨地区集水面坡度较大的能到 6%，少雨地区的坡度较缓，约 2%。集水面的起坡方式主要有凸面和凹面以及单侧起坡三种形式（见表4-6）。

②集水面铺装

太行山山区传统院落的集水面分为夯土地面、灰土地面、墁砖地面及石活仿砖地面，其中：墁砖地面主要是指糙墁地面，被主要使用；夯土地面在太行山区

表 4-6　集水面起坡方式

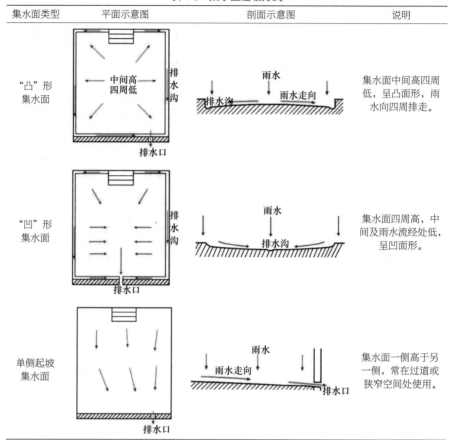

集水面类型	平面示意图	剖面示意图	说明
"凸"形集水面			集水面中间高四周低，呈凸面形，雨水向四周排走。
"凹"形集水面			集水面四周高，中间及雨水流经处低，呈凹面形。
单侧起坡集水面			集水面一侧高于另一侧，常在过道或狭窄空间处使用。

表格来源：根据调研结合相关资料整理。

民居中属于最早的做法，现在多呈灰土地面，通常灰与土的用料比为 3 ∶ 7。太行山区砖墁地面的营建步骤为：先对垫层进行处理，垫层主要由素土或灰土夯实，再进行抄平，弹出墨线，最后进行冲趄、浇浆。太行山区石活仿砖地面可分为条石地面、仿方砖地面、毛石地面、碎拼石板地面、卵石地面等，其做法与砖墁地面相似（见表 4-7）。

（2）排水沟营建

排水沟通常设置在集水面四周，宜位于坡屋顶屋檐或平屋顶排水口正下方，便于承接从屋顶排下的雨水，并将雨水排出民居之外。排水沟的底面有微小的坡度并坡向排水方向。

排水沟有明沟和暗沟两种，明沟是敞开式暴露在外的排水沟，一般位于院落集水面四周。明沟根据其营建材质不同分为灰土明沟、石砌明沟及石槽明沟（如图 4-58 所示）。暗沟是隐蔽式的排水沟，常埋藏在台阶、房屋和步道下，通常用于连接不同院落的排水沟以及将院落雨水排到街巷（如图 4-59 所示）。

表 4-7 集水面铺装类型及构造

地面类型	调研照片	构造图	说明
土地面		3∶7灰土面层	至明清，砖的大量生产后，便很少使用。
墁砖地面		墁砖面层 灰泥结合层 灰土垫层 素土层	所用的砖是未加工的砖，砖料不需要砍磨加工，地面砖接缝较宽。通常为大户人家使用，明清时期较多。
石活仿砖地面		石板面层 垫土层 素土层	如果石板的平整度较差，影响到接缝的平整，也可用磨头将接缝处磨平。多为山区民居或驿馆、店铺地面铺装，坚固、耐磨。

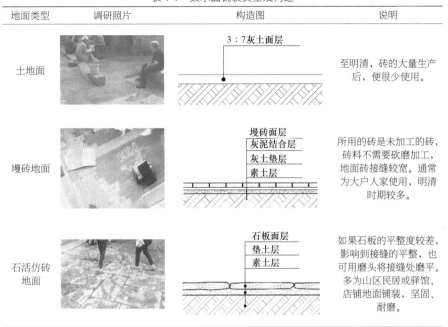

表格来源：根据调研结合相关资料整理。

灰土明沟　　　　石砌明沟　　　　石槽明沟

图 4-58 不同营建材料的明沟类型

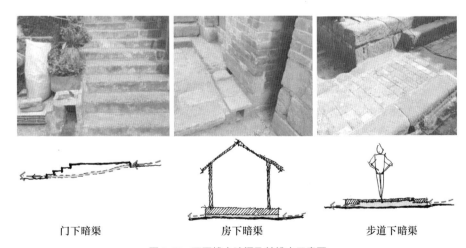

门下暗渠　　　　房下暗渠　　　　步道下暗渠

图 4-59 不同排水暗渠及其排水示意图

（3）排水口营建

排水口形式根据其位置分为院墙之下和院落大门之下两种。院墙下的排水口多布置在墙基，通过墙基的砖石雕琢而成，避免雨水对墙基的冲刷。院落大门之下的排水口常建造在入口台阶上开口形成，因位于大门之下主要是把雨水直排到街道，原理类似，这样一来，主要对于位于院墙之下的排水口进行分析。通过调研对太行山区院墙下排水口类型进行归纳（见表4-8）。

表4-8　院落排水口类型及排水示意

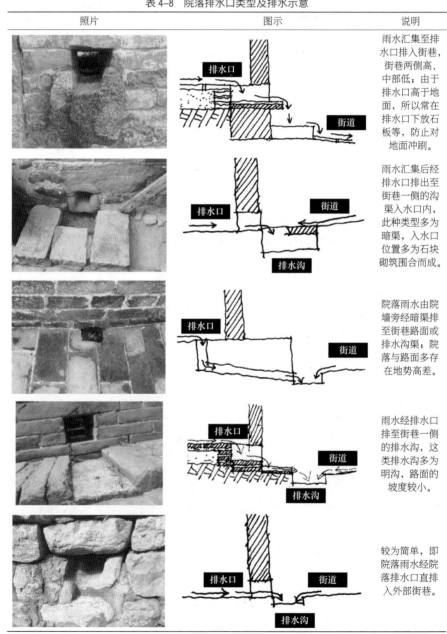

照片	图示	说明
		雨水汇集至排水口排入街巷，街巷两侧高、中部低；由于排水口高于地面，所以常在排水口下放石板等，防止对地面冲刷。
		雨水汇集后经排水口排出至街巷一侧的沟渠入水口内，此种类型多为暗渠，入水口位置多为石块砌筑围合而成。
		院落雨水由院墙旁经暗渠排至街巷路面或排水沟渠；院落与路面多存在地势高差。
		雨水经排水口排至街巷一侧的排水沟，这类排水沟多为明沟，路面的坡度较小。
		较为简单，即院落雨水经院落排水口直排入外部街巷。

表格来源：根据调研结合相关资料整理。

排水口的材质多就地取材，主要包括砖石、陶罐等，受当地居民的经济水平及工程技术的影响，院落排水口在其形状及装饰图案上有很大差别（如图 4-60 所示）。

3. 院落排水系统营建智慧

值得注意的是，院落排水系统开始运行时，也是家家户户水窖进行蓄水的时候，因此，院落排水系统在营建中不只起到高效排出院落雨水的作用，同时还蕴藏着"排—蓄"一体化的营建智慧。故关公馆位于旧关村口坡街的路南，为二进院民居，其院落排水和院内蓄水的组织方式是院落排蓄一体化营建智慧的典例。先民在建造时对地形进行了依山就势的处理，把院落建在不同标高的平台上，形成后院高于前院的格局，平台间通过台阶进行交通，在后院修建蓄水的水窖，并将水窖溢水口伸出至前院排水沟上空。水窖蓄水到一定水位时，会把多余的蓄水通过溢水口排向前院排水沟，这样一来，水窖在雨季时能利用蓄水为院落排水减压（如图 4-61 所示）。

图 4-60　不同形式排水口

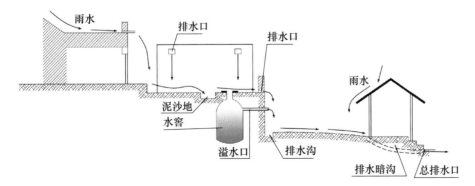

图 4-61　院落排水和水窖蓄水协同运行示意图

4.3.5 街巷排水系统营建

1. 街巷排水系统组成及类型

雨水以落在传统村落中的民居、街巷及空地等方式，给村内雨水排水系统带来排水源，这些民居、街巷及空地作为排水系统的始端，村外河流、湖泊、涝池、水库等即为排水系统运行的终端，排水系统的功能是将系统始端的雨水通过系统的运行排向终端。在传统村落的排水系统中，街巷层面的排水，发挥承上启下的作用，负责承接院落内排出的雨水，将其汇集并且把这些雨水引入村落沟渠或排向村外。

街巷排水系统主要由村落的各级街巷组成，即巷道、次街和主街。其中，巷道宽度较窄，0.9 ~ 1.2m；村落次街宽度 1.2 ~ 2m；村落主街平时承担着村内主要交通职责，在雨季时作为村内排水主街。同时，太行山区有些传统村落会在村内街巷附近修建涝池，这样的好处是，街巷在排水的同时会分流一部分雨水给街边涝池，让涝池起到分流减压的作用。因此，这些村落的涝池也被包含在街巷排水系统之中，同村落街巷一起形成结构更为丰富的街巷排水系统。通过实地调研的情况，可将太行山区传统村落街巷排水系统的类型归纳为"街巷型排水系统"及"街巷＋涝池型排水系统"两类。"街巷型排水系统"指的是只通过街巷来排出村内雨水的排水系统类型；"街巷＋涝池型排水系统"指的是通过街巷和涝池之间的协同运作来排出村内雨水的排水系统类型（如图 4-62 所示）。

2. 街巷排水系统的运行及组织方式

（1）街巷排水系统的运行

街巷型排水系统的运行分为三个层级，首先，院落排出的雨水通过巷道汇集至村落次街，再由村落次街将雨水排向主街，最后由主街把雨水排向村外。街巷＋涝池型排水系统的运行是在街巷型排水系统的基础上进行的，即街巷在排水的同时，会分流一部分雨水给街边涝池，让涝池同村落街巷共同运作，共同排出村落雨水。

（2）街巷排水系统的组织方式

① 街巷型排水系统的组织方式

根据对太行山区传统村落街巷组织方式的调研情况，可将街巷型排水系统的组织方式归纳为以下三种形式，分别为"自由式""外环式"及"网格式"（如图 4-63 所示）。"自由式"是由主街贯穿全村并连接多条次街呈自由布置形态的排水组织方式，分为村落街巷沿着主街一侧自由布置和村内街巷沿着主街两侧自由布置两种类型，如：北京市马栏村、河北邢台县英谈村等（如图 4-64 所示）。

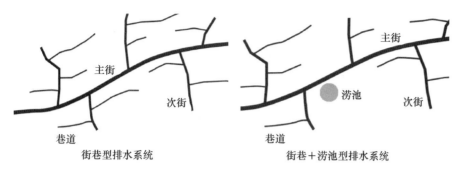

图 4-62 街巷排水系统类型

自由式　　　　　　　　外环式　　　　　　网格式

图 4-63 街巷式排水组织方式

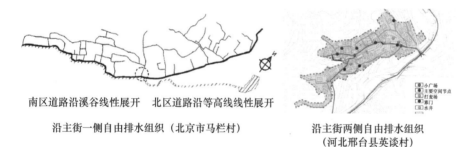

南区道路沿溪谷线性展开　北区道路沿等高线线性展开

沿主街一侧自由排水组织（北京市马栏村）　　沿主街两侧自由排水组织
（河北邢台县英谈村）

图 4-64 自由型街巷式排水组织

　　"外环型"排水组织方式是将村内的雨水通过街巷或暗渠等排向村外地势较低的环道。这类排水组织的村庄通常营建在地势较村庄外围高的地方，且在村外有环绕村落的环形道路，环道内的村落雨水都向村外环道排水。如：山西的师家沟村，位于三面环山、一面临沟的坡地上，村外有条 1500m 长的石条人行环道。环道沿着沟谷开挖而成，符合水流走势，环道的条石铺面以下埋有陶质的排水管，收集各院的排水，将其迅速地排下山去（如图 4-65 所示）。

　　"网格型"街巷排水运行方式是村落被规则的几何形网格排水街巷分隔成多个独立完整的居住组团，各组团能就近通过网格街巷迅速地将雨水排出，是一种高效、迅速的排水组织形式。如：河北蔚县的宋家庄村，由一条南北向的排水主街和三条东西向次街将村落分为六个居住组团，次街地势离主街越远的地方越高，都向主街排水，排水效率高（如图 4-66 所示）。

图 4-65　师家沟外环型排水平面图
（图片来源：根据《黄土高原沟壑地区山村聚落的空间形态研究》改绘）

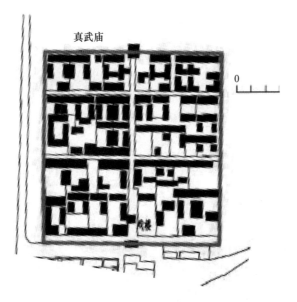

图 4-66　河北蔚县宋家庄平面图
（图片来源：根据《蔚县传统村落形态特征及再利用方式研究》改绘）

　　②街巷+涝池型排水系统的组织方式

　　太行山区传统村落除了有完善的街巷排水组织外，还会在村内修建蓄水涝池来缓解街巷排水压力，同时提高村落应对洪涝灾害的能力。张壁村位于山西省介休市龙凤镇，村落中间由一条 S 形条石铺面主街道连接，大街西面兴隆寺前及靳家巷口各有一涝池，雨季时村落街巷雨水分流至两个涝池以缓解村内雨水排水压力（如图 4-67 所示）。

　　3. 街巷排水系统营建

　　街巷排水系统的类型由街巷及涝池两部分组成，涝池作为系统运行中的一个

图 4-67　张壁村平面示意图

分支，系统中运行及组织的关键都是街巷，因此，在这不对涝池营建进行说明。重点针对排水街巷的营建进行分析。根据调研总结出太行山区传统村落在排水街巷营建上主要存在以下两种类型，道路直排式和道路设明沟暗渠式。

（1）道路直排式街巷营建

这类情况的街巷多依据地势而建，主要依靠雨水重力形成自流的方式使雨水在街巷上流动。根据道路的断面形式不同可以将道路直排式排水细分为"街道缓坡式""平整水街式""中央凹弧式"和"坡道台阶式"四种（见表 4-9）。

表 4-9 道路直排式街巷类型

排水街类型	图示	照片	说明
街道缓坡式			街道利用缓坡从村落地势高处将雨水排向主街或村外。
平整水街式			在村落中留出自然排水路线，两侧的建筑基础一般至少高于水街 1.2m，院落（建筑）与水街通过多级台阶或坡道相连。
中央凹弧式			道路两侧的建筑物基础略高于路面，且道路中央略低，整体呈现近"凹"字形的形式。
坡道台阶式			这类街道常设置在村落高差相差较大的地方，路面为坡道形式且每段坡道通过台阶相连。

①街道缓坡式

街道缓坡式利用缓坡从村落地势高处将雨水排向主街或村外，因坡度较缓也常作为村内主街。这类街巷的地面铺装通常使用较光滑平整的石块，一方面有利于村民日常的交通，另一方面也有利于雨水较快排离街道。

②平整水街式

这类街巷一般为村落主要街巷，不仅为村落主街，同时又有村落泄洪排涝的功能。上庄村就是利用水街排水防洪的典型村落，"水街"在村内十分重要，既是河道，又是街道，街巷呈东西向穿村而过，南北向连接着数条次街和巷道。此外，这种"以路代沟"的排水形式也出现在西锁簧村、琉璃渠村和苇子水村等村落。

③中央凹弧式

中央凹弧式街巷两边的建筑物基础高于路面，并且道路中央略低，整体呈现近"凹"字形的形式。先民们的道路铺装多就地取材，使用石板、石块和卵石等，这样一来，道路对雨水径流的阻力减小，并且有很大程度的雨水下渗能力。透水性强的卵石及土路面为村落减轻了排水负担，同时又增加了村落地下水含量。

④坡道台阶式

这类街道常设置在村落高差较大的地方，由于坡度太大不易交通，为把坡度降低，先民们把整条街道分为多级标高逐层降低的缓坡路面，各段路面通过台阶相连接。这种道路的做法使道路整体高差没有改变，但大大降低了排水时雨水的水流速度，保证村民在雨天行走避免水流过急而摔倒受伤。

（2）道路设明沟暗渠式

①道路设明沟式

村落雨水经街巷路面排出村外时路面不宜行走交通，先民们在街巷一侧或两侧建造开敞式排水明沟，同时路面向排水沟方向起坡。紧挨排水沟的居民建筑基础要高于地面，防止雨水侵蚀。明沟的排水走向要结合村内地形地势以达到高效快捷的要求，必要时村内交通要为排水让路。如道路及建筑入口与明沟矛盾时，考虑保持排水顺畅会在明沟上铺石板等，以利通行（如图4-68、图4-69所示）。

②道路设暗渠式

考虑到出行便利、扩宽街道尺寸等需求时，往往将排水沟做成排水暗渠，即将排水沟隐藏在路面之下。暗渠式排水沟空间尺寸能适度增大，便于雨水排出及防止堵塞，通常沿道路侧边或中间设置（如图4-70、图4-71所示）。

图 4-68　明沟排水示意图

图 4-69　排水明沟实例

图 4-70　暗渠排水示意图

图 4-71　暗渠排水实例

4.3.6 沟渠排水系统营建

1.沟渠排水布局模式

（1）沟渠排水布局科学性

传统村落为应对暴雨季节的洪涝灾害，通常在村内修筑大径流的沟渠来迅速排出村内及过境雨水，为保证暴雨期洪水泄流顺畅，沟渠的布局往往具一定的科学性。其布局科学性体现在沟渠的路径往往沿着村落最有利排水的地势走向布局，达到快速排洪的效果；还体现在沟渠考虑了承担村内雨水的排放任务，在布局时需确保村内雨水能最大化通过街巷排入沟渠之中。如：旧关村沟渠由村西北向村南修建，主沟全长约1100m，高程从西北入水口处到村南排水口处由707m降到665m，高程降低42m（如图4-72所示）。

（2）沟渠排水布局类型

根据对太行山区传统村落调研分析，可将沟渠在村落中的排水布局分为："村中穿过型""村边穿过型"及"村外穿过型"三种类型。其中，村中穿过型布局常存在村中地势低、村边地势高的传统村落中，这类布局类型的沟渠会和村内数条巷道和次街相连，村落雨水和过境雨水几乎都通过沟渠排向村外。村边穿过型沟渠常分布在选址于山腰或山脚的传统村落中，常作为村落排除境外山洪的主要设施，对村内雨水的排放较少。村外穿过型布局的沟渠常出现在营建于山脚的村落，这类村落沿山坡依山就势营建，沟渠就分布在村外地势低洼处，这类村落的雨水和山洪通过街巷统排入村外沟渠。调研发现沟渠村中穿过型布局的传统村落有：英谈村、苇子水村、旧关村等；村边穿过型布局的传统村落有：郭峪村；村外穿过型布局的传统村落有：大前村、大石门村等（见表4-10）。

2.沟渠排水系统的运行方式

太行山区沟渠排水系统的运行方式主要为境外雨水汇集至村内沟渠，境外雨水在沟渠内穿村而过，在村外地势低处被排出村外。同时，村内沟渠两侧的地势往往较沟渠地势高，村内雨水会通过数条和沟渠相连接的街巷汇入沟渠，伴随过境雨水一同排向村外。阳泉市平定县旧关村，有条从西北至村南的排水沟渠，沟渠从村中穿过，旧关村沟渠两侧地势较高，在沟渠排出西北山脚汇集的山洪（过境雨水）的同时，沟渠两侧的雨水在重力作用下形成自流排向沟渠，或经巷道及次街排向沟渠（如图4-73所示）。

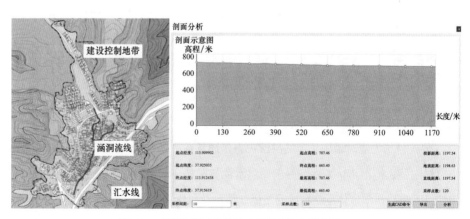

图4-72　旧关村排水沟渠走向及其剖面高程分析图

表 4-10　沟渠排水布局类型

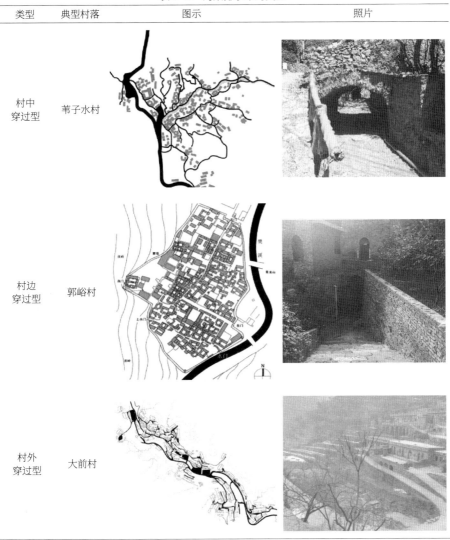

类型	典型村落	图示	照片
村中穿过型	苇子水村		
村边穿过型	郭峪村		
村外穿过型	大前村		

表格来源：根据调研结合相关资料整理。

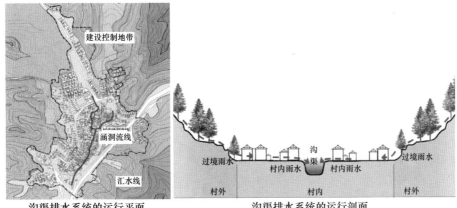

沟渠排水系统的运行平面　　　　　沟渠排水系统的运行剖面

图 4-73　沟渠排水系统的运行方式图示

3. 沟渠排水系统营建

（1）沟渠类型

太行山区传统村落穿村而过的沟渠会占用大量村内土地资源，影响村内民居建设和生活。因此，往往能看见沟渠上加建民房、石桥或敞开等情况，太行山区沟渠大致分为："上覆建筑型""上覆石桥型"及"敞开型"三种类型（见表4-11）。

（2）营建材料及工具

修筑桥沟的石头都取用当地石材，取材工具通常使用锤子、錾子和铁楔子等，修筑时会用到锤子、瓦刀、尺子、镐和铲子等。其中，锤子分大八宝锤和小八宝锤，以及鸭嘴锤。錾子用圆钢或者六棱钢制成，其中一头是尖的。钢钎子长约1m，直径在3～4cm。铁楔子宽5cm，长度不等，其长边方向一边薄一边厚（如图4-74所示）。

表 4-11　不同类型沟渠及其构造

类型	照片	剖面图	构造图
上覆建筑型		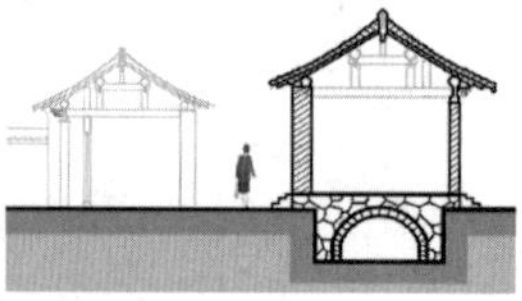	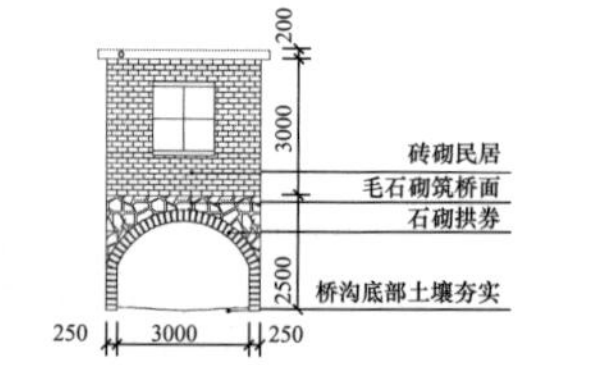
上覆石桥型		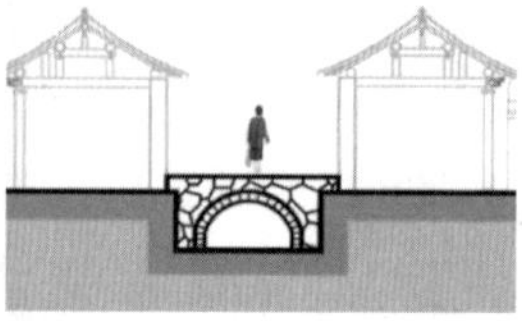	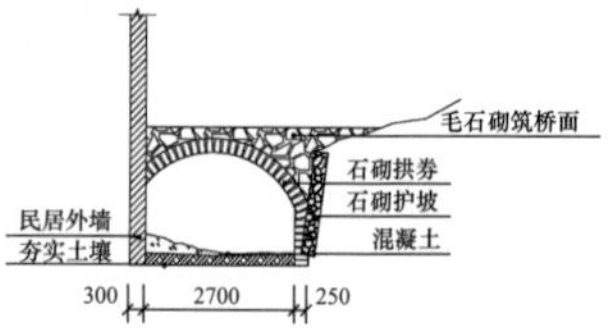
敞开型		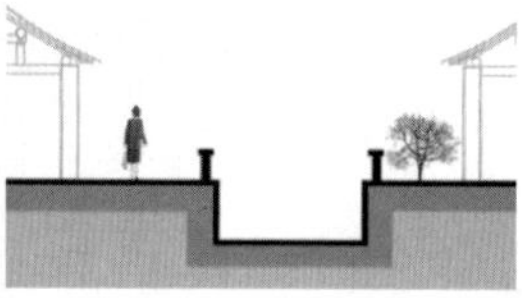	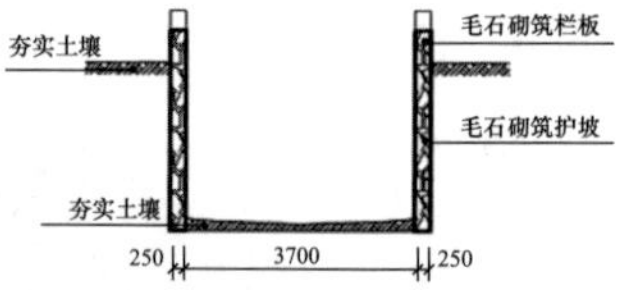

表格来源：根据调研结合相关资料整理。

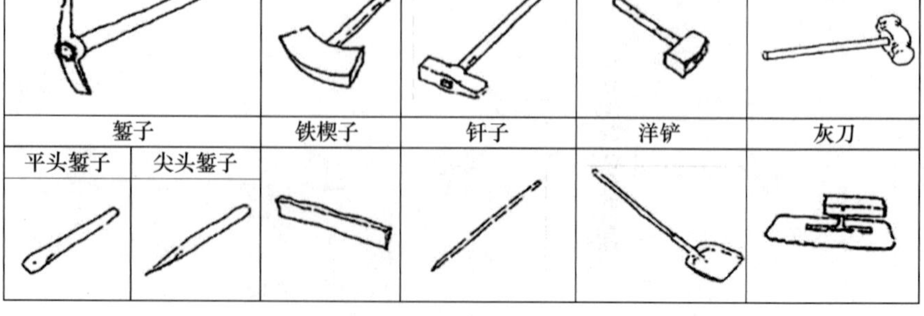

镐	铁锤	鸭嘴锤	小八宝锤	大八宝锤
錾子	铁楔子	钎子	洋铲	灰刀
平头錾子　尖头錾子				

图 4-74　营建沟渠的主要工具

（3）营建步骤

营建步骤分为前期准备和施工营建，其中前期准备包括勘察布局、准备材料和工具以及人工等，但不同类型的沟渠其具体施工营建步骤存在差异。下面以上覆建筑型沟渠的营建为例，详细展示其营建过程（见表4-12）。

表4-12　上覆建筑型沟渠营建步骤

序列	步骤	图示	说明
1	放线		放线就是要确定桥沟和建筑基坑的位置和尺寸。
2	挖基坑		线放后，用白灰标记，再用铁锹和洋镐挖基坑，尽量挖至结实土层，挖到石层最佳，深度约1m。
3	砌基础		对底部进行夯实，地基砌筑高度与地面平齐，再将地基周边的缝隙用土回填并夯实，砌筑时石块应错缝砌筑。
4	砌券腿		券腿和地基一样，都用石头砌筑，为了保证强度内部不能填土。且应错缝砌筑，以保证整体性。
5	起券		起拱券前先搭建模架，一般使用当地盛产木材。 从两边同时往中间砌，左右逐层砌筑，能保持平衡，且上下层错缝砌筑，保证至少100mm错缝，加强石块之间的相互拉力。

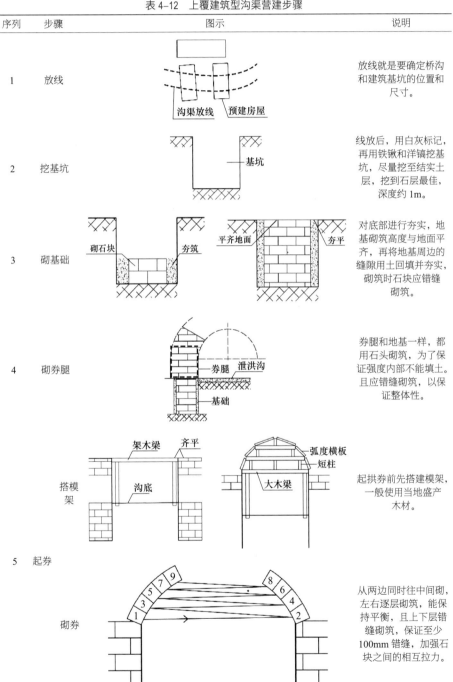

续表

序列	步骤	图示	说明
6	砌筑 压券石		使券腿更加结实牢固，如果没有处理好，容易导致桥沟坍塌，压拱券石也全是石头砌筑。
7	砌筑房屋		上面建房时，四周砌筑的压券石作为墙面往内部回填土，填满后夯实。

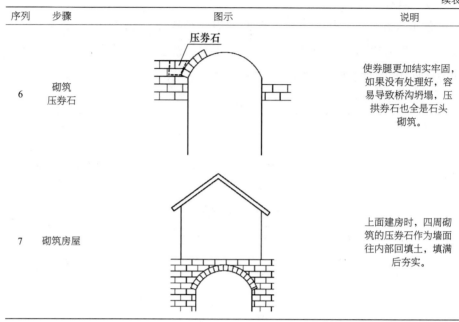

表格来源：根据调研结合相关资料整理。

4.4 传统蓄水设施营建技艺

太行山区季节性降雨的特征导致传统村落面临严重的水患灾害，先民们通过人工涝池、水库或传统村落周边的水塘和自然湖泊帮助村落蓄水调洪，避免村落受到水害的破坏。传统蓄水设施分为涝池、水库、水塘及湖泊，其中，涝池多为人工修筑的蓄水工程，是太行山区传统村落最主要的传统蓄水设施。太行山区传统村落蓄水设施的需求多用于防洪排涝及农业灌溉，对于选址于山腰、山底的村落，先民尤其重视暴雨时的雨水排放。蓄水设施作为村落排水体系中的一部分，主要在雨时承接街巷排入的雨水，缓解街巷排水压力。涝池是一种人造蓄水设施，先民们可以通过在村内修建涝池达到为村落蓄水调洪的作用。而水库、水塘、湖泊的形成受自然条件影响较大，不作为传统村落主要的蓄水设施来讨论。

4.4.1 传统蓄水设施类型

1. 自然蓄水设施

在传统蓄水设施中，自然蓄水设施分为水库和水塘等，大多都分布在传统村落的外围，这些蓄水设施作为雨水排泄的终点站，在传统村落防洪调蓄方面起到重要作用。其中，水塘大多为大大小小的自然水坑形成，主要用于传统村落的农业灌溉，牲畜饮用（见表4-13）。

表4-13　自然蓄水设施类型

类型	蓄水容量	主要形成方式	主要用途	照片
水塘	小	自然形成	防洪调蓄、养殖、村落景观。	
水库	大	自然形成	防洪调蓄、农业灌溉、供水、养殖、发电等。	

表格来源：根据调研结合相关资料整理。

水库多存在于降雨量大或地下水富集等水资源丰富地区，主要是在自然条件的基础上进行少量的人工干预而形成。水库具有生产养殖及防洪调蓄等作用。如山西省青钟村水库，青钟村位于朔城区紫荆山脚下，整个村庄三面环水，水利设施便利，小型水库 10 座，其中用于养殖鱼类水库 6 座。山西省平遥县岳壁乡梁村，地处汾河支流惠济河夹角之处，南连孟山，北衔尹回水库。阳泉市平定县大石门村，为了控制阳胜河，洪水暴发时上游来的洪水由石门出口卡控制使下游少受洪水的灾害，是天赐的天然屏障，在上世纪 60 年代初国家已经把这个石门卡建起了大石门水库。

2. 人工蓄水设施

涝池，即"水塘"。我国太行山区及黄土高原地区常用的一种蓄水设施，是用以蓄水防旱，供畜用、洗涤、灌溉以及防止土壤冲刷的基础设施。涝池的大小要根据当地雨水的多少以及灌溉生产需要而定，小者 2000 ~ 5000m³，大者可达 6000 ~ 10000m³。涝池的平面形式可分为圆形、椭圆形、方形及不规则等类型，太行山区涝池依据其主要功能用途可将其归纳为防洪排涝型、蓄水灌溉型、生产生活型、防火消防型四种类型。其中：防洪排涝型涝池常见于村外四周山脚处，或村内地势低洼位置，这种布局有利于涝池快速收集雨水，避免村落受灾。蓄水灌溉型涝池一般位于村外靠近农田的地方，这类涝池往往地势较农田高，方便排水灌溉。生产生活型涝池通常在村内的中部位置，最大限度地满足全村村民日常时便捷取用。最后，防火消防型涝池和生产生活型一样，多开挖于村内中间区域，不提供村落日常生活取水，于干旱期间民居起火时应急取用（见表 4-14）。

4.4.2 传统蓄水设施的防灾调洪

太行山区传统村落的防灾调洪除了村落街巷及泄洪沟排水的方式外，涝池的蓄水及灌溉也为村落排水起到了分流减压的作用。为应对太行山区水旱灾害频发及水资源分布不均的水环境，先民们巧用自然地形来修建人工涝池。涝池的防灾调洪运作包括：蓄水涝池、汇水沟渠、汇水面及村落街巷等。涝池多位于村内或村外地势低处，雨季进行雨水的收集，旱时供村落取用，以保证其正常生产生活及村外农田灌溉。涝池防灾调洪方式总结为街巷排水＋涝池蓄水式、泄洪沟排水＋涝池蓄水式和涝池蓄水＋农田灌溉式三种模式（见表 4-15）。

表4-14　不同功能类型的涝池

村庄	建造位置	形状	主要功能	主要蓄水来源	照片
大石门村	村外山脚或村内低洼处	圆形	防洪排涝型	村内外雨水	
王硇村	农田附近	自然形态	蓄水灌溉型	村外雨水	
旧关村	村庄主要道路旁边	自然形态	生产生活型	村内雨水	
丁村	村庄主要道路旁边	矩形	防火消防型	村内雨水	

表格来源：根据调研结合相关资料整理。

表4-15　涝池防灾调洪方式

防灾调洪方式	图示	概述
街巷排水 +涝池蓄水式	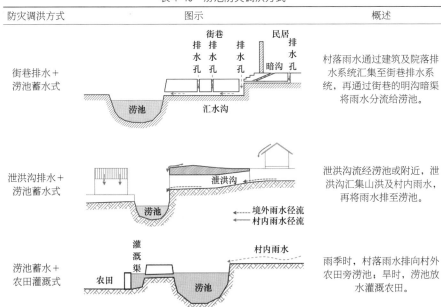	村落雨水通过建筑及院落排水系统汇集至街巷排水系统，再通过街巷的明沟暗渠将雨水分流给涝池。
泄洪沟排水 +涝池蓄水式		泄洪沟流经涝池或附近，泄洪沟汇集山洪及村内雨水，再将雨水排至涝池。
涝池蓄水 +农田灌溉式		雨季时，村落雨水排向村外农田旁涝池；旱时，涝池放水灌溉农田。

表格来源：根据调研结合相关资料整理。

4.4.3 涝池营建技艺

1. 涝池营建

涝池的集水面有多种不同形式，如屋顶、街巷、平地、山体等，都可以作为涝池的集水面，也让涝池适宜在多处修建，如村内主干道旁或道路交叉口、村外山脚下、村内地势较低处等地都可以开挖涝池。修筑一口涝池包括三个部分的营建，分别为涝池主体结构的修筑及涝池防渗和防淤处理。其中，涝池主体结构的施工顺序为开挖池体、清理池边杂物、修筑岸埂、设置溢水口四个步骤，完成主体部分后，才能进行涝池的防渗及防淤处理，等上述步骤完成后即全部完工（如图4-75所示）。

2. 涝池主体结构营建

在开挖涝池时土层填在涝池周边，用来砌筑岸埂，以扩大涝池蓄水量。修建岸埂前需要清理地面杂物，使其能与地面结合得更紧密，避免漏水。岸埂要进行分层分段夯实，每层每段之间需相互交错，每层填高到0.3m时发水夯实。岸埂高度要超过涝池的蓄水面，且岸埂周边要修建溢水道。溢水道在涝池蓄水面等高处修筑，通常为土沟，用条石和块石砌成效果更佳，有条件时可以如此。修好溢水道后便进行涝池的防渗处理及防淤处理，最终涝池完成（见表4-16）。

3. 涝池防渗处理

传统涝池的防渗材质常就地取用当地黏土、熟石灰等，防渗层厚度约10cm。为了提高防渗层和池体的黏结性，在施工时都有订池的处理，施工步骤如下：首先，将当地黏土和熟石灰加水混在一起，和为干泥，再将其用木槌进行反复砸打，使其均匀，最后揉成上大下小的泥棒。其次，将其插入池壁上孔径为4~6cm、深度10cm左右的孔洞之中。最后，用木槌用力敲打插入的泥棒，使其小头部分塞进池壁的孔洞之中，泥棒的大头部分则与周边泥棒连为一体，敲打完所有泥棒后防渗层即完成。为了提高涝池的防渗效果，延长其使用寿命，可在防渗处理时利用牲口对涝池防渗材料进行踩踏，使其与池壁紧密结合，提高防渗能力，还可使用"多犁多耙法"[1] "改进法"[2] 等（如图4-76所示）。

4. 涝池的防淤处理

为了防止涝池淤积，可在涝池附近修建沉砂池以净化水质，使流入进水口的

1　用犁将挖好的池壁犁松10~20cm，再浇水至土壤饱和，然后用耙将其耙平，如此反复多次。

2　待涝池挖好后先浇水至饱和状态再进行防渗层的敲打夯实，提高涝池的防渗效果。

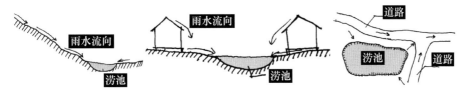

图 4-75　山脚下修筑（左）村内低洼处修筑（中）道路交叉口修筑（右）

表 4-16　涝池主体结构营建步骤

步骤	图示	说明
开挖池体		开挖池体的尺寸越大越深越好，切勿小而浅。
清理杂物		清理涝池外围杂草、乱石。
修筑岸埝		岸埝顶部宽1500mm左右，埝高超水面，岸埝应做成斜面，但不宜太陡。
设置溢水口		溢水口与最大蓄水量同高。
修筑溢水道		溢水道修筑在岸埝的一端或两端。

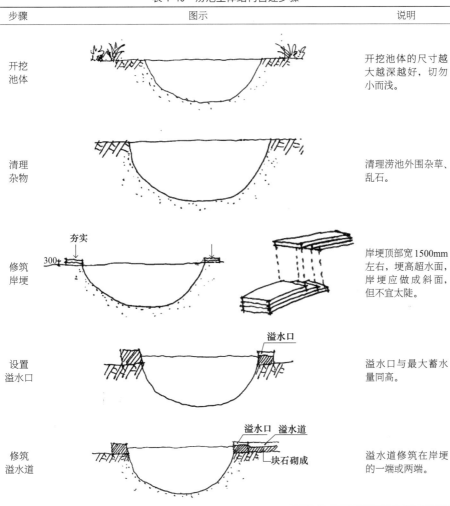

表格来源：根据调研结合相关资料整理。

水经过沉淀过滤之后再流入涝池，减少流入池中的杂质，提高池内的净水含量。为了增强沉淀效果，可使用层层沉淀的方法，即在整个沉淀池中设置二级或三级沉淀，逐步除去水中的杂质和垃圾，这种方法大幅度增强了沉淀效果，使进入池中的水干净很多。南庄的涝池修建在村内低洼处，涝池的池口直径约25m，池底直径约 7m，涝池深 13m 左右，池壁为毛石堆砌。涝池进水口设有一个三级过滤沉砂池，去除雨水中的杂质和垃圾。同时，涝池在运行过程中需要不断地维护，维护工作主要是将沉淀的淤泥挖出，为下次雨季蓄水做准备。这项工作需要大量人力，常在春季蓄水减少或干涸之时完成。淤积的污泥本身就是有机肥料，可用于农业生产。做好防渗层的涝池一般可使用 3～5 年，最多可使用 8～10 年（如图 4-77 所示）。

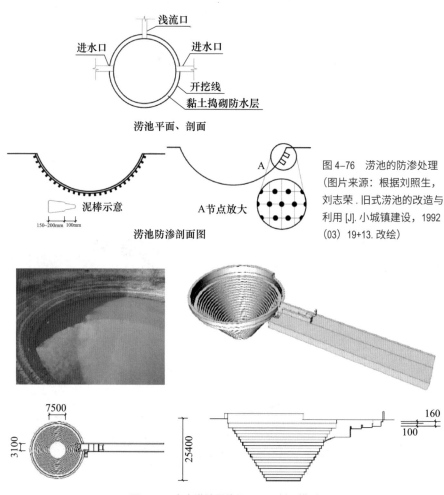

图 4-76 涝池的防渗处理（图片来源：根据刘照生，刘志荣. 旧式涝池的改造与利用 [J]. 小城镇建设，1992（03）19+13. 改绘）

图 4-77 南庄涝池照片及平面、剖面模型

4.5 本章小结

本章先对太行山区水环境概况进行阐述，然后从传统给水设施、传统排水设施、传统蓄水设施三方面挖掘其传统营建技艺。

在传统给水设施方面，太行山区传统村落通常结合当地水环境条件在村内进行选择性营建给水设施。传统给水设施的营建工具主要为农业生产的工具，营建材料多为当地坚固耐用的乡土材料，营建成本低。同时，营建技术及原理易于掌握学习，且不是固定的，根据不同地区的水环境及当地工匠的工作模式使其表现出多样性的营建，不同于现代固定的、复制的模式。同时，为了防止给水设施水源污染，其多选址在远离村内水污染严重的地方，例如厕所、生活垃圾堆积处等，或保证其周边洁净，没有水体污染。

在传统排水设施方面，其营建技艺体现在排水系统的营建构思上，如：通过各类排水设施的相互组合及其系统运作，避免传统村落遭受山洪水患威胁。同时，也体现在对传统排水设施的多种功能复合营建上，例如院落的集水面及街巷等。另外，不仅作为排水设施，而且还具备集会出行等功能，体现在"排—蓄"结合营建上，多通过铺装的缝隙在排出径流雨水的同时进行雨水的下渗，提高排水效率。

在传统蓄水设施方面，本文主要针对涝池这一蓄水设施进行分析。涝池多为人工开挖修筑而成，在营建的时候要根据功能用途来设计容量以及选址布局，同时在营建过程中还需注意其防渗及防淤处理。涝池营建材料主要为土和砖石等，营建工具多为农用工具，营建模式为共同营建。传统蓄水设施具有多种功能属性，如需进行防洪及农业灌溉则修建在村外农田或山脚附近，如需进行排涝及提供生活用水，则修建在村内。值得注意的是，太行山区部分传统村落还通过对涝池的营建达到雨洪管理的目的，如贾泉村。

此外，太行山区的水环境设施不仅在营建技艺方面有异于其他地区的特点，而且在营建特色方面也深刻反映出当地人的智慧。

（1）因地制宜的选址智慧

传统给水设施的营建不是先人们随意选址修建的，而是因地制宜、选取适宜地形与环境进行建造的。从上文所述的给水设施的分布特征中我们可以发现，古代先人们根据不同气候与地质构造选取不同的给水方式。

（2）"三低"绿色营建

当地村民充分利用自然，在传统给水设施建造中体现了低成本、低技术、低维护的绿色营建技艺。低成本：传统村落的给水设施营建立足于本地，修建的材料都取自当地的土石砖块等，成本能够得到最大化节约。且给水设施的生产周期短，使用方便。低技术：传统村落居民利用朴素的技术，不仅在给水方面极大满足了当地村民用水的需求，而且还运用低技术综合解决防洪排涝、人畜饮水、农业灌溉、小气候改善等问题。低维护：传统村落的传统给水设施在后期修建维护上所花费的人力、物力较少，这得益于工匠们在设施建造时丰富的经验与技术。比如太行山区冬季比较寒冷，冬季开工的旱井最好在地冻前挖成，以免冬季揭冻土费工。同时群众经验证明，冬季打好的旱井较春季的好，井壁泥抹质量也高，后期破损的概率也就大大降低。

（3）天人合一的空间营造

传统村落中给水设施的水空间营造是太行山区村民应对当地环境的智慧结晶，如此以一种或多种给水设施形成的公共空间不仅对当地村民生活产生重大的影响，而且还延续着传统村落的生命力。

5

太行山区传统村落水环境
设施价值评估

对太行山区传统村落水环境设施的价值既要有主观的感性认识，也要有客观的理性认识。相比较而言，主观的定性评价更易于人们的理解，客观理性的定量研究通过数学语言精准直观地反映出了研究结果的准确性与合理性。因此，本文通过对既有物质类文化遗产价值评估的研究，选择用比较成熟的 AHP 法构建传统水环境设施价值评估体系的层次结构，用德尔菲法确定各评估因子的合理性和指标权重，然后再根据传统村落各类传统水环境的实际情况，确定各指标因子的评分标准，最终构建出传统水环境设施的价值评估体系。

5.1 基本价值特色分析

太行山区传统村落水环境设施根植于太行山区特定的自然环境和历史背景，具有鲜明的地域性特色文化，其作为传统村落营建和发展的重要基础设施，蕴含着丰富的历史文化价值，是传统村落历史环境的重要组成部分。本研究通过对太行山区传统村落水环境设施的特色提取，对其价值特色进行分析归纳。

5.1.1 文化价值

传统水环境设施不仅承担着传统村落的生产生活功能，而且促进了乡村聚落的社会文化交往，见证了村落不同时期的文化形成以及生活变迁，还体现了太行山区传统村落特殊的民俗文化、信仰文化、宗族文化等，具有浓厚的文化价值。

在传统村落的选址成因上，趋水性、择地性满足村民用水、安全、农耕等方面的需求，水环境也能调节气候，为村落带来生机与活力。水文化营建设施主要有龙王庙、井神龛等，体现着太行山区缺水地域的祈雨文化和宗教崇拜。在合院式建筑文化的影响下，结合地域环境形成了独特的院落排水体系，构筑了院落明沟、门洞、墙洞等传统排水设施；在宗族情感文化的影响下，结合村落区域建筑分布特点，构筑了公共性质的水井、泉池等传统给水设施和蓄水池等传统蓄水设施。此外，外部军事文化和商贸文化也影响着村落给排水体系的构建，因此传统水环境设施在传统村落中的使用处处体现着外部文化因素影响下的营建智慧。如军事文化影响下形成兵防排水一体的涵洞、水门等传统排水设施；商贸、便利需求下产生的院落水井、水窖等传统给水设施。

在太行山区传统村落中，传统水环境设施的营建不仅满足村民对给水、排水、蓄水等要求，而且它的形成原因也处处彰显着背后的文化价值。它不再单纯是一种设施类使用工具，同时也承载着地域性的文化记忆。

5.1.2 历史价值

历史价值是由时间条件赋予的，是传统水环境设施历经了时代变迁而获得的价值，主要体现在它是过去某一个时间段的物质、文化遗存。从时间而言，它代表着过去的历史时刻；从状态而言，它延续着旧时的生活方式；从内在而言，它传承着历史文化信息。

传统水环境设施的历史价值包括多方面内容：一是见证了村落的时代变迁与发展；二是见证了某一时期的重要历史事件或历史活动，能为该历史事件和历史活动提供一个具体的、真实的物质空间环境，具有时间和空间两种特点；三是丰富了传统村落历史要素构成。如水井、泉池这类传统给水设施，伴随着村落的发展与变迁，几百年间为传统村落村民提供了生产生活所需要的用水；如旧关村的"藏兵道"营建于秦汉时期，贯穿于整个村落布局，韩信古时用来藏兵，之后村落用于排水泄洪，虽历经数百年，却依旧为村落承担排水职责。在传统水环境设施中，古井作为村落历史要素的重要构成，不仅彰显了古代村民的用水智慧，同时向外界展示了传统村落的历史文化内涵。

5.1.3 艺术价值

艺术价值包含审美、欣赏等精神方面的价值，从美学角度带给人以艺术启迪、美的享受和陶冶情操，使人们在了解历史文化的同时获取精神上的享受。笔者在调研中发现很多传统水环境设施，都有着很强的艺术审美价值，如排水门洞和水舌的雕刻工艺、水井井房和水窖的营建工艺等。

在缺水的太行山区传统村落中，水窖作为常见的传统给水设施，其多样性的营建样式、复杂的工艺流程在经历长时间的尝试和选择之后，最后才形成今天这种具有艺术智慧的水窖。和现代钢混的水窖相比，传统水窖工艺更加复杂，且营建取材于当地材料，如土、石头、砖、木等，具有明显的地域特色，体现了当地乡土材料的巧妙利用。

5.1.4 科学价值

太行山区传统村落水环境设施在长期的适应性演变过程中，依托于当地低生产力条件，通过长期的环境选择和技术改造，逐渐形成低影响、低技术的生态给排水体系，是聚集了传统科学智慧的一座宝库。如在用地紧张的传统村落内部，街巷作为村落的主要通行交通系统，在连接村落生活交往的同时，也承担着村落排水、泄洪的职责；排水沟渠长距离的线性流动有助于水体污染物的沉淀和过滤，同时有助于水体的净化，沟渠底部的石砌缝隙对水的渗透改善了土壤微生物系统，使土壤中真菌分解物等保持平衡状态，从而保持土壤长久的肥力和水渗透能力；点状的蓄水设施分散于村落各处，通过水体蒸发来调节村落局部地区的生态气候，其次蓄水池周围植被带来富含负氧离子的新鲜空气，为村民提供了舒适健康的生活环境。

5.1.5 经济价值

传统水环境设施作为一个经受时间考验而遗存下来的产物，根植于太行山区干旱缺水的环境，它作为最适应太行山区地域性的水环境设施，具有明显的低技术、低成本特征。尽管随着时代的发展，村民在改变生活方式，但传统水环境设施却仍然坚持扮演着自身的角色，承担着村落给排水的职责。或许部分村落经济发展较好，部分传统水环境设施已损坏或遗弃，但是乡村聚落区别城市优越的经济条件，城市在适应性改造过程中，人们为了满足自身便利的需求，较大程度地追加经济投入，但乡村在经济投入上有限。即使在追求人居环境不断改善的现代社会，新建配套设施仍然不是唯一选择，合理地对当地资源进行高效利用，达到满足人们需求的目的，才是当代规划的首选方案。因此，在未来的传统村落更新发展中，对当地低成本、低技术设施的有效更新利用，使其焕发活力，发挥原本经济实用的功能，延续传统村落传统智慧的有效传承才是传统村落未来的发展需求。

5.2 评估体系概述

价值评估即为评定其蕴含的价值特征，通过对评估对象进行科学有效的分析得到客观的结果。首先将评估对象拆分成若干个子项目，然后用子项目进行相互比较，这个完整的过程即为评估体系。在价值评估中，评估体系的构建作为评估过程中不可分割的重要组成部分。

5.2.1 评估目标

针对目前我国传统村落给水、排水、蓄水等设施类物质遗存的保护与更新再利用中的现存问题，有针对性地选取缺水的太行山区传统村落，通过实地勘察、村民访问、资料查阅、影像保存等方法，对部分传统村落的传统水环境设施数据资料进行整理、分析、归纳。并结合目前国内对传统村落价值评估方法理论等研究，对传统村落水环境设施进行定性定量的价值评估，构建出太行山区传统村落水环境设施的价值评估体系。旨在完善传统村落中设施类物质遗存的价值评估，以及为太行山区传统村落提供传统水环境设施的再生导向。

本研究中价值评估的目标主要是：通过构建太行山区传统村落水环境设施的价值评估体系，得到各类传统水环境设施的价值评估结果。根据评估结果，合理地探讨出一种适合太行山区传统村落水环境设施的再生导向，用于指导传统村落在新的给排水需求下传统水环境设施的保护和更新，进一步丰富对传统村落保护与发展的理论研究，同时促进传统村落在给排水规划中对传统水环境设施的合理更新与利用，实现传统村落的生态发展模式。

5.2.2 评估体系的构建

1. 构建原则

（1）可适性原则

在对缺水区域太行山区传统村落水环境设施进行价值评估中，要根据传统水环境设施、传统村落用水和排水的实际情况给予客观真实的评价，避免为追求预期结果而盲目篡改评价结果，研究的最终目的是得到可适用于太行山区传统村落水环境设施的保护与更新理论。

（2）合理性原则

评估对象涉及了多种类、多数量、大范围的传统水环境设施，不同主体对评估对象的认知程度不同，并且评估涉及多种定性指标，所以评估过程需要学者、专家、村民的多方参与，综合多方评估结果对评估对象进行综合评价，减少研究者自身的主观性，以求最后得到合理可用的评估结果。

（3）准确性原则

从功能上可把传统水环境设施分为给水、排水、蓄水三大类，每一大类传统水环境设施功能、营建、材料、文化、历史等因素的不同，同时也造成了各大类传统水环境设施价值属性上的差异，因此仅用一套评估体系评估全部的传统水环境设施得出的评估结果是不准确的。所以本文根据传统水环境设施的功能差异，分别构建出给水、排水、蓄水三类评估体系，通过这样有针对性的评估体系以求获得更加准确的评估结果。

（4）可操作性原则

传统水环境设施的评估要采用科学合理的方法进行，应在已有的理论研究基础上选择合适的、有针对性的、可操作性的评估方法。同时，根据评估结果提出的再生导向应具有实用性和前瞻性等特点。

2. 限制因素

明确构建评估体系的限制因素，了解到各项评估环节可能带来的影响，这对保证价值评估结果科学性具有重要意义，有利于探索更加合理的解决方法，更好地解决问题，得到科学严谨的价值评估结果。

（1）调研村落样本数量限制。在本研究过程中，研究区域南北跨度大，传统村落内部传统水环境设施类型和数量不同，我们选择了研究区域 28 个传统村落，尚不能代表研究区域内所有的传统村落，因此，构建的太行山区传统村落水环境设施价值评估体系存在局限性。

（2）笔者认知水平限制。笔者对太行山区传统村落水环境设施的了解不全面，对未来太行山区传统村落的发展趋势与方向不能准确判断，对指标体系的构建直接影响着传统水环境设施评估体系的形成。

（3）参与人员的主观限制。调研人员对传统水环境设施的认知和理解能力、对传统水环境设施功能和价值属性的认知、村民的情感属性、专家的经验等，都直接影响着价值评估的结果。

（4）评价目标量化限制。在评估过程中，我们为了更好地体现传统水环境设施的价值，构建完整的评估指标体系，在最后的评估结果中，需要对评估结果进行量化处理。但对指标的量化忽略传统水环境设施的某些价值属性，也大大增加了主观性的影响。

5.2.3 评估方法的选取

评价学目前主要以质化评价、量化评价、质—量结合评价三种方法为主。质化评价法是以前期大量资料为基础，以专家知识为依托的主观评价方法；量化评价法是通过已有资料的量化处理，引入数学模型对基础数据处理的客观评价方法；质—量结合评价法是结合两种方法的长处，进行系统模型构建的综合评价方法，是当下应用较为普遍的方法之一。本研究关于传统水环境设施的价值评估中，作者和专家的主观定性评价以及数学模型得出的定量评估结果相互影响，因此，本文也将选取质—量结合的评估方法。

根据目前国内对传统村落价值评估研究方法的选择，主要有三种：AHP 层次分析法、德尔菲法和模糊综合评价法。本研究也主要采用这三种方法对传统水环境设施进行价值评估体系构建。

德尔菲法主要通过问卷向研究小组相关人员咨询意见，通过几次询问后汇总大家的意见，最后得出合理有效的结论。主要步骤是发现问题—确定问题—确定成员—确定问卷—征询问题—得出结果。

模糊综合评价法通过融入数学的隶属度理论[1]，使评价结果以量化的形式客观呈现，以求得到最合理有效的结果。虽然模糊综合评价法依据最大隶属度理论以及主导因素原则，但在评价矩阵中容易丢失部分数据，导致结果出现与正确结果偏差的情况。

AHP 层次分析法首先将复杂的整体分解为若干个子项继而展开研究，建立两两比较的矩阵，然后由专家或相关研究人员通过比较的方法进行打分，最后确定评价指标的权重，利用矩阵的特征向量得出层层指标的权重。

三种方法各有所长，所以研究应该综合考虑价值评估中的各个环节，不可以单一片面地只作用于某一个评估过程，需要将定性的逻辑分析方法和定量的数学理论相结合，这样才会得到系统性、科学性的结论（见表 5–1）。

---

1 隶属度属于模糊评价函数里的概念：模糊综合评价是对受多种因素影响的事物做出全面评价的一种十分有效的多因素决策方法，其特点是评价结果不是绝对的肯定或否定，而是以一个模糊集合来表示。

表 5-1　三种评价方法对比

评价方法	特点
德尔菲法	利用专家专业性为研究提供有力支撑
模糊综合评价法	将原本复杂的指标体系具体化、简单化
AHP 层次分析法	步骤细致，逻辑性强，不易出现偏差

表格来源：根据相关资料整理。

5.2.4 评估体系框架确立

1. 评估体系的构架思路

目前已有学者以建筑遗产评估体系为基础构建了传统基础设施的评估体系，虽然在评估指标的选择上符合传统基础设施的价值特点，但是，由于传统基础设施包括交通、给排水、环卫、防灾等设施，且各类传统基础设施本身所具有的价值特色不同，所以此类较为单一的评估体系构建并不能精确地适用于每一类传统基础设施。鉴于此，本文在传统水环境设施的评估体系构建中，根据其功能属性，将传统水环境设施拆分为传统给水设施、传统排水设施和传统蓄水设施，更具有针对性地对每一类传统水环境设施进行了评估体系构建。本研究的主要目的是在太行山区传统水环境设施价值评估体系构建的基础上，根据村落发展的需求，将传统水环境设施融入村落未来给排水系统中。因此，价值评估研究主要分为基础资料分析、评估体系构建、评分标准确立、更新导向选择四个阶段（如图 5-1 所示）。

①基础资料分析

本研究首先将前期对太行山区传统村落水环境设施的调研资料进行了整理分析，全面归纳了各类传统水环境设施的种类、营建方式、使用情况和废弃情况，用实地踏勘和电话采访的方式向村落政府领导询问了村落发展的需求和方向，根据传统水环境设施功能属性的不同，将传统水环境设施进行分类。

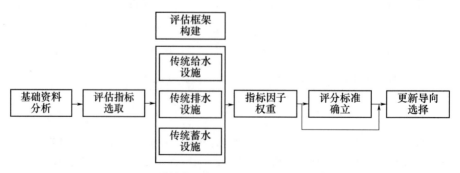

图 5-1　传统水环境设施价值评估体系构建框架

②评估体系构建

根据文献资料和专家问询的方式，选取各类传统水环境设施的评估指标因子，经过几次优化论证，最后构建太行山区传统村落水环境设施的价值评估体系，确定各项指标因子的权重。

③评分标准确立

在评估指标权重的基础上，首先确定评估结果推行中传统水环境设施的评分方式，然后通过对三类传统水环境设施指标因子评分进行评判，确定其结果推行中的打分标准，通过评分反作用于评估体系的方式，最后计算出具体传统水环境设施的价值评分。

④更新导向选择

通过对各类传统水环境设施进行价值评分后，结合各指标因子权重所占比例，分析其蕴含的文化属性和实用属性之间的关系，通过主导属性不同，差异性地提出各类传统水环境设施的更新导向。

2. 评估体系框架的构建

①评估体系的初步构建

本文利用 AHP 层次分析法构建传统水环境设施评估价值评估体系，根据传统村落传统水环境价值特色，确定各类传统水环境设施的价值特征进而建立层次结构。将传统水环境设施价值分为目标层、分目标层、准则层、指标因子层四个层次，共同构成传统水环境设施的价值评估体系。目标层为传统水环境设施，分目标层为传统给水设施、传统排水设施、传统蓄水设施，准则层为文化价值、历史价值、艺术价值、科学价值和经济价值，指标因子层为各类价值的影响因素，最后初步构成传统水环境设施的价值评估体系（见表 5-2）。

②评估指标的调整

通过对水环境设施评估指标因子调研问卷的统计分析，在准则层指标方面，85.5% 的专家认为：传统给水、排水设施准则层指标合理，传统蓄水设施应当添加历史价值；在指标因子层，71.1% 的专家认为：历史价值应当展示设施与历史人物或事件的联系，因此在历史价值下增加历史人物、事件关联性，85.5% 的专家认为：科学价值下功能复合表述不明显，因此改为设施功能复合度，55% 的专家认为：规划可参与率可从设施更新上描述，因此将规划可参与率改为更新改造适应性。最后指标调整结果见表 5-3、表 5-4、表 5-5。

表 5-2　太行山区传统水环境设施价值评估指标体系初探

目标层	分目标层	准则层	指标因子层
传统水环境设施	A 传统给水设施	A1 文化价值	A1-1 水崇拜信仰
			A1-2 家族情感联系
			A1-3 提供村民交往空间
		A2 历史价值	A2-1 悠久的使用时间
			A2-2 特殊的文化背景
		A3 艺术价值	A3-1 视觉美感
			A3-2 装饰及营建工艺
			A3-3 乡土特色展示
		A4 科学价值	A4-1 设施营建智慧
			A4-2 选址布局特色
			A4-3 村落微气候调节
			A4-4 功能复合
		A5 经济价值	A5-1 低技术、低成本的营建手法
			A5-2 现状保存利用率
			A5-3 规划可参与率
	B 传统排水设施	B1 历史价值	B1-1 悠久的使用时间
			B1-2 特殊的文化背景
		B2 艺术价值	B2-1 视觉美感
			B2-2 装饰及营建工艺
			B2-3 乡土特色展示
		B3 科学价值	B3-1 设施营建智慧
			B3-2 选址布局特色
			B3-3 村落微气候调节
			B3-4 功能复合
		B4 经济价值	B4-1 低技术、低成本的营建手法
			B4-2 现状保存利用率
			B4-3 规划可参与率
	C 传统蓄水设施	C1 科学价值	C1-1 设施营建智慧
			C1-2 选址布局特色
			C1-3 村落微气候调节
			C1-4 功能复合
		C2 经济价值	C2-1 低技术、低成本的营建手法
			C2-2 现状保存利用率
			C2-3 规划可参与率

表格来源：根据调研结合相关资料整理。

表 5-3　传统给水设施评估指标调整结果

发放问卷	回收问卷	有效问卷	专家意见		
			历史价值	科学价值	经济价值
			增加	修改	修改
7	7	7	A2-3 历史人物、事件关联性	A4-4 功能复合改为设施功能复合度	A5-3 规划可参与率改为更新改造适应性

表格来源：根据调研结合相关资料整理。

表 5-4　传统排水设施评估指标调整结果

发放问卷	回收问卷	有效问卷	专家意见		
			历史价值	科学价值	经济价值
			增加	修改	修改
7	7	7	B1-3 历史人物、事件关联性	B3-4 功能复合改为设施功能复合度	B4-3 规划可参与率改为更新改造适应性

表格来源：根据调研结合相关资料整理。

表 5-5　传统蓄水设施评估指标调整结果

发放问卷	回收问卷	有效问卷	专家意见		
			历史价值	科学价值	经济价值
			增加	修改	修改
7	7	7	C1-1 悠久的使用时间、C1-2 特殊的文化背景、C1-3 历史人物、事件关联性	C2-4 功能复合改为设施功能复合度	C3-3 规划可参与率改为更新改造适应性

表格来源：根据调研结合相关资料整理。

③评估体系框架的确立

根据问卷结果整理分析，二次构建的传统水环境设施评估指标体系见表 5-6。

最终形成的各类传统水环境设施价值评估框架如图 5-2、图 5-3、图 5-4 所示。

3. 评估指标因子的释义

①文化价值

水崇拜信仰：缺水性是太行山区的一个典型特征，村落在选址和营建的时候具有明显的向水性特点，地下水和地表水是否能满足村落的需求是选址很关键的因素，同时雨水在干旱时期显得尤为重要，因此祈水的宗教文化也影响着给水设施的营建。

家族情感联系：村落最初的定居和营建多是起源一个家族的集体聚集，各种水井等给水设施的营建地点和营建数量都反映了家族情感文化的联系。

表 5-6　最终太行山区传统水环境设施价值评估体系

目标层	分目标层	准则层	指标因子层
传统水环境设施	A 传统给水设施	A1 文化价值	A1-1 水崇拜信仰
			A1-2 家族情感联系
			A1-3 提供村民交往空间
		A2 历史价值	A2-1 悠久的使用时间
			A2-2 特殊的文化背景
			A2-3 历史人物、事件关联性
		A3 艺术价值	A3-1 视觉美感
			A3-2 装饰及营建工艺
			A3-3 乡土特色展示
		A4 科学价值	A4-1 设施营建智慧
			A4-2 选址布局特色
			A4-3 村落微气候调节
			A4-4 设施功能复合度
		A5 经济价值	A5-1 低技术、低成本的营建手法
			A5-2 现状保存利用率
			A5-3 更新改造适应性
	B 传统排水设施	B1 历史价值	B1-1 悠久的使用时间
			B1-2 特殊的文化背景
			B1-3 历史人物、事件关联性
		B2 艺术价值	B2-1 视觉美感
			B2-2 装饰及营建工艺
			B2-3 乡土特色展示
		B3 科学价值	B3-1 设施营建智慧
			B3-2 选址布局特色
			B3-3 村落微气候调节
			B3-4 设施功能复合度
		B4 经济价值	B4-1 低技术、低成本的营建手法
			B4-2 现状保存利用率
			B4-3 更新改造适应性
	C 传统蓄水设施	C1 历史价值	C1-1 悠久的使用时间
			C1-2 特殊的文化背景
			C1-3 历史人物、事件关联性
		C2 科学价值	C2-1 设施营建智慧
			C2-2 选址布局特色
			C2-3 村落微气候调节
			C2-4 设施功能复合度
		C3 经济价值	C3-1 低技术、低成本的营建手法
			C3-2 现状保存利用率
			C3-3 更新改造适应性

表格来源：根据调研结合相关资料整理。

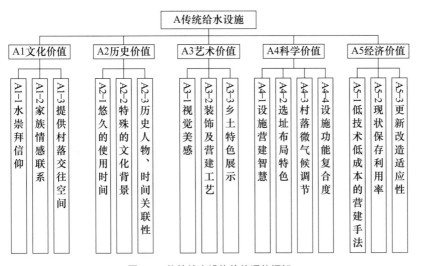

图 5-2　传统给水设施价值评估框架

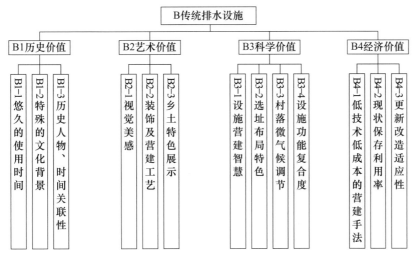

图 5-3　传统排水设施价值评估框架

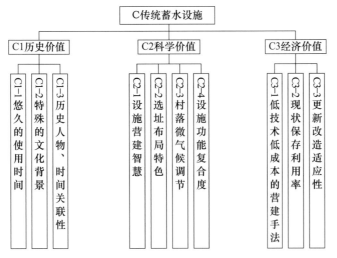

图 5-4　传统蓄水设施价值评估框架

提供村民交往空间：水井、泉池等给水设施以点状形式服务村落片状空间，在取水、用水的过程中，设施周边自然构建了一个供村民情感交流的空间。

②历史价值

悠久的使用时间：传统水环境设施从产生一直持续到现代，部分设施仍然使用且依旧承担着原有的功能，村落也一直延续着传统水环境设施的传承与利用。

特殊的文化背景：村落部分水环境设施在特殊的时代背景下受战争、经济、商贾等影响形成。

历史人物、时间关联性：部分传统水环境设施在特定的时间受历史人物的影响，在传承过程中，出于情感等因素对某些水环境设施产生更多的需求和保护。

③艺术价值

视觉美感：设施利用当地材料的巧妙设计，在满足给、排、蓄水的功能上，构建出满足人们视觉美感的设施，将美学艺术融入日常生产生活中。

装饰及营建工艺：传统水环境设施的装饰、建造水平、工艺流程等技术蕴含高超的艺术价值。

乡土特色展示：因地制宜地利用当地的乡土材料，营建出与村落整体风貌相协调的给排水设施。

④科学价值

设施营建智慧：设施的营建、选材、规模以及给排水循环等设计都符合当地村落的可持续发展。

选址布局特色：村落依据地形地貌设置的分散式点状给水设施有效满足了村民的生活用水，贯穿于村落的线性排水设施有效解决了村落过量雨水排放。

村落微气候调节：水井、蓄水池和泉池等分散式点状水源，通过表面水体蒸发和设施周边植被，有效调节了村落局部小气候。

设施功能复合度：部分水环境设施不仅只承担其本身的功能，如给水设施可承担消防、集雨功能，排水设施也会承担净水、输水功能。

⑤实用价值

低技术、低成本的营建手法：就地取材利用当地材料，融入乡村营建智慧，节约建设成本，营建出既具有村落特色又能有效满足村落用水的乡土设施。

现状保存利用率：在现代技术畅行的现代化乡村，村落仍然对传统水环境设施的需求和使用较高，因此其设施本身的传承利用率依旧很高。

更新改造适应性：村落发展导致的现代用水需求的改变，将使得部分传统水环境设施不再满足发展的需要，但出于经济成本、文化因素、建设时间的考虑，可以从更新改造入手，使传统水环境设施焕发新生，重新融入村民的生活之中。

5.3 评估体系权重、评分标准及再生梯度

5.3.1 评估体系权重

1. 评估指标的选取

由于传统水环境设施在村落中承担着给、排、蓄水等职责，在今后仍然扮演着实用的角色，因此，本研究的价值评估不应滞留在评估结果方面，而应考虑到评估结果后传统水环境设施更新利用中的因素。通常而言，完整的价值评估研究包含两方面内容，一是对评估对象的评估体系构建；二是推行评估结果，将评估对象进行保护、更新、修复、改善等。但在推行评估结果方面，我们无法片面地因为单个村落传统水环境设施的成功就认为这种结果是正确的。但是从相同类型传统水环境设施的推行效果来看，因其在村落中扮演的功能属性相似，则可以考虑制定相同的评估指标因子。所以，在本研究过程中，我们试图通过将复杂的传统水环境设施体系拆分为给水、排水、蓄水三个体系，分别对三类传统水环境设施进行价值评估体系的构建，进而摒弃不相关的评价指标，各部分形成一种相关的、能够判定的影响因素。如此，建立的传统水环境设施的价值评估体系，在推行评估结果过程中更加合理，能最大程度地趋向于正确值，才能科学指导传统村落的保护和传统水环境设施的更新。我们在选择评估指标时，充分考虑了常用类物质遗存设施对村落发展和村民日常生活的影响，同时我们还对不同用水条件、区位条件、经济条件、文化条件的村落进行了实地调查，综合了村落目前的客观状况和发展潜力，以此作为各类传统水环境设施评估指标的选择依据。

总之，一方面要根据正确的方法和途径建立适用于太行山区传统村落水环境设施的价值评估体系，另一方面，还应充分考虑各类传统水环境设施在今后村落生活中的存在意义与价值，不断优化各类评估指标。在本研究中，我们通过实地勘探不同发展条件下的传统村落，发现了三类传统水环境设施在各类村落中的现状问题，如发展情况较好的村落传统给水设施在村落生活中的使用性较低，但是排水和蓄水类型的传统水环境设施的功能依旧未变，且三类传统水环境设施在传统村落中仍然承担着部分传承传统村落历史文化、传统风貌、生活习俗的作用。

（1）评估指标的选取原则

①整体性原则

评估指标包含的内容应具有完整性特征，要全面囊括三类传统水环境设施各类价值所代表的内容，使传统水环境设施的历史和未来两种特性相互关联共生，力求全面凸显各类传统水环境设施的价值特征和综合价值。

②差异性原则

为了价值评估结果的准确性，以及更合理地推行评估结果，综合村落用水条件和发展方向、潜力等特征，实现三类传统水环境设施的差异化评估体系构建，分别选择能凸显各类传统水环境设施的评估指标。

③合理性原则

评估指标的选取要综合村落现状条件、用水特征、保存度、使用率、历史工艺等多方面特征，同时，本研究的主要目的是根据村落发展的需要，使传统水环境设施有机融入现代村落的给排水体系，而不是仅限于构建传统水环境设施的价值评估体系，因此在评估指标的选择上不宜过精、过少，应囊括全面。

（2）评估指标的选取方法

指标因子的选择首先要在总结、统计现有指标因子基础上获取指标因子，其次要对指标因子进行综合分析、提炼、归纳，形成一定的评估指标因子要素，最后通过设置指标因子适宜性评估问卷的形式发给专家进行问询，从而获取更加科学合理的指标因子，构建评估指标体系。选取过程涵盖了如图5-5所示步骤。

①分析我国传统村落中有关物质遗存评估的指标体系，重点了解设施类物质

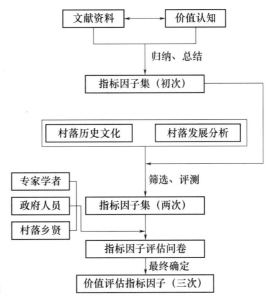

图5-5　指标因子选取流程

评估的指标体系构成的具体内容，在此基础上，总结传统水环境设施评估的指标因子集。

②结合具体实例以及太行山区传统村落发展的具体情况，归纳得到符合本研究需要的指标因子集，并结合调研和文献阅读的主观认识展开相应调整。

③分析太行山区传统村落发展潜力、类型、用水条件等因素，总结各类传统水环境设施的现存问题和限制因素，以历史文化、生态效益和村落发展为主要导向，进行删减或补充。

④对相关领域专家进行问卷形式的咨询，调查太行山区传统村落水环境设施评估指标因子的合理性，根据专家意见进行修改和优化。

2. 赋权方法的选取

评价类赋权方法多以层次分析法、德尔菲法、模糊综合评价及定性与定量相结合赋权为主。本研究指标体系中问卷打分主观因素较多，不宜采用客观赋权法，为了评价结果的合理性，应将主观结果进行数字化客观分析，因此最终确定采用定性和定量相结合的组合赋权法，采用专家调查法和层次分析法两者组合进行权重确定。本文将目前评价类赋权方法分为见表 5-7 的三类。

3. 定性初步获取权重

专家打分法针对的成员对太行山区传统村落水环境设施熟悉和认知程度不同，直接用问卷调查平均结果作为权重，科学性和合理性较低，因此本研究引入朱光亚教授提出的熟悉程度系数提升主观定性结果的合理性。具体方法如下：设立熟悉、较熟悉、一般熟悉、不熟悉四个熟悉梯度，分别赋值 1、0.75、0.5、0。将不同专家提供的权重与对应的熟悉程度系数相乘，然后对所有专家的结果进行求和，求和结果再除以所有专家的熟悉程度系数之和，最后得到相应评估指标的权重，计算公式如下：

$$Q = \left\{ \sum_{i}^{n} Q_i * S_i \right\} / \sum_{i}^{n} S_i$$

表 5-7　指标要素权重确定方法汇总表

分类	方法	特点	优点	缺点
主观赋权法	德尔菲法、二元比较法、AHP 最大离差法、模糊综合评价法	依赖主体的主观判断，可主观收集原始数据	运用范围较广，全面考虑因子重要性	主观性、缺乏科学依据
客观赋权法	主成分析法、熵值法、因子分析法、耦合赋权模型	数据运算过程较多，需要大量原始数据	客观性较强，严谨度较高	大量原始数据应用范围受限，易忽略指标因子的重要性
组合赋权法	乘法合成法、线性加权法	定量定性结合	定量定性结合，增强评价的科学性	数据处理过程较为复杂

表格来源：根据《基于多维价值评价的古徽州传统聚落分类及保护发展研究》整理。

其中 Q 代表计算权重，Q_i 代表专家主观权重，S_i 代表对应专家的熟悉程度系数，n 代表专家数量。初步获取权重见表 5-8。

表 5-8 指标因子初步权重结果

目标层	分目标层	目标权重	准则层	准则权重	指标因子层	指标权重[1]
传统水环境设施	A 传统给水设施	100	A1 文化价值	8.51	A1-1 水崇拜信仰	21.56
					A1-2 家族情感联系	48.13
					A1-3 提供村民交往空间	30.31
			A2 历史价值	14.58	A2-1 悠久的使用时间	52.34
					A2-2 特殊的文化背景	26.18
					A2-3 历史人物、事件关联性	21.48
			A3 艺术价值	11.91	A3-1 视觉美感	33.12
					A3-2 装饰及营建工艺	32.56
					A3-3 乡土特色展示	34.32
			A4 科学价值	24.16	A4-1 设施营建智慧	33.25
					A4-2 选址布局特色	15.23
					A4-3 村落微气候调节	17.32
					A4-4 设施功能复合度	34.20
			A5 经济价值	40.84	A5-1 低技术、低成本的营建手法	33.25
					A5-2 现状保存利用率	36.78
					A5-3 更新改造适应性	29.97
	B 传统排水设施	100	B1 历史价值	17.25	B1-1 悠久的使用时间	51.23
					B1-2 特殊的文化背景	24.23
					B1-3 历史人物、事件关联性	24.54
			B2 艺术价值	17.75	B2-1 视觉美感	45.56
					B2-2 装饰及营建工艺	30.25
					B2-3 乡土特色展示	24.19
			B3 科学价值	23.26	B3-1 设施营建智慧	35.15
					B3-2 选址布局特色	20.16
					B3-3 村落微气候调节	10.26
					B3-4 设施功能复合度	34.43
			B4 经济价值	41.74	B4-1 低技术、低成本的营建手法	38.23
					B4-2 现状保存利用率	42.59
					B4-3 更新改造适应性	19.18
	C 传统蓄水设施	100	C1 历史价值	13.60	C1-1 悠久的使用时间	74.13
					C1-2 特殊的文化背景	12.12
					C1-3 历史人物、事件关联性	13.75
			C2 科学价值	37.86	C2-1 设施营建智慧	15.69
					C2-2 选址布局特色	25.46
					C2-3 村落微气候调节	31.23
					C2-4 设施功能复合度	27.62
			C3 经济价值	48.54	C3-1 低技术、低成本的营建手法	18.56
					C3-2 现状保存利用率	42.25
					C3-3 更新改造适应性	39.19

表格来源：根据调研结合相关资料整理。

1 指标权重说明：同一准则层指标因子权重之和相同，均为 100。

4. 构建判断矩阵

根据以上构建的太行山区传统村落水环境设施价值评估体系框架，将由定性获取的初步权重参照层次分析法构建两两判断矩阵（见表 5-9），参照萨蒂提出的 1-9 标度法，判断各指标因子的相对重要性（见表 5-10）。

表 5-9　矩阵判断表

Aij	A1	A2	A3	....	An
A1	1	A1/A2	A1/A3	....	A1/An
A2	A2/A1	1	A2/A3	....	A2/An
A3	A3/A1	A3/A2	1	....	A3/An
....	....	....	....		....
An	An/A1	An/A2	An/A3	....	1

表格来源：根据相关资料整理。

矩阵判断标度参照萨蒂提出的 1-9 标度法构建，各级标度的含义如下。

表 5-10　标度含义

标度	定义说明
1	两个元素对某个属性具有同样重要性
3	两个元素比较，一元素比另一元素稍微重要
5	两个元素比较，一元素比另一元素明显重要
7	两个元素比较，一元素比另一元素重要得多
9	两个元素比较，一元素比另一元素极端重要
2，4，6，8	代表需要在上述两个标准之间折中时的标度
倒数	两个元素的反比较

表格来源：根据黄德才，郑河荣. AHP 方法中判断矩阵的标度扩展构造法 [J]. 系统工程，2003 年整理。

根据专家打分定性确立的初步权重构建各类传统环境设施的两两判断矩阵，得出准则层对应指标因子的重要性，本文以传统给水设施及其文化价值指标因子为例，构建结果见表 5-11、表 5-12。

表 5-11　传统给水设施准则层矩阵构建

传统给水设施评价指标体系	文化价值	历史价值	艺术价值	科学价值	经济价值
文化价值	1	0.58	0.73	0.35	0.21
历史价值		1	1.22	0.63	0.36
艺术价值			1	0.49	0.29
科学价值				1	0.59
经济价值					1

表格来源：根据调研结合相关资料整理。

表 5-12　传统给水设施因子层文化价值矩阵构建

传统给水设施文化价值指标体系	水崇拜信仰	家族情感联系	提供村民交往空间
水崇拜信仰	1	0.44	0.71
家族情感联系		1	1.59
提供村民交往空间			1

表格来源：根据调研结合相关资料整理。

5. 计算指标权重

各类型传统水环境设施通过 YAAHP 软件结合准则层和指标因子层两种权重，最终得到合理科学的传统水环境设施评估指标因子组合权重，且通过软件计算各类权重的一致性检验符合要求，即结果满足科学合理的要求，最终得到各指标因子的权重值见表 5-13、表 5-14、表 5-15。

表 5-13　传统给水设施价值评估指标因子权重

传统水环境设施类型	准则层	价值权重	指标层	指标因子权重	组合权重
A 传统给水设施	A1 文化价值	0.09	A1-1 水崇拜信仰	0.2156	0.0194
			A1-2 家族情感联系	0.4813	0.0433
			A1-3 提供村民交往空间	0.3031	0.0272
	A2 历史价值	0.15	A2-1 悠久的使用时间	0.5234	0.0785
			A2-2 特殊的文化背景	0.2618	0.0392
			A2-3 历史人物、事件关联性	0.2148	0.0322
	A3 艺术价值	0.11	A3-1 视觉美感	0.3312	0.0364
			A3-2 装饰及营建工艺	0.3256	0.0358
			A3-3 乡土特色展示	0.3432	0.0378
	A4 科学价值	0.24	A4-1 设施营建智慧	0.3325	0.0798
			A4-2 选址布局特色	0.1523	0.0366
			A4-3 村落微气候调节	0.1732	0.0416
			A4-4 设施功能复合度	0.3420	0.0821
	A5 经济价值	0.41	A5-1 低技术、低成本的营建手法	0.3325	0.1363
			A5-1 现状保存利用率	0.3678	0.1508
			A5-2 更新改造适应性	0.2997	0.1229

表格来源：根据调研结合相关资料整理。

表 5-14　传统排水设施价值评估指标因子权重

传统水环境设施类型	准则层	价值权重	指标层	指标因子权重	组合权重
B 传统排水设施	B1 历史价值	0.17	B1-1 悠久的使用时间	0.5123	0.0871
			B1-2 特殊的文化背景	0.2423	0.0412
			B1-3 历史人物、事件关联性	0.2454	0.0412
	B2 艺术价值	0.18	B2-1 视觉美感	0.4556	0.0820
			B2-2 装饰及营建工艺	0.3025	0.0545
			B2-3 乡土特色展示	0.2419	0.0435
	B3 科学价值	0.23	B3-1 设施营建智慧	0.3515	0.0808
			B3-2 选址布局特色	0.2016	0.0463
			B3-3 村落微气候调节	0.1026	0.0236
			B3-4 设施功能复合度	0.3443	0.0791
	B4 经济价值	0.42	B4-1 低技术、低成本的营建手法	0.3823	0.1606
			B4-2 现状保存利用率	0.4259	0.1789
			B4-3 更新改造适应性	0.1918	0.0805

表格来源：根据调研结合相关资料整理。

表5-15　传统蓄水设施价值评估指标因子权重

传统水环境设施类型	准则层	价值权重	指标层	指标因子权重	组合权重
C 传统蓄水设施	C1 历史价值	0.13	C1-1 悠久的使用时间	0.7413	0.0963
			C1-2 特殊的文化背景	0.1212	0.0158
			C1-3 历史人物、事件关联性	0.1375	0.0179
	C2 科学价值	0.38	C2-1 设施营建智慧	0.1569	0.0596
			C2-2 选址布局特色	0.2546	0.0967
			C2-3 村落微气候调节	0.3123	0.1187
			C2-4 设施功能复合度	0.2762	0.1050
	C3 经济价值	0.49	C3-1 低技术、低成本的营建手法	0.1856	0.0909
			C3-2 现状保存利用率	0.4225	0.2070
			C3-3 更新改造适应性	0.3919	0.1920

表格来源：根据调研结合相关资料整理。

6. 权重结果分析

根据各类传统水环境设施价值权重及相对应的指标因子权重比较结果，分析得出三类传统水环境设施价值属性的差异和相关指标因子权重的比重，通过分析结果看出：各类传统水环境设施的价值特征和对村落的相关性影响。

（1）传统给水设施权重结果分析

根据传统给水设施的各权重结果可以看出，经济价值对村落发展的影响最大，其次是科学价值、历史价值、文化价值和艺术价值。在指标因子层的相关权重比较中，低技术低成本的营建手法、现状保存利用率、更新改造适应性三者的影响度较高，主要表现为传统给水设施的给水实用性和地区适应性较强，村落的生产生活对其依赖性较大。其他占比较重的指标因子中，如设施功能复合度、设施营建智慧、悠久的使用时间等也表现出传统水环境设施实用性较强的特点（见表5-16）。因此，在传统水环境设施再生导向中，应重点考虑本身实用性的特点，将传统水环境设施的给水功能和村落新需求相结合，使其较好地融入村落现代给水系统。

表5-16　传统给水设施权重结果分析

价值权重	经济价值 0.41> 科学价值 0.24> 历史价值 0.15> 艺术价值 0.11> 文化价值 0.09		
指标因子组合权重	组合权重≥0.10	0.07＜组合权重＜0.10	组合权重≤0.07
	现状保存利用率 0.1508；更新改造适应性 0.1229；低技术、低成本的营建手法 0.1363	设施功能复合度 0.0821；设施营建智慧 0.0798；悠久的使用时间 0.0785	村落微气候调节 0.0416；家族情感联系 0.0433；视觉美感 0.0364；选址布局特色 0.0366；特殊的文化背景 0.0392；历史人物、时间关联性 0.0322；装饰及营建工艺 0.0358；乡土特色展示 0.0378；提供村民交往空间 00272；水崇拜信仰 0.0194

表格来源：根据调研结合相关资料整理。

（2）传统排水设施权重结果分析

由传统排水设施的评估结果可以看出，本身的经济价值也远远大于科学、艺术和历史价值，在指标因子层相关比较中，低技术低成本的营建手法、现状保存利用率、更新改造适应性、设施功能复合度、视觉美感、悠久的使用时间等对传统排水设施的影响度较高（见表5-17）。区别于分散的给水设施，传统排水设施功能系统性更强，在各环节的排水设施中只有系统性地发挥功能，排水的目的才能得以实现，且设施本身对于村落有不可或缺性。因此，传统排水设施的再生主要有三个方面，一是排水设施功能系统性再生，二是发展需求性再生，三是风貌历史性再生。

表5-17　传统排水设施权重结果分析

价值权重	经济价值 0.42> 科学价值 0.23> 艺术价值 0.18> 历史价值 0.17		
指标因子组合权重	组合权重≥0.10	0.07<组合权重<0.10	组合权重≤0.07
	现状保存利用率 0.1789；低技术、低成本的营建手法 0.0.1606	设施功能复合度 0.0791；设施营建智慧 0.0808；视觉美感 0.0820；悠久的使用时间 0.0871；更新改造适应性 0.0805	装饰及营建工艺 0.0545；乡土特色展示 0.0435；选址布局特色 0.0463；村落微气候调节 0.0236；特殊的文化背景 0.0412；历史人物、事件关联性 0.0412

表格来源：根据调研结合相关资料整理。

（3）传统蓄水设施权重结果分析

传统蓄水设施本身对村落主要承担着防洪蓄水和生产给水的职责，在评估结果中也可以看出，本身主要蕴含经济价值和科学价值。在指标因子的相关权重比较中，现状保存利用率、更新改造适应性、设施功能复合度、村落功能复合度等指标对传统蓄水设施影响度较高（见表5-18）。因此，传统蓄水设施再生应重点发挥其实用性的特点，将排水和给水设施相结合，继续发挥蓄水和给水的职责作用，同时可以结合景观要素，打造村落生活性景观场所。

表5-18　传统蓄水设施权重结果分析

价值权重	经济价值 0.0.49> 科学价值 0.38> 历史价值 0.13		
指标因子组合权重	组合权重≥0.10	0.07<组合权重<0.10	组合权重≤0.07
	现状保存利用率 0.2070；更新改造适应性 0.1920；设施功能复合度 0.1050；村落微气候调节 0.1187	选址布局特色 0.0967；悠久的使用时间 0.0963；低技术、低成本的营建手法 0.0909	特殊的文化背景 0.0158；历史人物、事件关联性 0.0179；设施营建智慧 0.0596

表格来源：根据调研结合相关资料整理。

（4）小结

在经济落后的太行山乡村地区，人居环境改善、配套设施建设、建筑遗产修复都需要大量的资金，基础设施投资建设也需要大量的资金支持。综合太行山区传统村落的地质情况、水资源、偏远度、经济情况、历史属性等因素考虑，多数传统村落很难实现完全现代化的给排水技术。同时，传统水环境设施主要体现的是经济价值属性，在未来的优化更新中也应从其经济实用性入手，延续设施给排水功能，使其有机地融入传统村落的给排水规划中。

5.3.2 评估体系评分标准的确立

本文构建太行山区传统村落水环境设施价值评估的目的是为传统村落遗存的各种传统水环境设施提供一个价值评估平台，然后根据价值评估结果对其进行有差异化的优化再生，修复其破损的生命状态，延长其生命力，使其在新的时代需求下更好地为村落的发展服务。在实际操作过程中，需对各种指标因子进行价值评分，因此需要构建一个与之相匹配的价值评分标准和方式。

1. 指标因子评分标准

由于本文对传统水环境设施的价值评估结果是针对具体村落的，因此指标因子的评分应考虑具体村落，根据村落传统水环境设施的实际情况进行分值评定。具体指标因子评分释义见表 5-19。

表 5-19　传统村落水环境设施价值评估指标因子评分标准

类型	准则层	指标因子层	指标因子评分释义（以打分村落水环境设施的实际情况为主，可以为 0 分）
传统水环境设施	文化价值	水崇拜信仰	设施营建有宗教因素的 80—100 分，无则 0 分
		家族情感联系	具有家族营建性质的设施 20—100 分，无则 20 分以下
		提供村民交往空间	完全符合 80—100 分，基本符合 50—80 分，较为符合 20—50 分，不符合 20 分以下
	历史价值	悠久的使用时间	100 年以上 80—100 分，50—100 年 50—80 分，50 年以下 50 分以下
		特殊的文化背景	文化背景浓厚 80—100 分，文化背景一般 50—80 分，无特殊文化背景 50 分以下
		历史人物、事件关联性	具有历史人物、事件联系的 80—100 分，无则 0 分
	艺术价值	视觉美感	作用鲜明 80—100 分，比较鲜明 50—80 分，一般鲜明 50 分以下
		装饰及营建工艺	工艺复杂 80—100 分，工艺一般 50—80 分，没有工艺 50 分以下
		乡土特色展示	特色浓郁 80—100 分，特色一般 50—80 分，无鲜明特色 50 分以下
	科学价值	设施营建智慧	完全符合 80—100 分，基本符合 50—80 分，较为符合 20—50 分，不符合 20 分以下
		选址布局特色	特色鲜明 80—100 分，没有特色 20 分以下
		村落微气候调节	作用突出 80—100 分，作用一般 50—80 分，无鲜明作用 50 分以下
		设施功能复合度	具有功能复合的 60—100 分，无则 0 分
	经济价值	低技术、低成本的营建手法	完全符合 80—100 分，基本符合 50—80 分，较为符合 20—50 分，不符合 20 分以下
		现状保存利用率	80% 以上 80—100 分，50%～80% 的 50—80 分，20%～50% 的 20—50 分，20% 以下 20 分以下
		更新改造适应性	可更新改造 60—100 分以上，反之 0 分

表格来源：根据调研结合相关资料整理。

2. 传统水环境设施评分方式

由于本研究对象为传统村落内部的传统水环境设施，因此，首先通过调研问卷的方法对各指标因子进行定性打分，然后结合价值评估结果中指标因子的权重得出综合评分，最后由各指标因子综合评分相加，得出最终各个类型传统水环境设施的评分。具体公式如下：

$$D = \sum_{i \geq 1}^{n} D_i \times Q_i \ (0 \leq D \leq 100)$$

其中 D 代表传统水环境设施的评分，D_i 代表各指标因子的评分，Q_i 代表所对应指标因子的权重。

5.3.3 评分结果作用下的再生梯度

根据各类传统水环境设施的各价值类型和判断矩阵得出指标因子层的相对应权重，在此基础上，结合传统水环境设施的实际评分标准，综合算出各类传统水环境设施的最终评分，然后根据评分结果的层次，设计不同类型水环境设施的再生梯度。但是，根据传统水环境设施的价值评估结果可知，各种价值属性所占比重不同，只依据综合评分结果，不能科学确定其再生梯度。因此，考虑以不同传统水环境设施的蕴含文化或实用属性将综合评分进行区分，在此基础上对传统水环境设施进行再生梯度的选择。根据对物质遗产的再生梯度研究，本文选取的传统水环境设施再生梯度主要包括保护、保留、更新、拆除四类。

根据评估体系的综合打分结果，设计优良中差 4 个等级，优为占总分的 75%以上，良为占总分的 60% ~ 75%，中为占总分的 40% ~ 60%，差为占总分的40% 以下；即设施综合评分 75—100 分为优，60—75 分为良，40—60 分为中，0—40 分为差。文化属性所占分值为文化价值 + 历史价值 + 艺术价值，实用属性所占分值为科学价值 + 经济价值。

1. 保护类设施

考虑到传统水环境设施物质类遗产的特殊性，因此在分析综合得分时，除了总分为优的设施作为保护类设施外，对文化属性得分占所对应设施文化属性总分75% 以上的，也应纳入保护类设施范围。如某一类设施总分为差，文化属性突出也应作为保护类设施。

2. 保留类设施

除特殊保护类设施外，保留类设施主要指综合评分为良，分值在 60—75 分范围内的设施，此类设施的实用属性较高，能较好地满足村落的给排蓄水等要求。

主要表现为现状使用率较高、功能及保存程度较完整、能较好地体现传统村落的传统风貌，无须对其进行过多的现代化改造建设。

3. 更新类设施

除特殊保护类设施外，更新类设施主要指综合评分为中，分值在40—60分范围内的设施，此类设施蕴含着部分文化属性，且在传统村落中承担一定的实用功能。主要表现为存在部分损毁，能满足村民部分需求，但是现代化使用程度较弱，需要对其进行一定的现代化更新改造。

4. 拆除类设施

拆除类设施主要为综合评分为差，分值在0—40分范围内的设施，此类设施的文化属性和实用属性均较差，难以适应传统村落的现代化需求，且没有更新改造的必要性。主要表现为损毁程度较重，无法完成给排蓄水等功能，且污染村落的视觉景观。

5.4 旧关村传统水环境设施的价值评估实证研究

5.4.1 旧关村传统水环境设施概述

旧关村位于山西省阳泉市平定县娘子关镇,地处太行山中段,山西省东部地区。村落坐落于沟谷地区,始建于战国时期,因其地势居高临下,易守难攻,作为多个时期的边境要塞。秦皇古道穿村而过,建筑依托古道向两侧山腰延展,最后形成线型中凹形聚落(如图 5-6 所示)。村落周边没有河流等地表水资源,古代生活用水主要靠水井、水窖、旱井等设施提供。

1. 传统给水设施

旧关村乡民家家户户均设有水窖,通过水桶等取水设施打水,由于管道用水成本过高,多数人家水窖蓄积的主要是雨水,少数人家水窖通过村落给水管道上的水阀放水,没有外出务工的村民家基本都在使用水窖供水。村落遗存的三口水井破损严重,已不作为生活给水设施,村民通过植入水泵将水抽出作为农业生产用水(如图 5-7 所示)。

2. 传统排水设施

旧关村传统排水设施类型较为丰富,主要包含水舌、门洞、墙洞、明沟、暗渠、村落沟渠等(如图 5-8 所示),同时,贯穿于整个村落排水系统的村落沟渠"藏兵道"形态格局依旧保存较好。根据调研情况,村落各类排水设施仍然承担着村落雨水排放的职责,院落、街巷的雨水汇集到"藏兵道",最后统一排出村外。

图 5-6 旧关村沟谷布局模式

3. 传统蓄水设施

旧关村传统蓄水设施较少，一是位于村落西部山腰处收集山洪雨水的蓄水池，二是位于村落北部收集雨水的"饮马池"，西部蓄水池由于渗透性较强，平时并无水积蓄，北部"饮马池"由于水质问题，蓄水主要用于周边农作物灌溉（如图5-9所示）。

图 5-7　旧关村传统给水设施现状

图 5-8　旧关村传统排水设施现状

图 5-9　旧关村传统蓄水设施现状

5.4.2 旧关村传统水环境设施价值评估

通过对旧关村乡民和调研过旧关村的学者专家发放问卷，对各类传统水环境设施进行打分（打分标准参照指标因子的评分标准），算出个人对各指标因子对应得分（参照传统水环境设施评分方式），最后引用熟悉度系数提升结果科学性，具体方法如下：首先设立熟悉、较熟悉、一般熟悉、不熟悉四个熟悉梯度，分别赋值 1、0.75、0.5、0。将不同专家[1]主观评分结果与对应的熟悉程度系数相乘，然后对所有专家的结果进行求和，求和结果再除以所有专家的熟悉程度系数之和，得到相应指标因子的最终评分，最后各指标因子之和即为单类传统水环境设施的综合得分。得出个人对单个传统水环境设施的总分，计算公式如下：

$$Q = \sum_{}^{m} \left\{ \sum_{}^{n} Q_{i*} S_i \right\} / \sum_{}^{n} S_i$$

其中 Q 代表单类传统水环境设施综合评分，Q_i 代表各指标因子专家主观评分结果，S_i 代表对应专家的熟悉程度系数，n 代表专家数量，m 代表指标因子数量。最后旧关村各类传统水环境设施评分结果见表 5-20。

表 5-20 旧关村传统水环境设施价值评分结果

传统水环境设施价值评估指标因子	传统给水设施			传统排水设施				传统蓄水设施
	水井	水窖	水舌	门洞	墙洞	明沟暗渠	村落沟渠	蓄水池
水崇拜信仰	0.00	0.00	/	/	/	/	/	/
家族情感联系	2.25	0.00	/	/	/	/	/	/
提供村民交往空间	2.48	0.00	/	/	/	/	/	/
悠久的使用时间	6.75	7.56	7.10	7.12	7.10	7.40	8.25	9.00
特殊的文化背景	2.25	3.19	0.56	1.25	1.16	0.00	3.95	1.45
历史人物、事件关联性	0.00	0.00	0.00	0.00	0.00	0.00	4.10	1.56
视觉美感	2.40	2.00	7.15	3.25	6.58	1.12	7.56	/
装饰及营建工艺	2.40	2.85	4.25	3.15	4.85	1.25	5.10	/
乡土特色展示	3.50	3.58	4.15	4.13	4.25	4.12	4.25	/
设施营建智慧	6.75	7.55	4.36	6.85	7.12	7.56	7.90	3.25
选址布局特色	3.38	1.22	0.45	1.25	1.25	2.85	3.42	6.25
村落微气候调节	0.56	2.15	0.00	0.00	0.00	0.85	1.02	8.50
设施功能复合度	5.25	5.13	0.00	0.00	0.00	0.00	4.88	7.45
低技术、低成本的营建手法	11.26	12.40	14.25	14.65	14.00	14.12	14.12	8.55
现状保存利用率	14.50	14.85	15.12	15.28	15.58	15.50	15.65	12.98
更新改造适应性	11.60	11.85	1.25	4.55	5.25	7.90	7.92	18.80
合计	75.33	74.33	58.64	61.48	67.14	62.67	88.12	77.79

表格来源：根据调研结合相关资料整理。

---

1 本节专家主要代表旧关村乡民和调研过旧关村且对传统水环境设施有一定了解的学者，主要包括团队成员、村委领导和乡民。

将调研数据代入价值评估计算公式，可以计算出旧关村传统水环境设施的价值水平。通过传统给水设施、传统排水设施和传统蓄水设施三大类型价值评估水平的结果可知，在传统水环境设施中，传统蓄水设施的评分较传统给水设施和传统排水设施高（传统排水设施中的沟渠除外），为77.79，传统排水设施中除沟渠外整体价值评分最低。究其原因，随着城乡一体化进程加快，乡村发展迅速，美丽乡村、乡村振兴等政策促进了农村发展，现代化生产生活方式介入，使村民们改善人居环境的需求逐渐增加，传统给水设施和部分传统排水设施位于自家院落，相对来说公共属性较低，不适应现代生活时被弃置、破坏等的概率较高，因此价值评分相对较低；而传统蓄水设施因太行山区干旱缺水、旱涝不均的水环境特点而设置，体积较大，一般为公共性质，自营建以来除了满足村民日常用水需求外，还与生产空间相连通满足灌溉需求、与生活空间相结合形成村落开放的公共活动空间、与生态空间相融合调节村落小气候，文化及实用属性较高，并且选址和布局均经过规划和设计，营建的技艺简单质朴，随着时代的发展，虽然面临被弃置和破坏的风险，但是多数蓄水设施仍发挥着汇引降水作用，现状保存率较高，因此价值评分相对较高。

对传统给水、排水、蓄水设施具体分类设施的价值评估进行分析，传统排水设施中的水舌价值评分最低，仅为58.64，而村落沟渠价值评分高达88.12，从其结果可看出，差距主要存在于特殊的文化背景、历史人物事件关联性、选址布局特色、设施功能复合度和更新改造适应性这几个方面。水舌一般与传统建筑相依托，用于建筑将水排至院落的功能，在文化背景、历史人物事件关联性和选址布局特色方面几乎不体现，而且随着传统建筑的现代化更新，水舌多以现代管道替代，其更新改造的适应性较低。传统村落因本区域的水环境特点多近水而居，并采取一定的措施使村落与水和谐共处，选址布局适应沟渠走向，村落沟渠用以满足村落用水、排水需求，同时村民在沟渠附近进行日常洗衣、洗菜、休憩等活动，使沟渠在文化背景、历史人物事件关联性、选址布局、功能复合等方面均体现了较大的价值。此外，随着海绵城市的推广、水生态文明的建设等，村落沟渠仍是村落排水的重要承载体，其更新改造的适应性极大，所以综合来说村落沟渠的价值评分最高。

对传统水环境设施价值评估指标因子中各项设施的价值评分进行分析发现，传统水环境设施在特殊文化背景、历史人物事件关联性、视觉美感、选址布局特色、村落微气候调节、设施功能复合度、更新改造适应性几个方面差距较大，其中更新改造适应性的分值差距最大，主要原因是现代适应性的差距。

5.4.3 旧关村传统水环境设施再生梯度

通过对旧关村各类传统水环境设施评分结果进行分析，结合 5.4.2 中各类传统水环境设施评分结果作用下的再生梯度，最后为旧关村各类传统水环境设施提供不同程度的再生梯度（见表 5-21）。

表 5-21　旧关村传统水环境设施再生梯度分析

类型		文化评分	实用评分	综合评分	再生梯度
给水	水井	22.03	53.3	75.33	保护
	水窖	19.18	56.15	74.33	保留
	水舌	23.21	35.43	58.64	更新
排水	门洞	18.9	42.58	61.48	保留
	墙洞	23.94	43.20	67.14	保留
	明沟暗渠	13.89	48.78	62.67	保留
	村落沟渠	33.21	54.91	88.12	保护
蓄水	蓄水池	12.01	65.78	77.79	保护

表格来源：根据调研结合相关资料整理。

对传统给水、排水、蓄水设施的文化评分进行分析发现，村落沟渠的评分最高，其次是墙洞、水舌、水井等，蓄水池的评分最低；对实用评分进行分析发现，蓄水池的评分最高，其次是水窖、村落沟渠、水井等，水舌的评分最低；而综合评分方面，村落沟渠的评分最高，其次是蓄水池、水井、水窖等，水舌的评分最低。因此在传统水环境设施的再生中，在再生梯度的基础上还要注意对各设施最重要的价值进行关注，如在蓄水池更新中，在其再生梯度——保护的基础上，还要注重其实用价值延续等。

5.5 本章小结

　　本章首先阐述了太行山区传统水环境设施评估体系构建的评估目标、构建原则、限制因素以及评估方法的选取，然后通过文献资料整理和传统水环境设施本身的价值梳理，确定了评估指标的选取原则和方法。其次通过评估体系的构建思路，从指标因子入手，运用层次分析法构建评估层次结构，按照专家意见进行了几次修改，最终确定各类传统水环境设施的评估指标因子，并对各指标因子进行了释义。然后，运用 AHP、德尔菲法和熟悉度系数初步确定各指标因子的权重，接着通过构建两两判断矩阵最终确定传统水环境设施各评估指标因子的权重。最后根据评估体系层次框架和各指标因子权重，设计出太行山区传统村落水环境设施的评分方式以及相对应指标因子的评分标准，通过综合三类传统水环境设施的权重结果和评估评分结果，最终确定不同评分下各类传统水环境设施的再生梯度。评估体系的构建和评估结果以期对未来太行山区传统村落给排水规划中传统水环境设施的处理提供一个科学合理的再生规划导向。

6

太行山区传统村落水环境
设施再生策略

课题组成员对太行山区三省一市 70 多个传统村落水环境设施现状情况进行调研，通过对调研数据整理分析，采用定量和定性的处理方法，对传统村落水环境设施的存废情况、使用情况、村民认知度和满意度等信息进行综合处理。同时，结合传统水环境设施的变迁和现实存在的问题，为传统村落水环境设施活化再利用提供坚实的基础支撑。

数据主要通过实地踏勘测绘、调研问卷和访谈、文献资料收集等方式获取。文献资料主要指传统村落的规划文本、村志等，其中有关传统水环境设施发展变化的内容和相关给排水的规划设计标准；调研问卷和访谈主要是兼顾全面性和重点性原则，调研及访谈对象包括村干部、村民等传统水环境设施的使用者和观察者；踏勘测绘内容主要针对传统水环境设施的蓄水和排水能力。在系统了解传统水环境设施的运作原理和价值特征的基础上，根据价值评估的不同再生梯度设计出不同再生梯度下的传统水环境设施再生规划导向，然后依据再生规划导向设计出合理的村落给排水规划，最后综合不同导向下的设施规划定位，提出具有一定指导意义和可操作性的设施再生策略。

6.1 水环境设施现状及存在问题分析

本节主要包括对太行山区传统村落水环境设施现状情况的分析以及目前存在的问题两个部分。

6.1.1 太行山区传统村落水环境设施现状分析

近年来新农村建设和城乡一体化的推进，使乡村基础设施不断优化更新，随之带来生活方式的改变，导致传统村落大量传统设施闲置和损坏。本文以太行山区传统水环境设施为切入点，分析给排水方式的变化对传统水环境设施带来的影响。同时，考虑到调研村落地理区位、经济情况和发展模式等因素均会对给排水方式产生影响，地理区位首要因素影响较重，因此本文主要从地理区位的角度对调研村落的给排水方式进行分析，将村落分为近郊型村落[1]、远郊型村落[2]、偏远型村落[3]三类，得出较为合理的现状分析结果。

1.传统村落传统给水设施现状

随着现代技术的发展和村民需求的变化，现代给水设施逐渐引入乡村地区，因此多数传统村落水环境设施逐渐淡出村民的生活视野，传统水环境设施的状态和数量也发生了变化，这些主要体现为：近郊型村落给水方式受城市的影响，多数水井、水窖等设施闲置、废弃，少数水井、水窖等水源只承担部分绿化、洗涤、生产等功能用水；远郊型村落给水方式尚未完全发生改变，半数传统给水设施闲置、废弃，半数水窖、水井等设施仍然承担主要的生活用水；偏远型村落受经济、资源、人口等因素的影响，村落仍然以传统的给水方式为主，绝大多数传统给水设施仍然承担主要的生活用水。以下以三个村落为例，分析传统给水设施的现状原因（见表6-1）。

表6-1 部分村落传统给水设施现状及原因分析

村落	类型	给水现状	传统给水设施现状	变化原因
西郊村	近郊型	通过平定县市政给水管网供给自来水。	多数水窖已闲置，少数水窖蓄水作为绿化、洗涤、生产等用水，水井作为养殖用水。	用水成本过高，水窖蓄积雨水来满足不需要水质要求的用水，井水由于硫酸根较高，作为养殖用水。
旧关村	远郊型	娘子关水库的给水管线只铺设到了村落主干道，部分村民沿用水窖雨水，部分村民通过管道水阀放水到水窖。	传统村落水窖部分闲置或使用，首先收集雨水进行使用，水井通过水泵抽水作为洗车等商业用水。	古村居民习惯了水窖蓄积的雨水作为生活用水，其次由于管网只铺设到主干道，不方便用水。水井因便利性问题，所以村民不使用，因此作为商业洗涤用水。
大石门村	偏远型	村落仍然沿用水窖收集雨水或从蓄水池运水回家。	水窖仍然是给水的主要设施，全村的生活方式均是如此，水井多已废弃。	村落通过建设机井以解决水量的问题，但村民不能承担高昂的用水成本，因此没有铺设给水管网，水井不方便用水，为了安全考虑，已废弃。

表格来源：根据调研结合相关资料整理。

---

1 近郊型村落指距离最近的市（县、镇）5公里以内的村落，村落经济发展程度较好，基础设施受市政基础设施辐射较多，给排水设施由市政给排水管网提供，基本实现给排水现代化。

2 远郊型村落指距离最近的市（县、镇）5～10公里的村落，村落经济发展程度一般，基础设施受市政基础设施辐射较少，给排水设施部分实现现代化。

3 偏远型村落指距离最近的市（县、镇）10公里以上的村落，村落经济发展程度较差，基础设施基本未受到市政基础设施辐射，给排水设施基本未实现现代化。

下面为部分村落传统给水设施现状（如图 6-1 所示）。

2. 传统村落传统排水设施现状

根据实地调研情况可知，即使部分村落铺设了污水排放管道，传统排水设施仍然主要承担了村落雨水的排放功能，构成了村落的雨水排放系统。其雨水排放流程依然是院落—次街—主街—村外，新村建筑受老建筑布局模式的影响，仍然设置有门洞、墙洞等设施将雨水外排。传统排水设施一方面传承了地方村落的雨水排放模式，另一方面延续了传统村落的历史风貌，实用功能较大，因此保存度较高（如图 6-2 所示）。

3. 传统村落传统蓄水设施现状

在缺水的环境下，传统村落均以蓄水设施作为蓄积雨水的主要设施，在雨季时将村落的过量雨洪有序疏导进蓄水池中作为生产、生活用水。蓄水设施的规模和数量也因村而异，根据调研情况可知，传统蓄水设施现状在村落中主要分为两类，一类是有水蓄积的设施，另一类是无水蓄积的设施。无水蓄积的原因主要有两个，一是设施的防渗性较差，二是村民对蓄积雨水的需求度较高。有水的蓄水设施多位于村内，作为水系景观需求较重（如图 6-3 所示）。

6.1.2 太行山区传统村落水环境设施现存问题解析

1. 太行山区传统村落水环境设施现存问题

（1）传统水环境设施水源污染日益严重

太行山区范围跨越三省一市境内，传统村落水污染越发严重，用水安全问题得不到保障，水环境设施生存和发展面临严重的挑战。地表水在近年来由于采矿、生产及生活污水长期超标排放，让太行山区地表河流水系受到污染，给沿河而居的传统村落带来了饮用水源的污染和破坏。如桃河沿岸的小河村，流经的河段符合 Ⅰ、Ⅱ 类水的河长为零，其中超 Ⅴ 类水严重污染的河长占 65.8%。就连太行山区主要水系汾河也被严重污染，根据"公众环境研究中心"网站上公布的 2004 年到 2013 年 10 年间数据显示，汾河是黄河支流中污染最严重的。太原市小店桥河段及以下汾河流域中下游河段水质均为劣 Ⅴ 类，位于上游河段古交市的寨上断面，水质始终是劣 Ⅴ 类，汾河流域污染超标的原因主要来自汾河流域厂矿排放的废水（见表 6-2）。

（2）传统水环境设施闲置及老化

传统水环境设施的闲置及老化一方面是由于人口外迁，村落空心化影响传统水环境设施的使用频率，导致其长期闲置并且加速老化；另一方面是现代用水设

图 6-1　传统给水设施现状

图 6-2　传统排水设施现状

图 6-3　传统蓄水设施现状

表 6-2　汾河流域水质

测站	水质类别			超标项目
	2006	2007	2008	
静乐	IV	III	劣V	化学需氧量氨氮、化学需氧量、挥发酚
寨上	劣V	劣V	劣V	
兰村	V	IV	II	氨氮
小店桥	劣V	劣V	劣V	氨氮、石油类、化学需氧量、五日生化需氧量
义棠	劣V	劣V	劣V	氨氮、石油类、化学需氧量、挥发酚
临汾	劣V	劣V	劣V	氨氮、石油类、化学需氧量、五日生化需氧量、挥发酚
柴庄	劣V	劣V	劣V	氨氮、石油类、五日生化需氧量、挥发酚

表格来源：根据李军伟，李恩慧，穆阳阳，等 . 山西汾河流域水资源现状及生态修复研究 [J]. 资源节约与环保，2020（11）23-25. 整理。

施对传统水环境设施带来的冲击。传统水环境设施的衰败、消亡也不可避免地造成传统营建技艺失传的困境。

①空心化对传统水环境设施的影响

随着现代村落交通系统的不断完善，加强了村落之间以及村镇甚至与城市的联系，但对于位于偏远深山的村落而言地势险要，交通可达性依旧较差，为寻找好的工作机会人口不断外迁，导致村落人口空心化不断加剧，传统水环境设施早已无人使用，加速其自然老化速度。

②现代用水设施对传统水环境设施的冲击

发展较好村落的村民对生活水平有了新的要求，比如在生活供水方式上，有条件的村落已经家家通了自来水，传统供水设施也只在冬季供水（自来水管冬季冻结）；传统水井多数已经干涸被井深百米以上的深机井所代替。被闲置的传统水环境设施不断被新设施所取代，缺乏管理、修复和损坏的越来越严重。

（3）传统水环境设施保护观念和措施落后

①保护观念落后

传统水环境设施是传统村落遗产的一部分，但现有的规章制度和法规对这类文化遗产缺少专项指导意见，当地政府对其价值和意义也宣传不够。实地调研期间发现，由于缺少保护观念，目前太行山区传统村落的传统水环境设施没有得到有效的保护，例如：供牲畜饮用、生产灌溉的传统涝池，多数已经弃用，杂草丛生，水体污染严重，村落景观风貌被破坏。

②保护措施落后

在部分依靠旅游开发的传统村落中，已经对传统水环境设施进行了更新保护措施，但都停留在对其做一定程度的修复和挂牌保护，仅使传统水环境设施作为游客观看的展品，对其生态、文化及使用价值较为忽视。

（4）传统水环境设施功能落后

随着经济的发展及生活水平的提高，传统村落水环境设施的功能已经无法满足村民的需求。如传统水窖、水井等给水设施需要人工取水，这对村内的老人来说，使用起来已经不太方便。同时，传统给水设施需要先将水取出来存在水缸中，等用水的时候再从水缸取水，缺少像城市自来水一样的终端给水服务，不能在用水活动点直接取用给水设施中的水源。

（5）传统水环境设施景观美化性差

传统水环境设施大部分都注重实用性，做工相对粗糙，缺乏美化传统村落的营建观念。例如排水沟渠，多用砖石进行营建，形式单一，雨季后，雨水为沟渠带来了大量的泥沙、落叶及生活垃圾等杂物。蓄水涝池，多在地势低洼处随自然形态建成，池边缺少绿化，经常光秃秃的，池内多一潭死水，缺少生机。

2. 太行山区传统村落村民对传统水环境设施的认知分析

太行山区传统村落内的传统水环境设施作为重要的历史文化遗产，具有多元的价值，但是由于营建年代久远，部分设施已经十分落后，质量和数量都不能满足村民的使用需求，传统的给排水设施与村民日益增长的现代化需求冲突严重。实地踏勘和问卷调查显示，村民对传统水环境设施的满意度如图 6-4 所示，满意的村民（包含非常满意和基本满意）约占 88%，不满意的村民仅占 12%。且不满意的村民认为传统的给水设施存在以下问题（如图 6-5 所示），其中水质、取水的方便度、水量这三方面的问题最为突出。

此外，根据调研情况统计，传统村落中较多的村民愿意继续使用传统的水环境设施，占总统计人数的 82.75%，不愿意继续使用的仅占 17.25%。通过对愿意继续使用的村民特点分析，此类村民的年龄多为 45 岁及以上年龄段的居民，收入情况多为 4000 元及以下，并且认为传统的水环境设施具有生态、方便和便宜等优点。

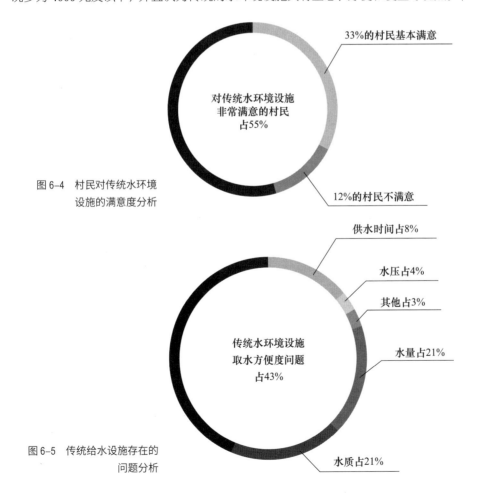

图 6-4 村民对传统水环境
设施的满意度分析

图 6-5 传统给水设施存在的
问题分析

6.2 水环境设施再生原则及导向

太行山区传统村落水环境设施的再生主要遵循三个原则：分别是智慧传承与发展需求相结合原则、传统工艺与现代技术相结合原则和价值评估与再生相结合原则。在前文再生梯度提出的基础上，对保护类、保留类、更新类和拆除类四种不同类型的传统水环境设施提出再生导向。

6.2.1 太行山区传统村落水环境设施再生原则

1. 智慧传承与发展需求相结合原则

传统水环境设施具有太行山区独特的营建特色和历史文化，蕴含的蓄水防洪智慧和生态用水理念很适合干旱缺水的太行山区传统村落，对当代乡村水生态文明建设具有良好的借鉴意义。同时，随着村落现代化发展的加快，对村落给排水也提出一些新的需求，如村落用水构成和需求量的增加、用水便捷度和持续时间的提升、污水处理需求和排水清洁度的增加。因此，在对传统水环境设施再生规划中，应将传统的生态运作智慧和村落发展需求相结合，选择适宜的再生模式和技术手段，妥善解决传统理念和现代需求之间的矛盾，走生态可持续的道路。

2. 传统工艺与现代技术相结合原则

古代村民利用太行山区当地的乡土材料、地域文化和建造工艺，营建出具有低冲击、低成本、低技术特点的传统水环境设施，设施本身蕴含着丰富的历史文化价值，在一定程度上传承着传统村落的传统风貌。因此，在对传统水环境设施再生规划中，应充分考虑现代技术对传统村落传统风貌造成的影响，在不破坏历史风貌的前提下，实现传统水环境设施与现代给排水系统的有机结合。例如，水窖对于现代给水系统的融入，通过现代技术手段对水窖进行消毒净化和自动化改造，即可满足优化用水水质和用水便捷度的需求。

3. 价值评估与再生相结合原则

价值评估的目的是更好地找准传统水环境设施的再生规划策略，通过价值评估结果剖析各类设施所蕴含的价值特征，从价值程度的角度上，分析得出各类传统水环境设施的再生梯度和不同梯度下的再生导向，以再生导向指导传统水环境设施的再生规划，找准各类传统水环境设施科学合理的功能定位，最后对其制定出合理的再生策略。

6.2.2 太行山区传统村落水环境设施再生导向

根据前文评估体系的综合打分结果，设计优、良、中、差 4 个等级，优占总分的 75% 以上，良占总分的 60% ~ 75%，中占总分的 40% ~ 60%，差占总分的 40% 以下；即设施综合评分 75—100 分为优，60—75 分为良，40—60 分为中，0—40 分为差。文化属性所占分值为文化价值 + 历史价值 + 艺术价值，实用属性所占分值为科学价值 + 经济价值。

其中，总分为优，或者对文化属性得分占所对应设施文化属性总分 75% 以上的，纳入保护类设施范围。综合评分为良，分值在 60—75 分范围内的设施为保留类设施。综合评分为中，分值在 40—60 分范围内的设施为更新类设施。综合评分为差，分值在 0—40 分范围内的设施为拆除类设施。

1. 保护类设施再生导向

传统水环境设施作为给排水类型的基础设施，其实用性是不可忽略的重要因素。同时，保护类传统水环境设施也区别于其他物质类遗产，不能仅是单纯地保护，而是要在维系排水功能上进行保护传承。因此在保护类设施的再生规划中，应首先对其进行给排水规划的融入，根据其保护性特点，合理选择规划功能定位，做到既满足村落的给排水需求，又使保护类设施得到更好的传承和利用。

2. 保留类设施再生导向

保留类传统水环境设施整体的实用属性较明显，设施现状条件较好，保存度和完整度较高，同时给排水的使用率和参与率较高，只是文化属性不突出，难以凸显传统村落的传统特色。因此在保留类传统水环境设施再生规划中，应主要考虑给排水实用功能，将其融入现代村落的给排水需求中，通过现代和传统的系统性串联，使其更好地满足村落现代化发展需求。

3. 更新类设施再生导向

更新类传统水环境设施部分相似于保留类传统水环境设施，都具有很强的实用属性，在村落承担着给排水职责。但是，更新类传统水环境设施的现状情况较差，虽然使用率较高但是完整度却较低，且其作为整个给排水系统的组成部分，设施功能的连贯性和通畅性对整个系统影响较大。因此，在更新类传统水环境设施再生规划中，应主要考虑其给排水系统性功能的修复，在找准其规划定位后，通过现代技术手段对其进行更新改造，使其更好地服务村落给排水系统。

4. 拆除类设施再生导向

拆除类传统水环境设施基本不能用于村落的给排水，设施现状均已处于完全损毁的状态，因此其再生规划主要考虑功能重置，将损毁设施进行拆除清理，对已有空间进行重新恢复或设计新的空间来满足村落新的需要。

6.3 水环境设施的再生规划策略

基于上述传统水环境设施再生原则及导向，我们提出了太行山区传统村落水环境设施的再生规划策略。分别就近郊型、远郊型和偏远型三种不同类型的传统村落提出传统给水（蓄水）设施和传统排水设施的再生规划策略。

6.3.1 太行山区传统村落传统给水（蓄水）设施的再生规划策略

1. 太行山区传统村落给水系统规划分析

（1）村落给水系统构成

村落给水系统主要由水源、蓄水设施和用水方式三部分组成，水源主要有地下水、雨水、城市供水厂，蓄水设施主要有高位水池、村落蓄水池[1]、家庭水窖等，用水方式主要有给水管网、给水管网和传统给水设施相结合、传统水窖、水井等给水设施（如图 6-6 所示）。

（2）村落用水需求分析

①村落用水构成

部分近郊型和远郊型村落因其便利的交通条件和丰富的历史文化资源，发展村落旅游业或者工业。因此村落除了村民生活用水外，还包含商业、公建、绿化、工业、养殖等用水，如近郊型西郊村，除生活用水外村落商业、养殖、工业等用水是主要用水；远郊型上庄村发展旅游业，因此商业、公建、绿化等用水作为村落用水的主要构成部分；偏远型村落生活用水则为村落的主要用水，占村落总用水量的 90%（如图 6-7、图 6-8 所示）。

②人均用水量现状

近郊型村落具有良好的经济条件，村落有主要的发展产业、旅游业或工业，因此村落除生活用水外，还有商业、工业、养殖、公建等用水，平时各种用水主要通过市政给水管网供水，部分传统水窖、水井、涝池等水源作为补充用水。根据村委领导访谈结果，近郊型村落村民人均用水量在 80 ～ 100L/ 人·d。

远郊型村落发展方向主要有传统农耕和旅游两种，以传统农耕为主的村落用

---

1 此类蓄水池多蓄积可饮用的深井水，有盖板、防渗等处理，区别于雨水的蓄水池。

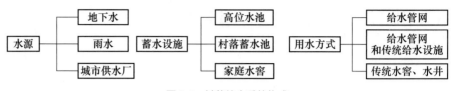

图6-6 村落给水系统构成

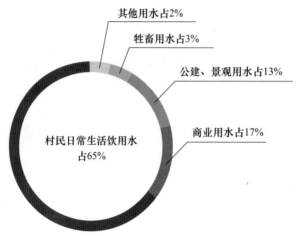

图 6-7 近郊型和远郊型村落
用水构成

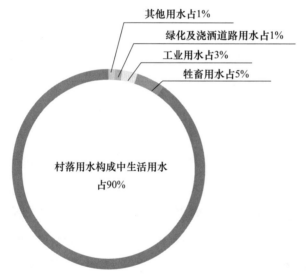

图 6-8 偏远型村落用水构成

水主要以生活用水为主，部分村落因其现存较多的历史文化要素，因此开展村落旅游，在用水构成中多了商业、公建、绿化景观等用水，但受用水成本和供水量的影响，村落仍使用较多的传统给水设施。根据调研结果，此类村落人均用水量在 40 ～ 65L/ 人·d。

偏远型村落因其独特的地理位置和常住人口构成等原因，村落主要以传统农耕为主要的发展方向，并未发展旅游业或工业，其主要的用水为村民的生活用水，因此村落仍主要使用传统给水设施来满足日常生活用水。此类村落人均用水量较小，约 30 ～ 40L/ 人·d。

（3）村落供水水源选取

不同类型的村落有不同的用水构成和给水水源，但都遗存了大量的传统给水设施，传统给水设施可供给的水量仍不可忽略。因此，在村落给水水源的选取上，应结合村落的实际情况，将传统和现代有机结合，使村落遗存的大量传统给水设施焕发新生。具体村落给水水源选取说明见表 6-3。

（4）村落供水方式选取

出于有效利用雨水资源和传统给水设施功能再生的目的，同时考虑到不同村落地形地貌和用水构成的差异性，供水方式可选择分质供水、分区供水两种。

分质供水指在村落中经过消毒净化处理后达到饮用水标准的地下水和雨水，可通过管网、水窖等设施为村民提供生活用水；对未经处理的地下水、地表水和雨水，可通过水泵等方式汇集，为道路浇洒、绿化、养殖、消防等提供水源（如图 6-9 所示）。

分区供水指村落可用传统分散式水源实行片区分散供水，现代点状水源实行片区集中供水，如村落可分区营建多个蓄水池来储存深井水（如图 6-10 所示）。

表 6-3　传统村落给水水源选取分析

村落类型	村落用水现状	用水构成	可选取水源	水源选取说明
近郊型	以现代管网为主	生活、商业、公建、绿化、消防、养殖、工业	现代市政水源、传统分散式水源	传统分散式水源作为没有水质要求的用水，市政水源作为村落生活用水。
远郊型	传统给水设施和现代管网互补	生活、商业、公建、绿化、消防、养殖、工业	现代点式水源、传统分散式水源	现代点式水源首先解决生活用水和其他需求用水、便捷度需求的用水，传统分散式水源作为用水补充。
偏远型	以传统给水设施为主	生活、养殖、消防、公建	现代点式水源、传统分散式水源	此类村落现代点式水源作为生活用水不是很便利，传统分散式水源加以净水设施，作为生活用水或其他用水。

表格来源：根据调研结合相关资料整理。

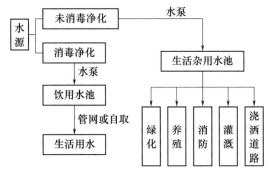

图 6-9　村落分质供水示意图

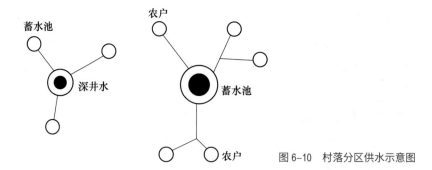

图 6-10　村落分区供水示意图

（5）给水系统规划原则与方法

①结合村落发展需要，多水源供给村落用水

考虑到村落发展带来用水构成的差异性，导致村落用水量转变这个因素。不同村落应根据实际用水需求，合理地选择不同用水的供水水源，充分利用传统给水（蓄水）设施的"集水"作用，达到满足村落用水需求和用水成本的平衡。有效梳理村落传统水源和现代水源，使其分别发挥不同需求下供水的功能。

②加快村落净水工程，实施饮用水水质达标行动

在太行山区传统村落实地调研中发现，绝大多数村落基本未设置饮用水的消毒净化设施，且由于对煤矿等矿产资源的开发，绝大多数地下水水质受到影响，不能达到乡村居民生活饮用水标准。因此，在远郊型和偏远型村落中，应结合自身发展的实际情况，对现代点式水源和传统分散式水源进行合理的消毒净化处理。如将深井水抽送到高位水池时，应做消毒处理后再输送到村落各用水设施；水窖则需根据"集水"的目的选择性地添加消毒净化设施。

③优化给水系统设计，实现村落用水更加便利

在解决水量和水质的问题后，优化村落的给水系统设计，加快村民用水便利步伐，满足村民的现代化生活需求。远郊型和偏远型村落应结合村落的实际情况，逐步实现给水管网现代化或传统给水设施给水现代化。

规划方法：根据村落的发展方向和用水现状，结合不同村落的实际情况，合理选择村落水源、供水方式和净化消毒设施等，有效利用现存的传统给水（蓄水）设施，按照村落用水和便捷度的要求，将传统给水（蓄水）设施和现代技术有机结合，共同构成村落的给水系统。

2.传统给水（蓄水）设施再生策略

本节以不同类型传统村落传统给水（蓄水）设施的再生规划为基础，找出传统给水（蓄水）设施在新的用水需求下的功能定位，最后科学合理地设计出不同再生梯度下传统水环境设施的再生策略。综合不同类型传统村落的给水系统分析

可知，传统给水（蓄水）设施在不同的村落规划定位不同，因此，对传统给水（蓄水）设施的再生策略研究主要分为三种类型村落设施的再生策略。

综合不同村落类型传统给水（蓄水）设施再生规划，村落传统给水（蓄水）设施的再生规划策略见表6-4。

3.传统给水（蓄水）设施再生规划

不同类型村落因经济情况、村落规模、产业构成、自然环境等方面差异，对于传统给水（蓄水）设施再生采取因地制宜的给水系统规划方式，具体问题具体分析，结合村落发展特点和趋势，做出科学合理的规划，在可持续发展理念下最大程度地满足村落的供水发展需求，推动传统村落的绿色可持续发展（见表6-5）。

（1）近郊型村落传统给水（蓄水）设施再生规划

近郊型村落由于距离城市较近，在城镇化发展的过程中对村落的辐射较为明显，经济条件好，分布较为集中。传统村落有条件敷设城市给水管网，村民生活生产用水均来源于城市市政水源，形成了良好的给水系统规划，具有造价中等、施工便利、后期维护成本低的特点。

此类传统村落旅游业发达或有发展的可能性，用水构成多元，且用水量较多，可以利用已有城镇自来水厂的富裕供水能力，或扩容改造已有水厂，延伸供水管网，解决农村的供水问题。目前村落的给水系统已能满足村落的发展需求，但对传统给水设施雨水和地下水等的收集利用亟须改善。因此，在此类村落给水规划

表6-4　传统村落传统给水（蓄水）设施再生策略

村落类型		再生梯度	再生规划定位	再生策略
传统给水（蓄水）设施	近郊型村落	保护类	传承风貌、景观用水	利用乡土材料恢复传统风貌，维系传统结构
		保留类 更新类	其他用水	增加便捷化现代设施，作为村落其他用水补充
		拆除类	空间功能置换	拆除，作为村落其他发展需求空间
	远郊型村落	保护类	传承风貌、景观用水	利用乡土材料恢复传统风貌，维系传统结构
		保留类 更新类	生活用水、其他用水	防渗净化处理，增加便捷化现代设施，作为饮用水或其他用水
		拆除类	空间功能置换	拆除，作为村落其他发展需求空间
	偏远型村落	保护类	传承风貌、其他用水	利用乡土材料恢复传统风貌，维系传统结构，可适当增加取水便捷设施
		保留类 更新类	生活用水、农业用水	给水设施防渗净化处理，增加便捷化现代设施，作为饮用水，蓄水设施加强蓄水能力后，做景观设计，满足村落农业用水需求
		拆除类	空间功能置换、补充用水	拆除，作为村落其他发展需求空间，或者新建相应给水（蓄水）设施

表格来源：根据调研结合相关资料整理。

表6-5　传统给水（蓄水）设施再生规划方式

类型	村落类型	特征	再生规划	备注
给水（蓄水）	近郊型	距离市区近，村落规模较大，经济条件好，分布集中	采用现代给水管网为主、传统水环境设施给水为辅的方式。现代给水管网用于村落的绝大部分生活用水，传统水环境设施分散布置在村落各处，用于将积蓄的雨水或地下水提供给农业、工业等对水质要求不高的其他生产用水。	旅游业发达或有发展的可能性，用水功能多元（生活、商业、公建、绿化、旅游、工业等）。
	远郊型	距离规模不一，经济条件一般	采用现代给水管网和传统水环境设施给水互为补充的方式。通过深井或高位水池（净化后）的水源接引至现代给水管网，满足一部分生活用水，传统水环境设施一部分水通过净化设备处理后用于生活用水的补充，另一部分不通过净化可直接用于农业、工业等生产用水。	村域内有工业，或者有发展旅游业的可能性，用水功能较为多元。
	偏远型	规模小，经济条件相对较差，分布较为分散	采用传统水环境设施为主，现代水环境设施为辅的给水方式。营建多个蓄水池蓄积和深井水，实现分区供水。同时对水窖类提供生活用水的传统给水设施和蓄水池设置消毒净化设施。最后，其他闲置的传统给水（蓄水）设施恢复蓄水能力，不做净化处理，水源可作为对水质要求不高的消防和农业用水。	用水功能相对单一，以传统农耕为主，主要有生活用水和农业用水。

表格来源：根据调研结合相关资料整理。

中，近郊型村落优先采取城镇水厂管网延伸，或建设跨村、跨乡镇连片集中供水工程等方式，发展规模化集中供水；不具备条件的地方采取分散供水或分质供水。然后以修复传统给水（蓄水）设施的集水能力为主要目的，将各闲置或使用的传统给水（蓄水）设施进行系统化梳理，以片区或村落为服务对象，使其作为绿化、景观、消防、养殖、商业等用水的主要来源（如图6-11所示）。因此，根据不同梯度的设施再生规划导向得出传统给水（蓄水）设施的再生规划为：保护类传统给水（蓄水）设施在给水系统规划中主要承担传承传统风貌的职责，其次可作为景观用水；保留类和更新类传统给水（蓄水）设施在给水系统规划中主要体现其集水、蓄水的能力，将其蓄水作为绿化、景观、消防、养殖、商业等用水的主要来源。拆除类传统给水（蓄水）设施不在村落给水系统中承担职责，因此在拆除后可考虑空间功能置换，满足村落其他发展需求。

　　以下将以西郊村为实例分析近郊型村落给水系统再生规划设计。西郊村地处太行山中部西麓，平定县中部，为晋东、晋中两大地区出省枢纽要道。村境东西最长处3.95公里，境域面积11平方公里。到2015年底，全村有5个村民小组，全村1051户，2535人。该村西距平定县城5公里、阳泉市区11公里、省会城市太原130公里，东离石门口乡政府所在地4公里，位于307国道和太旧高速公路旁，交通十分便利，经济条件良好，分布集中，属于典型的近郊型村落。

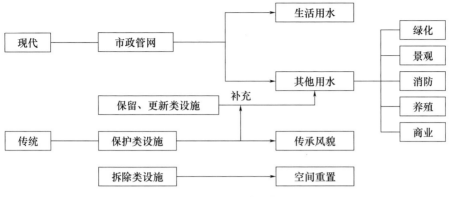

图 6-11　近郊型村落传统给水（蓄水）设施再生规划

　　该村目前的主要给水设施为水窖，包括打水窖、修水窖、挖泉井、建池塘、修水池、引水等供水工程。随着社会的发展，部分水窖、泉井等传统水环境设施已无法满足现代人的生活用水需求，亟须解决用水便捷和水质问题。通过对该村的经济状况、自然条件、产业构成等发展现状的分析，对西郊村的用水水源选取、用水量预测、给水系统规划与给水设施布置方式等进行了科学合理的规划，认为其适合采用现代给水管网为主、传统水环境设施给水为辅的方式。

　　首先，在水源地选取与保护方面，规划水源地 2 处，规划保留现状山上的蓄水池 1 处，并在山上新建蓄水池 1 座，作为备用水源。水源地类型为深水井供水，通过给水泵站将水提升至山顶，利用深水池集中供水。

　　其次，在用水量预测方面，规划由水源地取水供给村庄生产、生活使用。本规划区用地以村镇居住为主。根据规划确定的各类用地性质以及用地面积，依据《村镇供水工程技术规范》（SL 310—2019）中规定的用水量指标，西郊村属于黄土高原沟壑区以外地区，因此建议西郊村最高日人均用水量指标为 80L/ 人 · d。用水日变化系数为 1.4，最高日用水量为 154m³。

　　最后，在给水系统规划与设施布置方面，为了满足供水安全及消防要求，结合经济需求，村庄给水管网采用环状和支状相结合的方式，沿村庄内规划道路布置，最小管径为 150mm。根据《农村防火规范》（GB 50039—2010）第 5.0.6 条和第 5.0.9 条，西郊村应设室外消防给水系统。消防给水系统宜与生产、生活给水系统合用，并应满足消防供水的要求。为了保证消防水量，管径 150mm 的管道间距不得超过 200 米。消防水池结合现存的传统蓄水设施进行设置，且宜设在地势较高处，不少于 2 处，保护半径不宜大于 150m。在供水管道设计和建设时，应按规定的间距沿道路设置消火栓，消火栓间距不宜大于 120m，同时距路边不应大于 2m。

同时，保留村落中部分尚在使用的水窖给水设施，将各闲置或使用的传统给水（蓄水）设施进行系统化梳理，对其进行更新改造和现代优化处理，以片区或村落为服务对象，使其作为片区或村落绿化、景观、消防、养殖、工业等用水的主要来源，将水窖等接入村内消防管网。

具体管道走向布置如图 6-12 所示。

此外，对村内的传统蓄水设施涝池等进行适应性更新，传统涝池防渗能力较差，池岸不设维护设施，容易危及人身安全等。因此从景观方面对涝池进行更新设计，在涝池上设置亲水平台，同时在亲水平台上设置石凳、石椅等设施，供村民或游客在平台驻留观景的同时能稍作休息。种植景观绿化带、花草，积极响应美丽乡村建设，使涝池成为干旱缺水的太行山区古村落的一道亮丽风景。涝池中或养鱼或种睡莲还能美化环境，提升空间活力。涝池周边要设置保护设施，可以设计护栏防止意外跌落，护栏宜采用石砌、砖砌、木构等传统方式，古朴、典雅、美观。必要时投放救生圈等措施，保障人员安全。

（2）远郊型村落传统给水（蓄水）设施再生规划

远郊型村落距离城市有一定的距离，规模大小不一，经济条件一般。存在管

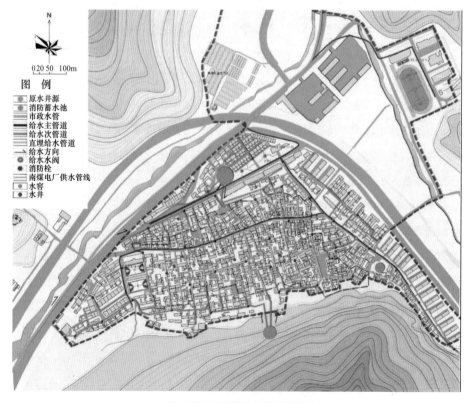

图 6-12　西郊村给水系统规划图

网敷设率不全或村落深井供水量不足的问题，导致现代给水管网和传统给水设施相互协调，共同供给村落的各项用水，目前村落部分传统给水设施仍在使用中。因此，远郊型村落给水规划首先考虑水质的需求，其次满足村民用水便捷度的需求。第一，通过深井或高位水池（净化后）的水源接引至现代给水管网，对村落高位水池和使用中的传统给水设施进行消毒净化处理，满足一部分生活用水；第二，对使用中的传统给水设施进行用水便捷处理，传统水环境设施一部分水通过净化设备处理后用于生活用水的补充（如在冬季输水管道冰冻无法使用等特殊情况下），另一部分不通过净化可直接用于农业、工业等生产用水；第三，恢复闲置传统给水（蓄水）设施的集水能力，使其重新发挥作用来补充村落部分其他用水需求（如图 6-13 所示）。因此，根据不同梯度的设施再生规划导向得出传统给水（蓄水）设施的再生规划为：保护类传统给水（蓄水）设施不承担村落生活生产用水的职责，只承担传承风貌和景观用水的职责；保留类和更新类传统给水（蓄水）设施主要承担村民生活、生产用水的职责，在满足生活、生产用水的基础上，可以补充村落其他用水；拆除类传统给水（蓄水）设施难以对村落给排水产生服务，因此主要考虑对其进行空间功能置换。

以下将以大石门村为实例分析远郊型村落给水系统再生规划设计。大石门村位于县城东南部，其间相距四十里，西距蔛巷六里，北距小口头七里，南距立壁八里，村东皆高山。村南山有一小口，原称石门口，后因山洪冲刷小口变大，即依此定为大石门。村中人口 1848 人，古院落 80 处有余，在村北庙地先后建起了老爷庙、娘娘庙等十几座庙宇。2018 年被列入第五批中国传统村落名录，属于典型的远郊型村落。

该村目前用水多靠雨水，家家户户都有水窖，只有缺水时才会使用深井水。用水流程即村庄深井（抽水）—深井水池（自压）—蓄水池（水车水桶）—水窖，虽然村庄目前已铺设给水管道，但是因用水成本过高，故停止使用，但随着社会的发展，水窖、蓄水池等传统水环境设施已无法满足现代人的用水需求，需要结合村落实际和现状进行合理规划。根据现状调研、资料收集和对传统水环境设施的价值评估等，认为其适合采用传统水环境设施和现代管网协同的给水方式（如图 6-14 所示）。

首先，在水源地的选取与保护方面，规划沿用现状已建的高位水池，供水流程还是依照深井—深井水池—村庄蓄水池—高位水池，考虑到村庄已铺设给水管网，所以规划不考虑系统新建，在实际使用过程中，对一些线路进行改造即可，在沿水流管道设置消防栓，根据《古城镇和村寨火灾防控技术指导意见》要求，

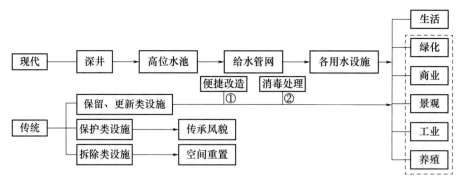

图6-13　远郊型传统给水（蓄水）设施再生规划

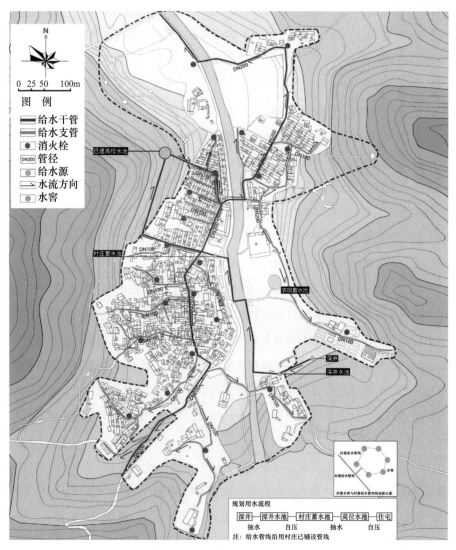

图6-14　大石门村给水系统规划图

室外消火栓间距不宜大于 120m，并宜靠近十字路口，预防各类灾害的发生。

其次，在用水量预测方面，规划由水源地取水供给村庄生产、生活使用。根据规划确定的各类用地性质以及用地面积，依据《村镇供水工程技术规范》（SL 310—2019）中规定的用水量指标，建议大石门村最高日人均用水量指标为 100L/ 人·d。用水日变化系数为 1.2，最高日用水量为 202m³。

最后，给水设施布置方面，为满足供水安全及消防要求，结合经济需求，沿道路设置消防栓，同时对一些废弃管道进行更新，最小管径为 100mm。配水管网的供水水压宜满足用户接管点处服务水头 28 米的要求。在供水管道设计和建设时，应按规定的间距设置消火栓。根据《消防给水及消火栓系统技术规范》（GB 50974—2014），室外消防给水采用两路消防供水时应采用环状管网，但当采用一路消防供水时可采用枝状管网。高压消防系统的水压应满足直接灭火的水压要求，随建筑层高、灭火水量而定；低压消防系统允许控制点水压降至 10 米。同时，对使用中的水窖等传统给水设施进行用水便捷处理，一部分水通过净化设备处理后用于生活用水的补充（如在冬季输水管道冰冻无法使用等特殊情况下），另一部分水不通过净化可直接用于农业、工业等生产用水。最后恢复闲置传统给水（蓄水）设施的集水能力，进行现代化更新改造，使其重新发挥作用，来补充村落部分其他绿化、消防等用水需求。将村内涝池等更新为消防水池，确保其容量不小于 50m³，且平时应保持水量。

此外，考虑到未来村落旅游发展后村落用水需求方面水质、水量的变化，将部分院落内的水窖进行适应性更新，如增加水泵、给水软管等，增添净水装置提高水质后，以片区为单位通过管网与村内现有的给水管道相连接，提高用水的便捷度、高效性等。

（3）偏远型村落传统给水（蓄水）设施再生规划

偏远型村落一般用地规模和人口规模都偏小，经济条件相对较差，村落分布较为分散。此类传统村落主要以农业生产为主，其用水需求和用水构成都较为单一，通常以传统给水（蓄水）设施来满足村落的生活生产用水需求，且多数村落生活用水都未经消毒净化。

因此，村落给水规划主要解决水质和用水便捷度的需求。主要方法为营建多个蓄水池蓄积深井水，实现分区供水，对水窖类提供生活用水的传统给水设施和蓄水池设置消毒净化设施。其他闲置的传统给水（蓄水）设施恢复蓄水能力，不做净化处理，水源可作为对水质要求不高的消防和农业用水（如图 6-15 所示）。因此，根据不同梯度的设施再生规划导向得出传统给水（蓄水）设施的再生规划为：

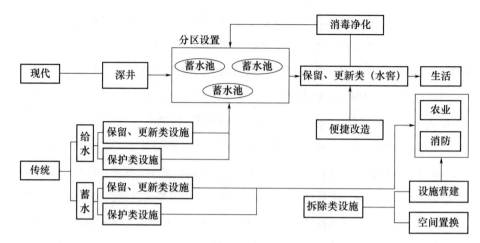

图6-15 偏远型传统给水（蓄水）设施再生规划

保护类传统给水（蓄水）设施既要承担传承风貌的职责，又要供给村落其他用水需求；保留类和更新类传统给水设施主要供给村落的生活用水，传统蓄水设施主要供给村落农业用水的补充；拆除类传统给水（蓄水）设施根据村落的实际需要，或进行空间功能置换，或进行其他给水（蓄水）设施营建，然后去满足村落的用水需求。

　　以下将以旧关村为实例分析偏远型村落给水系统再生规划设计。旧关村位于山西省阳泉市平定县娘子关镇，旧关村总面积11624.7亩，全村共625户，人口1752人，地处太行山中段，山西省东部地区，属于典型的偏远型村落。2023年9月，被山西省人民政府列入第六批山西省历史文化名村。村落坐落于沟谷地区，始建于战国时期，因其地势居高临下，易守难攻，作为多个时期的边境要塞。秦皇古道穿村而过，建筑依托古道向两侧山腰延展，最后形成线型中凹形聚落。村落周边没有河流等地表水资源，古代生活用水主要靠水井、水窖、旱井等设施提供（如图6-16所示）。

　　在村落主街已铺设给水管网，主要由娘子关地表水库供水，由于长距离的用水输送成本，村落自来水用水成本较高。因此村民多使用水窖收集雨水作为生活水源，当雨水不足时才考虑给水管网供水，村落由此形成了以现代管网和传统给水设施互补的用水体系（如图6-17所示）。给水管网主要铺设于古村主街和新村部分地区，但水窖几乎每家每户都有设置，在村居住的村民基本都使用水窖供水。在村落的用水构成中主要包括生活用水、公建用水、生产用水、浇洒道路用水和商业洗车用水等，村落现状蓄水设施"饮马池"，由于水质问题只作为部分农业生产、消防等用水。

　　根据实地调研结果，村民仍喜欢水窖的给水模式，只是取水便捷度尚待改善，

村落现状供水模式

给水管网 → 公建

雨水 → 水窖

村落给水通过给水管网和水窖共同提供，给水管网并没有入户，部分村民先通过水窖蓄集雨水，雨水用完时才会通过给水管网放水到水窖。

村落现状排水模式

雨水 → 院落

污水 → 街巷 → 村落沟渠

村落仍采用雨污合流的排水模式，没有污水处理设施，雨水和污水均依靠传统排水设施。

—— 给水管网
—— 村落沟渠

图 6-16　旧关村给排水现状

同时部分村民对水质较为担心。因此在村落给水规划中，采用传统水环境设施为主，现代水环境设施为辅的给水方式。

生活用水方面，首先考虑延续娘子关的供水管网，采用现代给水管网供水的方式，继续维护村落主街已铺设的给水管网，沿 307 国道对学校、村委会、加油站等公建引入现代给水管网来供水。供水量预测方面，建议旧关村最高日人均用水量指标为 60L/人·d。用水日变化系数为 1.1，最高日用水量为 115m³。据调查，水窖使用年限以 1 年为大多数，偶遇旱灾等极端情况灌满一次需满足 2 年生活用水需要。经计算可得，供一年使用时，人均日用水量为 29.88 ~ 63.73L；供两年使用时，人均日用水量仅为 14.94 ~ 31.86L。参照《山西省用水定额第 4 部分：居

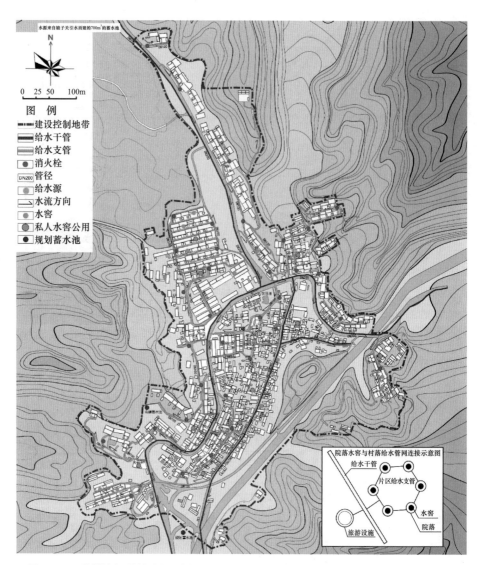

图 6-17 旧关村给水系统规划图 （注：历史文化名村的保护范围划定，包括核心保护范围和建设
控制地带，井陉古道土门关口。）

民生活用水定额》（DB 14/T 1049.4—2021），农村居民分散式生活用水定额为 70L/人·d。每年都需灌一次水窖，或者同时使用 2 个以上水窖，才能满足此类生活需求。

其次在水窖使用便捷度提升方面，一是对单体水窖加强水质净化处理：考虑使用过滤和重力沉降方法提升沉砂池的雨水净化能力。二是加强防渗处理：包括两个环节，强化雨水收集和优化窖体状况。在收集雨水过程中使用防水材料，确保雨水原地汇集，同时完善竖向规划，引导雨水收集。对村民院内的私人水窖实行现代化改造，加设水泵、水塔等设施满足单体建筑用水便利的需求，增加水净化装置，提高村民生活用水质量，满足旧关村绝大多数村民的日常生活用水需求。铺设局部管网，将水窖接入厨房、卫生间或其他用水点，村民打开开关即可用水，实现"水窖—管线—用户"的现代供水模式。

消防用水方面，修复村落闲置水井、饮马池等水源，将其水源作为农业生产、消防、洗车等对水质要求不高的其他用水。因旧关村属于历史文化名村，消防应以防为主，消、防结合，强化火灾预警体系。因保护需要，按照现行标准和规范设置消防设施、消防通道的确有困难，应因地制宜制定防火安全保障方案，消防水塔建设应结合地形地貌，不应破坏历史风貌。消防水池结合现存的传统蓄水设施进行设置，且宜设在地势较高处，不少于 2 处，保护半径不宜大于 150m。在供水管道设计和建设时，应按规定的间距沿道路设置消火栓，消火栓间距不宜大于 120m，同时距路边不应大于 2m。消防管网采取环状和支状结合，消防用水量为 130m³，消防水塔结合规划蓄水池设置在地势高处。

①历史建筑

村内的历史建筑应设置完善的自动灭火设施，选用对历史建筑无损害、无腐蚀、无污染、灭火后无残留的灭火介质。同时，管网和喷头等设置不应破坏历史建筑本体及其环境风貌。传统彩绘、壁画、泥塑等有特色价值要素的部位不应设置自动喷水灭火系统，应选用无管网灭火装置，采用移动式高压细水雾灭火装置进行辅助灭火。根据《文物建筑防火设计规范》（DB 11/1706—2019），消防等级为 3、4 级的历史建筑，根据不同的建筑体量，确定消防用水量。小于 3000m² 的建筑，发生火灾时使用消火栓数量为 3 个，系统设计流量为 15L/s，依据消火栓流量计算一次消防用水量为 162m³。消防用水全部储存于独立设置的消防水池内，2 座消防水池有效容积分别不小于 540m³ 和 270m³，消防水池选址于古建筑群旁的农田内。传统风貌建筑与相邻既有建筑之间的防火间距不应小于 2m，历史建筑和传统风貌建筑火灾自动报警系统宜采用有线组网方式。难以敷设线路的建筑可采用无线组网方式。

②文物保护单位

文物保护单位分为三类：全国重点文物保护单位、省级文物保护单位和市县级文物保护单位。对于木结构建筑，一般应采用自动喷水灭火系统和水喷雾灭火系统。自动喷水灭火系统和水喷雾灭火系统是目前我国应用最广泛、效果最好的两种消防用水方式。对于砖石结构的古建筑，由于耐火等级较高，一般采用室内消火栓系统。室内消火栓系统主要由消防水源、消防给水设施、消防给水管网、室内消火栓、消防水带、喷枪或喷水软管等组成。在古建筑内部设置消火栓时，应遵循不损坏古建筑和不影响其使用功能的原则，合理确定消火栓的数量和位置。对于大型古建筑群，如故宫、颐和园等，由于其占地面积大、建筑数量多、人员密集等特点，需要采用更完善的消防用水方案。一般应采用多种消防用水方式相结合的方式，如室外消火栓系统、消防水池、高位消防水箱等。同时，应设置独立的消防给水系统，确保消防用水的供应和安全可靠性。

景观用水方面，考虑到该村位于重要地理区位，交通优势突出，文化遗产资源保护较好，未来有发展乡村旅游业的可能性，因此在给水系统规划中将一部分私人水窖提供至未来旅游用水，使用现代管网接引至各用水区。同时，保留村内原有的蓄水池，并在村南新增一座蓄水池，设置消毒净化设施，通过蓄积深井水，实现村落分区供水。将村落中的生活污水进行二次处理，满足景观用水的水质要求，可以通过管网连接的形式进行造景，水景要与村落的整体传统风貌相协调。此外，应结合基址雨水消纳和水资源条件合理组织水景工程，使用再生水的景观水体和景观湿地，应在显著位置设置"再生水"的标识和说明，不可饮用和用于生活洗涤等与人身体直接接触的活动。对村落中的古井、古桥、名木古树、围墙、石阶、铺地、水系等进行保护和定期维护。新规划人文空间中的景观环境应保持其原有风貌、路面铺装、水景构筑物延续传统的材料、尺寸和铺装方式。

6.3.2 太行山区传统村落传统排水设施的再生规划策略

1. 太行山区传统村落排水现状分析

太行山区传统村落的排水主要指自然雨洪和生活污水的排放，排放方式有雨污合流的自然无序排放和雨污分流的有序排放，雨污分流指雨水依靠村落传统排水设施自然排出村落，生活污水随意排放；雨污合流指雨水通过传统排水设施排放，污水通过现代排污管道排放到污水处理厂（站）。根据调研结果，在选取村落中雨污分流村落占53.57%，雨污合流村落占46.43%。其中：近郊型村落均采用雨污分流的方式，远郊型村落依据自身发展情况雨污合流和雨污分流的方式均有，偏远型村落均采用雨污合流的方式。远郊型村落如上庄村，因发展旅游业，村落经济条件较好，因此村落设置有排污管道，旧关村以农业发展为主，经济薄弱，村落排水仍采用雨污合流的方式（见表6-6）。

2. 太行山区传统村落排水系统规划分析

（1）村落排水系统构成

村落的排水系统主要由排水需求、排水设施、污水处理设施三部分组成。排水需求主要有污水排放和雨水排放；排水设施主要有污水管网和传统排水设施；污水处理设施主要有城镇污水处理厂、乡村污水处理站、化粪池等设施（如图6-18所示）。

表 6-6　样本村落排水模式统计

村落类型	现状排水方式	样本传统村落	比例
近郊型	雨污分流	琉璃渠、南留庄、西古堡、大阳泉、上伏村、娘子关村、西郊村	25.00%
远郊型	雨污分流	爨底下村、苇子水、灵水村、湘峪村、北官堡、上庄村、屯城村、砥洎城	28.57%
	雨污合流	师家沟、郭峪村、下盘石、小桥铺、旧关村、新关村、辛庄村、英谈村	28.57%
偏远型	雨污合流	大梁江、王硇村、大石门村、北社东村、七亘村	17.85%

表格来源：根据调研结合相关资料整理。

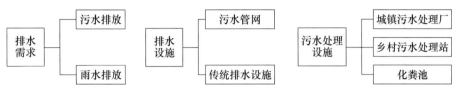

图 6-18　传统村落排水系统构成

（2）村落排水需求分析

太行山区传统村落的排水主要分为雨水排水和污水排放两种，根据调研结果显示，只有近郊型和部分远郊型村落设置有污水管道，且多数村落无污水处理设施，只是单纯地将污水进行汇集；偏远型和部分远郊型村落仍是将生活污水直接排放到村落沟渠或街道，极大程度地影响村落整体风貌和生态环境，同时也给村民的生命健康安全和饮水质量带来重大的隐患。雨水排放主要通过村落排水系统构成的各种传统排水设施排放至村外或蓄水池，近年来多数村落水窖使用率降低，失去原有的蓄积雨水功能，且部分传统给水设施已损坏，排水沟渠也经常被垃圾或土石堵塞，村落洪涝现象频发。如旧关村的村落沟渠，南北贯穿于整个村落，全长 800 余米，现正常使用修复的仅 400 余米，其余部分多为垃圾堆放，影响了排水的畅通性。现在其他的排水设施如沟渠、涝池、水塘等虽正常承担雨污的排放功能，但杂草丛生，污染严重。因此此村落排水需求主要分为以下两方面。一方面根据不同类型村落污水排放现状，科学合理地构建村落生活污水排放系统和污水处理设施；另一方面梳理村落传统排水体系，修复各损坏的传统排水设施，实现村落雨洪的有机排放。

（3）村落排水方式的选取

目前，太行山区传统村落常见的排水方式主要分为雨污合流和雨污分流两种，区别于城市的雨污合流和分流，传统村落的雨污合流主要是村落污水和雨水均通过传统排水设施随意排放；雨污分流主要是村落已建污水管道，污水通过污水管道进行排放，雨水通过传统排水设施进行排放。根据村落的调研现状，不良的生活习惯导致生活污水较为分散，难以收集处理，且随着用水量的增加，产生的生活污水也将日益增加。随着村落生产生活方式的转变，传统村落的生活污水构成也有了较大变化，同时，清洁剂、农药等化学试剂的使用，对生活污水处理的需求也越来越迫切。

因此，太行山区传统村落未来的排水方式应选取雨污分流，污水通过污水管道进行收集排放，雨水首先通过传统排水设施汇集到水窖、蓄水池等给水（蓄水）设施，过量雨水再排出村外（如图6-19所示）。

（4）太行山区传统村落污水处理设施布局

村落的污水处理需求主要由厨房、洗浴等生活污水和厕所污水两部分构成，目前存在的村落污水处理站多利用蓄水池对其进行简易处理，同时，较少有村落先通过化粪池对厕所污水进行预处理后再和厨房、洗浴等生活污水集中排放。因此，未来村落污水处理设施的选择为污水处理站和化粪池两类。

①化粪池布局

根据实际调研情况，太行山区传统村落的卫生设施主要是旱厕，虽然部分村落已建水冲式厕所，但是依旧将厕所污水冲至自家旱厕，再定时进行清掏。旱厕作为传统村落的一种卫生习俗，分散于传统村落各个角落，因此，从村落的实际情况出发，主要考虑分散式家庭化粪池布局形式。将厨房用水和洗漱用水汇集到自家院落化粪池，进行初次处理，然后将处理后基本无害的粪液排入到村落污水管道（如图6-20所示）。

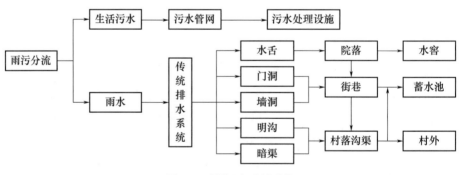

图6-19 村落雨污分流系统

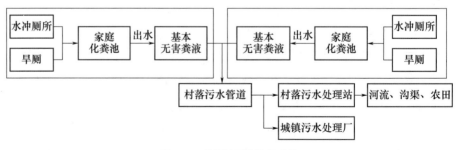

图6-20 化粪池污水处理系统

②村落污水处理站布局

村落污水处理站的建设布局要因地制宜，合理确定建设规模，根据村落的实际情况可分为单村设置和多村合用两类布局形式（如图6-21所示）。单村设置布局指村落区位相对独立，村落各个区域污水经污水管道汇聚后输送至村落污水处理站，且污水处理站只服务于本村，规模相对较小；多村合用布局指同一区域内村落较为集中或距离较近，因此，多村共同修建一个污水处理站，服务于多个村落，本身规模较大。具体采用何种布局，需因地制宜，不能一概而论，取决于村镇规模、居住密度和地形地貌等。另外，污水处理站规模设置时要科学合理。

3. 太行山区传统村落排水设施再生策略

根据传统水环境设施再生价值结合村落排水现状和排水系统的规划分析，以传统水环境设施的再生导向为指导，综合考虑传统村落排水系统的实际情况，最后确定传统排水设施的再生策略，进行太行山区传统村落排水设施再生规划。村落雨水排放系统是由众多的传统排水设施组合而成，因此，传统排水设施的再生需要注意排水系统再生的完整性，不能遗弃任何一类排水设施，要保证村落雨水排放系统的通畅性。且设施具有独特的乡土材料和营建工艺，在再生策略中应考虑传统村落风貌传承的作用。综合传统排水设施的再生规划定位，其再生规划策略见表6-7。

4. 太行山区传统村落排水设施再生规划

根据乡村人居环境改善的需求，未来太行山区传统村落排水规划应选择雨污分流的排水方式，通过雨水收集和污水处理的方式对水资源进行二次利用，村落应根据地形地势布置合理的污水管网，以及修复传统排水设施的损坏部分，完善村落雨水排放系统。近郊型村落考虑到污水管网已纳入城市污水处理系统，不做污水处理站布局，可分区设置化粪池，将厕所污水、粪便进行处理后进行农业灌

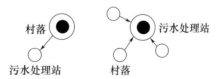

图6-21 污水处理站布局

表6-7 传统排水设施再生策略

	再生梯度	再生规划定位	再生策略
传统排水设施	保护类	风貌传承、排放雨水	以乡土材料进行风貌修复，延续其雨水排放功能
	保留类	排放雨水	修复设施破损处，延续排水功能即可
	更新类	排放雨水	对设施进行更新改造，恢复其排水功能
	拆除类	排放雨水	新建相应的排水设施，满足村落雨水排放需求

表格来源：根据调研结合相关资料整理。

溉或排入污水管网。远郊型和偏远型村落则需完善村落污水管网建设，同时分区设置化粪池或者抽粪车收集粪便，如果同一区域内相邻村落距离较近，则可以考虑联村的污水处理设施，共同修建一个污水处理站；如果村落位置较为独立，则在村落单独设置污水处理站完成污水处理。因此，根据不同梯度的设施再生规划导向，得出传统给水（蓄水）设施的再生规划为：保护类传统排水设施在维护其结构和传统风貌的情况下，继续承担村落雨水排放的职责；保留类传统排水设施继续承担本身的排水功能即可；更新类传统排水设施修缮更新其不适应排水需求的部分，使其重新服务于村落排水系统；拆除类传统排水设施对其进行拆除后，重新营建新的排水设施来解决雨水排放的问题（如图6-22所示）。

（1）近郊型传统村落排水设施再生规划

此类传统村落现代化进程较快，排水系统已纳入城市管网，采用雨污完全分流制，用管道分别收集污水和雨水，雨水及污水处理达标后方可排放或农业灌溉，或者进行回收利用。在此类村落中传统排水设施的现存量和使用率较低，其再生在综合考虑村落现状排水体制后结合村落发展，分别制定村落的雨水排放和污水排放系统规划。

传统排水设施的再生要充分考虑新材料、新技术的影响，评估传统排水方式和设施的现代价值和适用性，在现有基础上进行功能的优化升级和现代化改造，有效地选择合适的排水方式和污水处理技术，使原有的水环境设施与新的排水设施合理地有机结合，并且敷设管网时尽可能地降低工程造价，减少运营成本，节省投资。

在雨水排水系统中，传统排水设施的系统化、层级化衔接大致保持不变，传统排水设施在现实需求下，以现代管网或者对其进行适应性更新后继续发挥作用。对于经济条件较好的村落可采用敷设现代管网排放雨水的方式；对于自然地形条件允许的村落，可保留村落明沟排水设施，依靠街巷的坡降自然排水，对街巷明

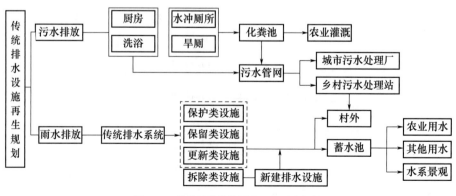

图6-22 传统村落传统排水设施再生规划

沟采取沟底敷设卵石、种植生态草本植物等方式对雨水进行过滤，适当改善街巷坡度进行适应性更新，加强雨水排放功能。

在污水排水系统中，村落集中敷设污水暗管，一般统一纳入城市污水系统，通常情况下不做污水处理站布局，而是就近接入城市污水处理厂进行处理后再次利用，个别村落根据具体情况也可考虑增设污水处理站。

以下将以西郊村为实例分析近郊型村落排水系统再生规划设计。污水排放一直是西郊改变环境污染的薄弱环节，到目前为止，该村主要排水道为驿道大街下水管道。全长约 1000 米，直接排入阳胜河，排水欠通畅。其他地段仍处于自流状态。

通过对该村经济状况、自然条件、产业构成等发展现状的分析，对西郊村的污水设施、雨水设施分别进行了科学合理的规划，认为西郊村适合采用雨污分流的排水体制，暗管结合市政排水管道规划模式。敷设污水暗管，收集后就近接入村落周边的市政管网，经城镇污水处理站统一处理。具有造价中等、施工便利、后期维护成本低的特点。

在污水设施规划方面，目前村落中的污水主要为生活污水，规划对农家院落内的便池进行改造，建设污水管网，在村北侧增设污水处理厂一处。通过对污水量预测发现，规划区污水主要是生活污水，污水量根据最高日用水量折算，规划最高日用水量为 158 立方米 / 日，污水排除率按 0.85 计算，日变化系数按 1.3 计算，污水量为 174.6 吨 / 日。在污水管网布置上，尽量按照平整后道路顺坡布置，避免设置中途提升泵站，尽量减小管道埋设的工程量。

在雨水设施规划方面，笔者分析了村内地形地貌等自然条件，发现村落内地势坡度变化较大，坐落在一条自然形成的沟谷中，呈南北走向，南依石楼山，北为村口，村首尾俱狭，腹阔，长约二里许。总体上南高北低，而且西郊村核心区汇水面积较小，考虑到村落内石街石巷的特点，街巷道路狭窄、蜿蜒曲折，为避免对路面的破坏，难以恢复原有景观，规划保留自然形成的排洪通道、渠道，以明沟排水为主，依靠街巷的坡降自然排水。在沿街排水明沟治理中，融入海绵城市原理，施工设计中增加植物和卵石，使用植物根部及卵石对村落雨水进行过滤，对地下水进行补给。此外，由于处于北方寒冷地区，西郊村的砖砌排水明沟使用年限受到冻土层和冻土时间的限制，在施工治理过程中，规划建议使用防冻混凝土对排水边沟进行浇筑，最后雨水全部汇集到西郊村外的南川河内。具体管道走向布置如图 6-23 所示。

（2）远郊型传统村落排水设施再生规划

远郊型传统村落是现代管网和传统水环境设施混合存在的村落，此类村落的

图 6-23　西郊村排水系统规划图

排水系统已部分受到现代区域性管网的辐射，但并不完善，可根据需要选择合流制或分流制。在此类村落中，传统排水设施的现存量和使用率处于中等水平，其再生在综合考虑村落现状排水后结合村落发展，分雨污合流和雨污分流两类进行排水系统的规划。在传统排水设施再生规划中，要充分考虑村落的排水体制，使其适应性更新优化后重新融入排水系统规划中，继续发挥作用。

在雨水排水系统中，根据村落的自然地理形势和现实需求，分别选取雨污合流和雨污分流两种方式。在雨污合流的排水系统规划中，传统水环境设施与现代水环境设施共同发挥作用，若村落存在一定的高差坡度，则可延续其原来以街巷作为主要排水路径的方式，利用自然势能排出雨水，减少现代管网的使用，但为适应现代发展，可在村落两侧增加明沟暗渠或者利用村落现有的传统明沟暗渠作为主要的雨水排除设施。对于污水的处理，则可对明沟暗渠进行适应性更新，如可以在沟渠内增加鹅卵石、水草等对村内水流进行简单自然净化后排放。而对于选择雨污分流的此类村落，雨水的排放仍然以建筑—院落—街巷的排水汇流层级将水排出村外，街巷要做适应性的更新，如增加明沟暗渠等，而污水则通过敷设现代管网排出。

在污水排放规划中，可以和区域内邻近村落联合，考虑联村的污水处理方式，共同修建污水处理站。若村落之间距离较远不便共同使用时，村落可单独建设小型污水处理站或者对村落现存的传统水环境设施如涝池等进行整修，作为本村集中的污水暂时收集处，再将水汇引至最近的集中污水处理站集中处理后排放。

以下将以大石门村为实例分析远郊型村落排水系统再生规划设计。大石门村没有排水管道，生活污水排放较为随意，过量雨水沿道路排向河沟。通过现场调研和访谈以及村庄的现实需求收集的资料信息，对大石门村的污水设施、雨水设施分别进行了科学合理的规划，认为大石门村适合雨污部分合流、部分分流的排水体制，管网结合沟渠的规划模式，并且与周围村落合建污水处理站，降低成本。

在污水设施规划方面，发现污水主要为生活污水，村庄暂未设置相关污水收集设施，生活污水就近排放到道路上或用来浇灌菜地。因此规划在村中沿道路设置污水管，并在村北设置一个小型生态污水处理站，收集的污水经过处理后可排放到农田耕地等地方，规划区内的排水体制选择雨污分流制。规划区污水主要是生活污水，污水量根据最高日用水量折算，规划最高日用水量为 202 立方米 / 日，污水排出率按 0.85 计算，日变化系数按 1.1 计算，污水量为 188.9 吨 / 日。在污水管网布置时尽量按照平整后道路顺坡布置，避免设置中途提升泵站，尽量减小管道埋设的工程量。

在雨水设施规划方面，村落内地势坡度变化较大，坐落于一条自然形成的沟谷中，呈南北走向，紧邻河流。考虑村庄生活用水污染低，雨水排放主要考虑通过雨污合流、部分辅以传统水环境设施的方式，主街巷雨水除了通过污水管道排出外，还采用重力排放方式排出道路雨水及周围场地内雨水，就近分散排入附近山沟中。主街巷中利用重力排出雨水时，考虑到村落内部西高东低的特点，在内部主要街巷的更新时，为避免对街巷空间及路面的破坏，在一侧增加明沟辅助排水，并在沟底铺设鹅卵石对雨水进行简单的净化后排至村外主要道路。村外的主要道路紧邻河流而且现状已增加暗渠，故在规划时保留传统的明沟下水口，并对下水口以现代技术和新型材料进行技术更新，利于街巷雨水以此排至村外沟内。具体管道走向布置如图 6-24 所示。

（3）偏远型传统村落排水设施再生规划

偏远型传统村落是以传统水环境设施为主体的村落，其传统水环境设施的现存量和使用率极高，此类传统村落由于距离城市较远，村落较之前无太大变化，故仍保持着传统的排水方式，且一般采用的是雨污合流制。在其再生规划中只需要解决传统排水设施的现代适应性问题，采用新的技术和材料对其进行更新，延续其功能继续使用。部分村落也可根据发展需要、经济条件、自然环境、产业构

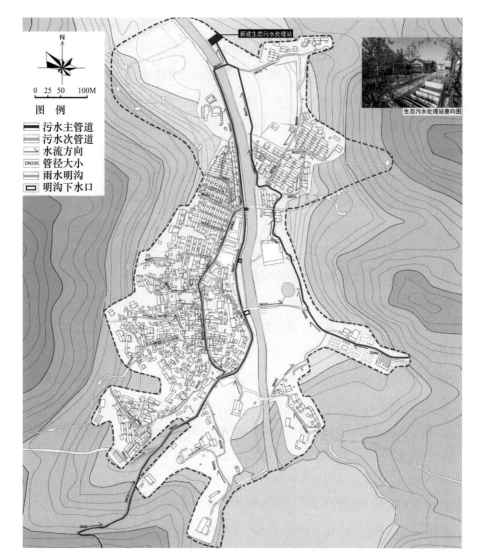

图 6-24　大石门村排水系统规划图

成等各方面因素，新增污水处理系统，实现雨污不完全分流，提高村落生活品质。

在雨水系统规划上，延续传统村落原有的街巷明沟、排水沟渠等传统排水设施，充分利用自然地形条件将雨水排放至村外。规划主要对其进行现代适应性更新，对明沟或者沟渠进行生态化处理，如将原有明沟改造为生态明沟，明沟内铺设卵石、种植植物，对雨水进行过滤后再收集起来利用，剩下的则排放至村外。

在污水系统规划方面，主要考虑一般性生活污水和厕所污水两部分。偏远型村落的一般性生活污水通过街巷明沟与雨水一起排放，改造更新过的生态明沟对生活污水具有过滤功能，此类污水排放属于雨污合流制。厕所污水一般通过抽粪车收集，将厕所污水进行初步处理后汇入敷设的污水暗管，最后再将污水排放至村外，也有部分村落根据具体情况而定。如因与其他村落相距较远，需建设多个化粪池，或者单独建设一个污水处理站，对厕所污水进行处理后再排放至村外，无论哪种情况，厕所污水排放都属于雨污分流制。

以下将以旧关村为实例分析偏远型村落排水系统再生规划设计。旧关村坐落于山谷地区，建筑依山就势从山谷向山腰进行营建，排水主要通过街巷、沟渠进行排水，并未设置污水管道，污水排放状态较为随意，倾倒至街巷、沟渠和空地之中，雨水和污水通过街巷或沟渠最终汇集到村落沟渠"藏兵道"，最后排出村外。在古村部分地区由于建筑年久失修，部分传统排水设施已损坏或堵塞，同时，线性排水系统的沟渠也常有垃圾或土石等造成堵塞。

通过对该村的发展现状进行分析，对旧关村的污水设施、雨水设施分别进行了科学合理的规划，认为旧关村适合采用雨污不完全分流的排水体制，具有造价低廉、运营成本少的特点。

在旧关村的雨水系统规划中，延续村内的街巷排水明沟以及沟渠（藏兵道），对街巷明沟和沟渠进行生态化处理。街巷明沟主要是在明沟内铺设卵石和植物，使用植物根部和卵石对雨水进行过滤后再排放，还可以储蓄一部分过滤后的雨水，这种街巷明沟排水的方式不仅解决了雨水排放问题，还增加了明沟的生态功能，丰富了村落的景观。保留村落沟渠（藏兵道），对沟渠内的杂草、垃圾进行集中清理和排查，并对沟渠内壁进行加固、护砌，在沟渠底部种植对水中的氮、磷具有吸附作用的植物，能够有效杀灭水中的细菌，通过对沟渠的生态化改造，不仅使其恢复了原有的山洪水排放功能，还丰富了旧关村植物种植，增加了村落内部生态景观。

在污水系统规划方面，厨余、洗浴等一般性生活污水仍然延续街巷明沟排放的方式，和雨水通过生态明沟过滤后一同排放至村外。而针对厕所污水则需与一般性生活污水和雨水进行分开收集，首先需要新建污水暗管设施，其次通过粪车收集的方式，将厕所污水进行初步处理后汇入污水暗管，最后由于旧关村与附近村落都相距较远，因此在村落地势较低处新建污水处理站，将处理后的污水排放至沟渠。具体管道走向布置如图 6–25 所示。

向水而生——太行山区传统村落水环境设施特色及其再生

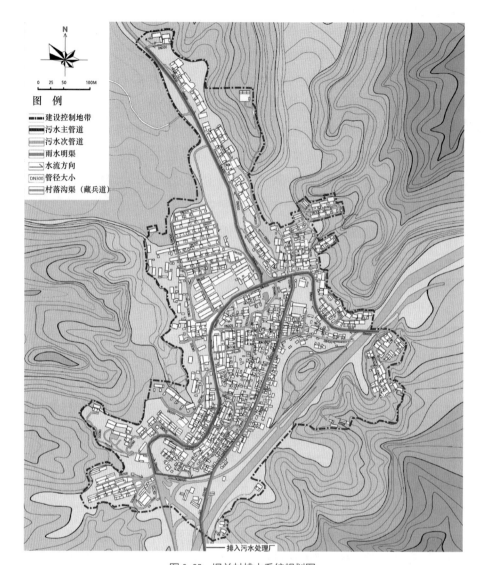

图例

- 建设控制地带
- 污水主管道
- 污水次管道
- 雨水明渠
- 水流方向
- DN300 管径大小
- 村落沟渠（藏兵道）

排入污水处理厂

图 6-25　旧关村排水系统规划图

6.4 水环境设施的再生技术策略

　　传统水环境设施是与农耕社会发展相适应的，使用的材料和技艺等与当代社会发展存在一定的限制性，并且当前人居环境改善需求增加，故传统水环境设施的营建需要和现代技术相结合，以保留其低技术、低成本、低维护、高可持续的特征，适当融入现代技术，提升其便捷性、水质、水量、水压等方面的特征，以期更好地满足现代居民的使用需求。

6.4.1 太行山区传统村落水环境设施的适应性更新

　　前文分析了传统水环境设施面临的问题，并对其营建技艺进行了价值评估，解决传统水环境设施现存问题。对其进行适应性更新需要运用新技术，采用新材料，同时也要关注传统营建技艺的价值，保留其适应现代生活的营建智慧。例如：传统给水设施中的水窖，其排—蓄结合的营建理念；传统排水设施中的街巷，其排—渗—蓄的生态营建模式；传统蓄水设施涝池防洪调蓄的生态营建方法，值得我们学习、思考和传承，对改善村落人居环境及新农村建设具有重要的指导意义。

　　1. 给水设施的适应性更新研究

　　太行山区传统给水设施主要为水井、水窖这两大类。其中，水井在适应性更新中建议从街巷的质量、风貌、用水活动、水质及便捷性能这几个方面入手，从优先级上优先考虑水井的用水活动及水质。水窖则从质量、水质及便捷性三个方面入手，从优先级上优先考虑水窖的水质（见表6-8）。

表6-8　给水设施的适应性更新导则

类型	更新内容	更新优先级	更新导则
水井	质量、风貌	重要	采用传统材料修缮
	用水活动	优先	水井周边的用水空间，即：取水空间、浣洗空间及休息洽谈空间等
	水质	优先	为水井增加井盖或设井亭，防止落叶及灰尘落入井内
	便捷性能	次要	为水井增加自动取水装置
水窖	质量	重要	用混凝土等新型材料的新窖体替换传统窖体
	水质	优先	改善集流环境，提高沉砂池过滤能力，更换窖内防渗层
	便捷性能	重要	增加自动供水装置及管网入户

表格来源：根据调研结合相关资料整理。

（1）水井

①延续传统功能、对其优化升级

水井作为村民日常取水的供水设施，是传统村落中村民生产、生活的重要保障设施，一系列日常饮水、洗衣、淘米洗菜等活动都围绕着水井展开。这样一来，水井空间成为村民传递信息、日常闲聊、交流情感的公共活动空间。因此，更新设计中要恢复水井空间的有关活动，激发水井空间活力。

②重塑传统设施、对其功能置换

对于枯水井而言，目前不能再为村民供水，但承载着过去村内取水用水活动的点点滴滴，是村民心中对村落的重要印象。可以对水井及其周围用水设施进行重塑，以期对其进行功能置换。

（2）水窖

①延续传统功能、对其优化升级

传统水窖受到营建材质和技术的影响，其使用寿命较现代工程要短，在更新中要考虑修缮破旧水窖，或更换更加耐用的新型水窖，延长其使用寿命。同时，传统水窖依靠屋面和院落进行集水，屋面雨水需再流经院落进入水窖，径流雨水带来大量灰尘、土壤及落叶等，水质难以保证，更新中要提高对雨水的净化能力。

②传统功能为底、对其功能延展

传统水窖的人工取水方式效率低、用时长、耗人力，已无法满足现代居民的需求，取水便捷性急需增强，建议对其考虑赋予自动化性能。同时，传统取水方式无法直接对用水活动供水，取出的水还需二次取用，十分不便。如此一来，更新传统水窖供水管网系统就显得很有必要。

2. 排水设施的适应性更新研究

太行山区传统排水设施常见的为排水街巷及沟渠。排水街巷在适应性更新中建议从街巷的质量、风貌、排、渗水性、安全性及景观美化这几个方面入手，从优先级上优先考虑街巷的排、渗水性能。相比排水街巷而言，沟渠则需再多考虑一项，即功能置换，从优先级上优先考虑沟渠的安全性及景观美化（如表6-9所示）。

（1）排水街道适应性更新策略

①延续传统功能、对其优化升级

保留雨水径流在排水街道排除过程中雨水下渗、蒸发、排除的水循环过程，并对其功能进行优化升级。

②赋予景观属性、改善人居环境

排水街道作为传统村落重要的公共活动场所，是村民日常交谈、出行、聚会等活动的发生地。改善传统村落人居环境需要对排水街道进行景观美化处理。

（2）沟渠适应性更新策略

①延续传统功能、对其优化升级

保留沟渠的排水泄洪能力，并改变排水坡度，提高排水能力。

②重塑传统设施、对其功能置换

沟渠受季节性降雨环境的影响，其设施运行时间分布不均，可对空间尺度较大的沟渠进行设施重塑，达到功能置换、复合利用的效果。

③赋予景观属性、改善人居环境

对沟渠沿线的村落公共空间进行景观植入，提升村民的生活居住环境质量。

3. 蓄水设施的适应性更新研究

太行山区传统蓄水设施主要是指涝池，在适应性更新中建议从涝池的池体质量、池内水质、蓄水性能、安全性及景观美化这五个方面入手。从优先级上优先考虑提高蓄水性能并赋予其景观属性（见表6-10）。

①延续传统功能、对其优化升级

目前，太行山区传统涝池维护管理工作缺乏，集—蓄过程中流入涝池的垃圾和杂物没能定期清理，导致水质严重恶化。改善传统涝池水质是更新过程中一个重要环节，建议修筑沉淀池，过滤杂物，利用现代生态技术净化池内水质，将恶臭水坑变为清澈水塘。

表6-9　传统排水设施的适应性更新导则

类型	更新内容	更新优先级	更新导则
排水街巷	质量、风貌	次要	采用传统材料修缮
	排、渗水性	优先	确保相应的排水坡度，采用渗水性能较好的路面铺装
	安全性	次要	为明沟设置盖板，防止小孩及小动物跌落
	景观美化	重要	设置道路绿化
沟渠	质量、风貌	重要	采用传统材料修缮
	排水性	重要	确保相应的排水坡度及排水面
	安全性	优先	沿沟渠两侧设置安全护栏
	功能置换	重要	确保相应的雨水径流排泄能力的前提下进行功能置换
	景观美化	优先	沿沟渠设置绿化带及景观节点

表格来源：根据调研结合相关资料整理。

表6-10　传统蓄水设施的适应性更新导则

类型	更新内容	更新优先级	更新导则
涝池	质量	重要	采用传统材料修缮涝池池体
	水质	重要	改善集流环境，提高沉砂池过滤能力，更换防渗层
	蓄水性	优先	修缮和更换涝池防水层
	安全性	重要	在涝池周围设置围栏，防止小孩及小动物跌落
	景观美化	优先	在涝池及其周边布置绿化及景观节点

表格来源：根据调研结合相关资料整理。

②赋予景观属性、改善人居环境

响应乡村振兴战略，建设特色田园乡村，提高乡村居民生活环境水平，涝池作为传统湿地景观，更新要注意增强人文和景观属性，增加公共活动空间，丰富涝池景观。

6.4.2 太行山区传统给水设施的再生技术策略

传统给水设施中最典型的为水窖和水井两大类，以下主要针对这两类进行具体的适应性更新设计。其中，传统水窖是太行山区传统村落最常使用的供水设施，很多水窖都有二三十年甚至五十年以上的历史。伴随着社会经济的发展，太行山区传统村落居民对供水需求逐渐提高，传统水窖存在的缺点也开始浮现出来，突出的问题有：集流环境净化差、防渗能力差、缺乏水质净化装置和自动化程度考虑不足等。为改善水窖的不足需要引入现代技术，对水窖功能进行更新提升，促进传统生态技术的延续和再生。通过对水窖功能的延展和功能的优化两方面对水窖进行更新设计。

1. 对水窖功能的优化

（1）提高沉砂池的过滤净化能力

可以使用过滤＋重力沉降的方法来提高沉砂池的雨水净化能力。即将沉砂池分为一个过滤池和一个重力沉降池，过滤池用鹅卵石或碎石作为过滤层，雨水通过底部的预留 PVC 管进入重力沉降池，最后通过进水管进入水窖。蓄水 3 ～ 5 次后清洗整个过滤池（如图 6-26 所示）。

通过生物过滤技术对雨水进行过滤，利用植物截留雨水。选用本土草木种植在集雨口处，就地取材配置合理的填料。雨水经过生态过滤系统后集蓄在过滤池中进行沉淀。生物过滤技术能够有效地减少雨水中的细菌、氮元素等，提高水窖的水质。同时，覆盖在集雨口处的植物也能绿化美化村内环境。

（2）加强过滤雨水的管理

收集的雨水经过过滤沉淀后、进入水窖前，应进行水质检测，确保其中的微量元素、细菌、大肠杆菌含量达到检测标准。可以在进水管处加设水质检测器，通过机器设置定时，自动抽取水样进行检测，对沉淀池的水质进行检测，达到要求后通过控制阀门打开进水管，将雨水流入水窖蓄水池。

（3）加强窖内防渗处理工作

水窖在蓄留雨水的同时，由于水窖传统防水层的使用寿命较短，加上年久老化、脱落导致蓄水大量向外部渗透、流失，因此需要提高窖体防渗能力。改善方法分为改善传统窖壁的防渗处理和使用防渗性强的材料制作窖体两种。改善传统窖壁的防渗处理：为提高传统窖壁的防渗能力，可以使用防水效果更好的现代防水材料代替灰土、红胶泥等传统防水层，如防水砂浆。在更新中，先将老旧防水材料脱落，再重新涂上约20mm厚的防水砂浆作为新的防水层（如图6-27所示）。使用防渗性强的材料制作窖体：随着现代经济社会的发展，不断有性能更佳的材料涌现，最常使用的混凝土材料就很适合制作窖体，混凝土水窖的形状多样，施工方便（如图6-28所示）。

2. 对水窖功能的延展

供水自动化处理：太行山区传统村落少部分居民已经在水窖中安装了微型水泵来自动取水，费用在百元左右，抽水速度近5L/s，提高了打水效率，节省人力与时间。此外，取水过程中无需开启井盖，避免水体受灰层污染。水窖现代化取水适应了传统村落整体现代化更新的需要，是对传统给水设施的现代化改进。但明显不足的是仅停留在取水阶段，没有实现管网的终端化，建议增加局部管网，

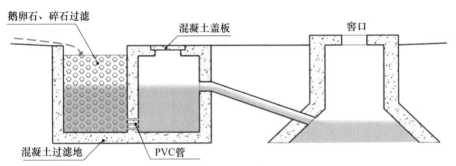

图6-26 提升沉砂池过滤净化能力设计

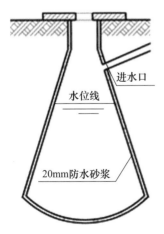

图6-27 传统水窖的防渗层改善示意图

图6-28 圆柱形混凝土水窖剖面示意图

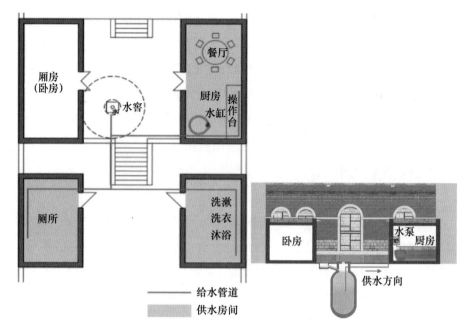

图 6-29 "水窖—管网—用户"的现代供水模式设计

把管网直接通到用水点，如厨房、卫生间等，实现"水窖—管网—用户"的现代化模式（如图 6-29 所示）。

3. 水窖、水井联网技术改造

太行山区水窖与水井的建造与使用较为广泛，这些传统给水设施至今仍可以使用，属于珍贵的物质文化遗产。可作为村内的补充水源纳入供水系统，在现代设施出现问题时，提供水资源。

同时，考虑将水窖、水井纳入消防用水。根据《古城镇和村寨火灾防控技术指导意见》及相关规范，传统村落室外消火栓间距不宜大于 120m，并沿道路设置，靠近十字路口等位置要求将水窖、消防栓、消防水池等通过消防管网相连接，消防主管道沿村落主要道路进行布置，水窖通过送水管道与消防主管道独立连接，通过消防控制中心进行统一调配。并确保水窖连接处的室外消火栓栓口的压力不低于 0.1Mp，消防给水管道的管径不宜小于 100mm。将传统给水设施接入消防用水系统，既解决了太行山区传统村落消防水源的取水难题，又能够很好地保护传统村落的民居风貌完整性（如图 6-30 所示）。

近年来传统村落旅游产业飞速发展，村落内部景观用水需求也随之增加。考虑到太行山区水资源现状，通过技术改造将水窖中的水通过管道进行连接，集中作为景观用水使用。满足村民生活用水与农业、绿化浇灌的需要，提升传统村落景观环境质量，推动传统村落景观生态的可持续发展。

6.4.3 太行山区传统排水设施的再生技术策略

1. 门洞、街巷排水口再生设计

门洞主要是建筑院落外排雨水的重要设施，设施本身不仅蕴含了丰富的排水实用价值，而且富有特色的营建工艺和造型，还蕴含了丰富的文化价值。在材料方面，主要包括砖石、陶管等。在造型方面，传统排水口受限于先民财力水平、建造技术等原因，主要包括圆形、拱券形、山形、寿桃形、方形、笔架形以及花瓣形等。在修复门洞排水功能的基础上，以恢复门洞的造型工艺和传统风貌为主（如图 6-31 所示）。使用现代的新型材料如混凝土等，复原传统门洞的造型。

2. 排水沟渠再生设计

明沟暗渠作为村落排水系统的重要组成部分，承担着村落的主要雨水排放，基本可以排出村内的过境雨水和污水。随着时间的流逝，不可否认的是现代生活污水直接排放对自然环境影响较大，因此传统村落中需设置专用的生活污水管网，对接附近的污水处理中心，对污水进行专门处理，水质达标后再进行排放。有效避免雨水和污水混合，减轻污水处理负担。

原有的排水沟渠本身存在多处破损，可与现代管网结合进行修缮（如图 6-32

图 例

——XH—— 消火栓给水管
⊠ 消防控制中心
◎ 水窖
🗌 消防水池
🔧 室外消火栓
🔧 水龙头

图 6-30 上董寨村消防、景观用水系统示意图

图 6-31 门洞复原

所示），主要用于排出村内的雨水，延续其长久以来的作用。同时可以缓解排水管网的压力，对村落保留原有风貌和雨污分流都可以起到良好的作用，防止不合理排污对生态自然环境带来的破坏。

3. 道路铺装再生设计

传统村落街巷系统的重要作用之一就是排出过境雨水，同时下渗雨水，补充地下水。先民们的道路铺装多就地取材，使用石板、石块和卵石等，这样一来，道路对雨水径流的阻力减小，并且有很大程度的雨水下渗能力。现代道路在营造时，通常修建为沥青路面等硬质地面，极大地破坏了传统村落原有的下渗能力。因此，在传统村落道路再生时，可以借鉴海绵城市的相关理念，使用透水铺装，控制地表径流，把渗透雨水引入地下，补充地下水。对于道路部分可以铺装露骨透水混凝土；对于人行道可以铺装透水材料；对于井台边道路等处，可以使用碎拼青石板，提高透水量（如图 6-33 所示）。

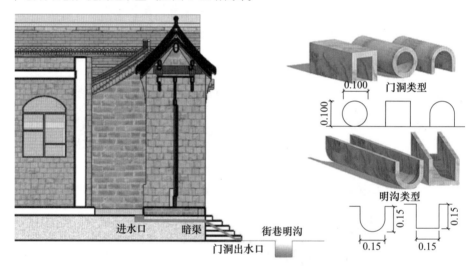

图 6-32 明沟暗渠修复

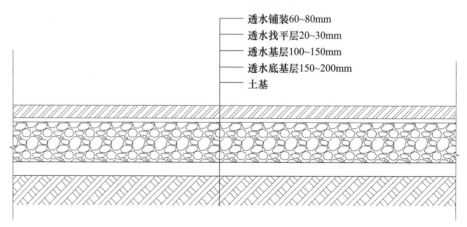

图 6-33 道路透水铺装示意图

6.4.4 太行山区传统蓄水设施的再生技术策略

1. 防渗透减少蒸发技术

以涝池为例，对蓄水设施的再生技术进行分析。在蓄水池的再生设计中，主要以防渗和减少蒸发为主，然后再植入绿化景观要素（如图 6-34 所示）。太行山区传统的蓄水设施主要以涝池为主，随着社会经济的进步，新型建材层出不穷，传统涝池的缺点也被放大式地暴露出来，如缺乏美化乡村的景观属性，防渗能力较差，传统涝池池岸不设维护设施，容易危及人身安全等。

清理地面杂物，使其能与地面结合得更紧密，避免漏水。岸埕要进行分层分段夯实，每层每段之间需相互交错，每层填高到 0.3m 时发水夯实。岸埕高度要超过涝池的蓄水面，且岸埕周边要修建溢水道，溢水道在涝池蓄水面等高处修筑。防渗材质常就地取用当地黏土、熟石灰等，防渗层厚度约 10cm（如图 6-34 所示）。

2. 扩大涝池容量

涝池的容量受到周围房屋、地形、绿化等要求的限制。在适当选址的基础上，将开挖涝池时的土层填在涝池周边，用来砌筑岸埕，以扩大涝池的蓄水量。同时为了避免雨水冲刷造成的边坡损坏，池壁可以采取生态连锁式护坡砖护坡，并在连锁式护坡间隙中种植花草防护。

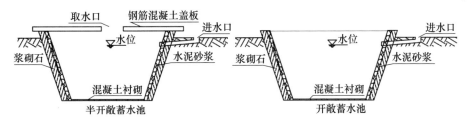

图 6-34　生产型蓄水池再生设计（图片来源：根据《川中丘陵区蓄水池设计研究》改绘）

6.5 水环境设施的再生设计策略

太行山区传统村落的传统水环境设施经过价值评估和优化提升后，部分设施虽具有较大价值，但在村落发展建设规划中难以起到一定的功能作用，或设施本身功能已丧失，如水井已无水等情况，可结合村落的空间发展进行再生设计。在规划时考虑其文化属性，融合周边环境，如当地的乡土材料、简单朴素的传统技艺，以弱介入的方式，留存历史记忆，打造为村落公共空间，供村民休闲游憩等。

6.5.1 太行山区传统村落传统给水设施的再生设计策略

太行山区传统给水设施主要为水窖和水井，由于水窖多埋藏于地下，相较于水井更加私人化，因此可对水井进行再生设计，打造为村内公共空间。在对水井更新之前，需对太行山区水井进行修复，修复工作分为有水水井和枯竭水井修复两种。

有水水井的修复主要是对其井台、井栏、井架、井盖等井上附属设施进行修补和替换，在更新中，首先，对古水井本身进行修缮清理，将井底淤泥清理干净，并加固井壁、井台。其次，在水井一边修建景观水渠，将部分井水引流至沟渠内，既方便当地村民浣洗衣服，也增添了空间的灵动活力。最后，保留水井周围的古磨盘等农业设施，增添乡村气息。同时，增设供人休憩的石凳、长椅，并架设景观长廊，方便村民夏天乘凉、雨天避雨。此外，公共空间的地面铺装也应当使用传统材料，保留历史的原汁原味。

在保存枯竭水井现状的同时，对其周围环境进行整治，保证环境整洁度，作为历史遗迹供游客参观游览。需要先对水井的井壁、井底进行修缮，掏净井底淤泥，清洗水井井壁等，用天然木材制作井盖，防止小孩跌入井中，并加固井壁、井台。枯水水井目前不再为村民供水，但承载着过去村内取水用水活动的点点滴滴，是村民心中对村落的重要印象。更新中以"修复性展示"为原则，设置石雕让过去村民用水活动得以重现，唤起村民往日取水用水的生活记忆（如图6-35所示）。

以山西省晋城市上庄村的参政府——遵四本的古水井为例，首先，水井上有拱券形的遮雨，但已经有许多的破损处，现对拱券进行整治修复，展现原有面貌。

其次，水井提水用的辘轳为铁质，因为年久不用，已经风化生锈，现将其替换成全新的防锈辘轳。最后，古水井井台周边环境较为杂乱，堆放了许多闲置的砖瓦，现将其整治，种植绿化，并设置座椅，方便村内老人打水时休憩（如图6-36所示）。

6.5.2 太行山区传统村落传统排水设施的再生设计策略

在传统排水设施中，最为典型的为排水街巷及沟渠两类，以下主要针对这两类进行具体的适应性更新设计。以旧关村为例，对排水设施进行再生设计策略。旧关村的南头街为古秦皇驿道所在，沿街民居与道路的关系消极，道路周边缺乏景观绿化和公共空间。且道路有大量的硬质铺装，不但与传统建筑风貌不协调，而且严重影响雨水径流的下渗。基于排水街道功能优化及景观优化两个方面因素，对排水街道进行适应性更新设计（如图6-37所示）。

图6-35 水井公共空间适应性更新设计

图6-36 参政府——遵四本水井公共空间整治设计

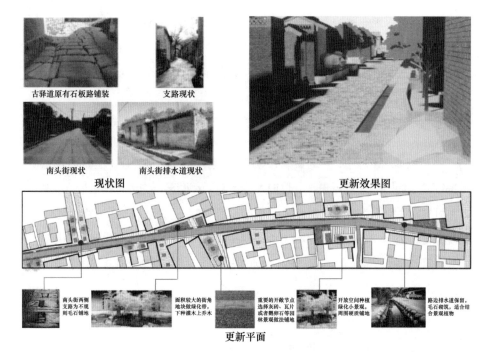

图 6-37 旧关村南头街适应性更新设计

1. 选材

选材方面，使用当地本土材料进行地面铺装的优化，如青砖、毛石、碎石等，便于雨水的下渗，保证路面在排水过程中能够及时补给地下水，并与周围的传统风貌相协调。借鉴海绵城市"自然存积、自然渗透、自然净化"的工作原理和建设指南，使用透水铺装等，避免大面积的硬质铺地。

2. 构造

保证街巷排水功能，根据排水方式的不同进行修缮，明沟及暗沟式排水对沟渠进行保留，并使用毛石砌筑，提高排水能力。直排式和中央凹面式排水应主要对路面铺装进行修复，顺雨水排出方向营造坡度，恢复其排水功能。

3. 尺度

街巷排水系统主要由村落的各级街巷组成，即巷道、次街和主街。其中：巷道宽度较窄，约 0.9 ~ 1.2m；村落次街宽度约 1.2 ~ 2m。不同的街巷尺度给人带来不同的空间感受，应根据道路规划在两侧用石块砌筑树坛，丰富村落街巷景观，同时，结合水井等公共设施进行节点设计，并布置休息座椅供村民休闲。

旧关村沟渠呈村西北向村南走向，全长约 1100 米，途中贯穿民居、石桥等，与村落形成丰富的空间形式。沟渠也被分为露天段沟渠、上覆建筑段沟渠及上覆石桥段桥沟三种类型。基于沟渠的功能延续、功能置换以及景观优化三个方面因素，对旧关村沟渠进行适应性更新设计（如图 6-38 所示）。

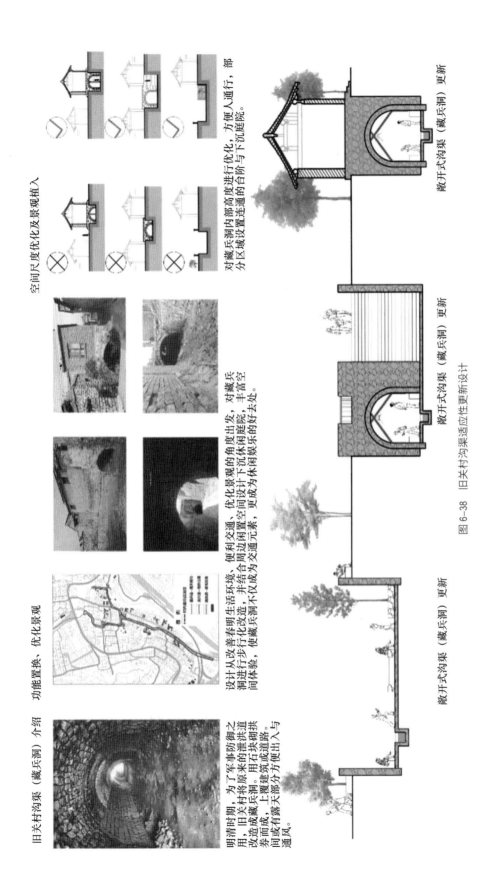

空间尺度优化及景观植入

对藏兵洞内部高度进行优化，方便人通行，部分区域设置连通器与下沉庭院。

优化景观

功能置换

旧关村沟渠（藏兵洞）介绍

设计从改善村民生活环境、便利交通、优化景观的角度出发，对藏兵洞设计下沉休闲庭院，并结合周边空间改造，使藏兵洞不仅成为交通元素，更成为休闲娱乐的好去处。

明清时期，为了军事防御之用，旧关村将原来的泄洪渠道改造成藏兵洞。用石块建筑或道路拱券而成，上覆天部分方便出入与通风。

敞开式沟渠（藏兵洞）更新

敞开式沟渠（藏兵洞）更新

敞开式沟渠（藏兵洞）更新

图6-38　旧关村沟渠适应性更新设计

对沟渠的功能延续：沿着沟渠走向，在沟渠路面下挖凿一条排水暗渠，保留旧关村沟渠以往的排水功能。对于有地形高差的街巷，在其一侧利用乡村特有的砖石修建跌水沟渠，在其外部涂抹防水材料，并在旁边种植灌木，利用植被的吸水性有效隔绝雨水对周边建筑的侵蚀。

对沟渠的功能置换：将上覆建筑段沟渠的空间置换为旧关村的村史展廊空间，把上覆石桥段沟渠的空间置换为一个竖向交通空间，使露天段桥沟的空间成为一个村民休闲、交谈和聚集的空间。

对沟渠的景观优化：为了提升旧关村的人居环境，对贯穿村落的沟渠进行景观优化很有必要，对沟渠露天段与街道交接处的空地进行绿化处理（如图 6-39所示）。

6.5.3 太行山区传统村落传统蓄水设施的再生设计策略

传统蓄水设施主要指涝池，以下为涝池的具体适应性更新设计。随着社会经济的进步，新型建材层出不穷，传统涝池的缺点也被放大式地暴露出来：如缺乏美化乡村的景观属性、防渗能力较差、传统涝池池岸不设维护设施、容易危及人身安全等。

在景观场所营造上，涝池周围往往是村内最活跃的交往空间。围绕涝池往往还包括寺庙、阁楼、祠堂等重要公共建筑，与涝池共同形成重要的场所记忆。涝池的建设也逐渐体现出艺术化的倾向，其不再作为空间的中心，而是起到反射倒影来烘托周边寺庙氛围的作用。

在村域范围内，涝池也起到改善区域小气候的作用。传统涝池"涝可为容，不致聚当冲溢之害，旱可为蓄，不致遽见枯竭之形"。兼顾了防洪和防旱功能，也在一定程度上避免了村庄过度使用和依赖地下水，确保了村域内水资源的良性循

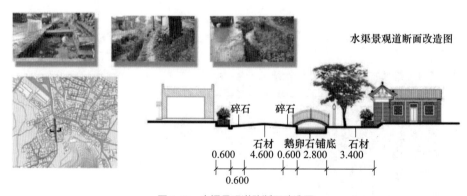

图 6-39　水渠景观道路断面改造图

环。水蒸气蒸发，自然而然地补充了空气中的水分，同时带走热量，为村落提供了相对舒适的居住环境。

　　以丁村涝池为例，从景观优化方面对涝池进行适应性更新设计。在涝池上设置亲水平台，同时在亲水平台上设置石凳、石椅等设施，供村民或游客在平台驻留观景的同时能稍作休息。种植景观绿化带、花草，积极响应美丽乡村建设，使涝池成为干旱缺水的太行山区传统村落的一道亮丽风景。在涝池中，或养鱼、或种睡莲，还能美化环境，提升空间活力。涝池周边要设置保护设施，可以设计护栏防止意外跌落，护栏宜采用石砌、砖砌、木构等传统方式，古朴、典雅、美观。还要投放救生圈等救生设备，保障人员安全（如图 6-40 所示）。在对涝池进行修复时，应对原有的引水路径进行保留修缮，或是加以扩展。

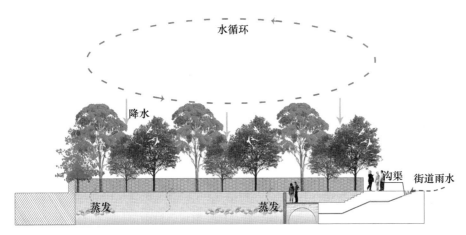

图 6-40　丁村涝池的景观优化设计

6.6 本章小结

本章在系统了解太行山区传统村落村民对传统水环境设施的认知现状、传统水环境设施的系统运作原理和价值特征的基础上，分析传统水环境设施的现状及问题所在，根据价值评估下的不同再生梯度提出针对于不同类型传统村落的传统水环境设施再生导则，为下一步传统水环境设施再生策略的提出奠定了基础。

对于再生策略我们主要从三个方面入手，分别是再生规划策略、再生设计策略和再生技术策略。再生规划策略是从宏观视角出发，科学合理规划传统村落给排水系统，然后分别就近郊型、远郊型和偏远型对传统水环境设施依赖性不同的典型传统村落，提出传统给水（蓄水）设施和传统排水设施的再生规划策略，根据其现代化程度与发展水平制定给排水的系统规划。再生设计策略是从中观视角出发，根据传统水环境设施现存的功能性进行评估，并对其所承载的一些重要公共空间进行针对性和适应性的再生规划设计，对其所承载的文化属性与历史记忆进行重现。以一种低影响、弱介入的方式进行修复，包括景观提升、环境改造、功能置换、多功能重构等。再生技术策略则是从更为微观的角度出发，运用新技术，采用新材料，借鉴传统水环境设施的营造技艺对其进行现代转译，对传统水环境设施进行适应性更新改造和提升设计，结合现代需求，通过优化升级、功能置换等方式使其更好地融入现代生活之中，推动其可持续发展，使传统村落水环境设施在新时代重新焕发活力。

7
结　语

7.1 研究成果

7.1.1 全面分析太行山区传统村落概况

本书就太行山区范围内进行详细研究，梳理了太行山区概况、水环境以及传统村落三个方面的情况，分析其中的特征。

太行山区范围横跨北京、山西、河北、河南三省一市，气候分区上属于寒冷地区，地形地貌上属于黄土沟壑地区，另外，山脉山形险峻，历来被视为兵家必争之地。此外，矿产和煤炭资源丰富，产业结构由原来的传统工业逐渐转向新能源、装备制造业等环保型的新兴产业。

对太行山区的水环境进行了系统梳理，从河流水系分布情况、降雨量分布情况、地表水、地下水分布情况几个方面进行系统的分析，归纳总结出区域内水资源时空分布不均匀，存在总体资源型缺水，有雨则涝、无雨则旱等问题。

太行山区由于历史等原因形成了大量的传统村落，本文从其整体数量和分布特征、形成原因及发展特征、村落类型与特色三个方面进行阐述分析。

7.1.2 分析人水共生影响下太行山区传统村落整体营构特征

太行山区传统村落在长期发展中形成了人水共生的村落营建特征，体现出丰富的生态智慧和人文内涵。

从宏观角度上，整体分析在水环境影响下传统村落的选址特征。传统村落选址受到水资源的直接制约，以及心理需求等的综合作用。通过调研以及 GIS 分析等方法，总结得出太行山区传统村落选址具有明显的亲水性特征，逐水而居是该区村落选址分布的主要特点。并且在逐水而居的同时，先民也巧于因借，利用自然，形成了"近水而不临水"的选址特征。体现了太行山区先民人水共生、天人合一的智慧。

从中观角度上，分析水环境影响下传统村落的整体形态特征，发现其与水环境有着密不可分的关系。先民根据水环境与周边地势营造村落，最大程度地利用自然环境，趋利避害。此外，受到仿生象物等人文思想的影响，村落整体空间营建形态多呈龙、龟等形态。先民们在街巷空间和布局中体现了排蓄合一、善于利用地形的营建智慧。

从微观角度上，分析传统村落中的水环境公共空间。这些水环境主导下的公共空间主要包括点状、线状、面状水环境设施以及周边的公共空间。这些公共空间与水文化设施等共同构成了传统村落先民生活记忆的物质空间载体。

7.1.3 梳理总结太行山区传统水环境设施营建技艺

太行山区水环境由地表水、地下水和降雨构成，形成一个"给—排—蓄"完整循环的水环境系统。因此传统村落中也衍生出相对应的传统水环境设施，主要包括给水设施、排水设施、蓄水设施三个部分。

传统给水设施：太行山区古村落通常结合当地水环境条件在村内选择性地营建给水设施。传统给水设施的营建工具主要为农业生产的工具，其营建材料多为当地坚固耐用的乡土材料，营建成本低。同时，其营建技术及原理易于掌握学习，且不是固定的，根据不同地区的水环境及当地工匠使其表现出多样性的营建，不同于现代固定的、复制的模式。同时，为了防止给水设施水源污染，其多选址在远离村内水污染严重的地方。例如厕所、生活垃圾堆积处等，或保证其周边洁净，没有水体污染。

传统排水设施：传统排水设施的营建技艺体现在排水系统的营建构思上，如通过各类排水设施的相互组合及其系统运作，避免古村落受山洪水患。也体现在对传统排水设施的多种功能复合营建上，例如院落的集水面及街巷等。同时，不仅作为排水设施，而且具备集会出行等功能。另外，还体现在"排—蓄"结合营建上，通过铺装的缝隙在排出径流雨水的同时进行雨水的下渗，提高排水效率。

传统蓄水设施：传统蓄水设施主要包括水窖、水库、涝池。水窖和涝池多为人工开挖修筑而成，在营建的时候要根据其功能用途来设计其容量以及选址布局，部分村落还先修水窖再建房，在营建过程中还注意其防渗及防淤处理。水窖、涝池营建材料主要为土和砖石等，营建工具多为农用工具，营建模式为共同营建。传统蓄水设施具有多种功能属性，如需进行防洪及农业灌溉则修建在村外农田或山脚附近，如需进行排涝及提供生活用水，则修建在村内。值得注意的是，太行山区部分古村落还通过营建涝池达到雨洪管理的目的，如贾泉村。

传统水环境设施营建智慧：主要体现在对雨水"渗—排—蓄"并举的营建思想上，通过不同传统水环境设施的相互协调运作，达到"渗—排—蓄"一体化效果。不同于现代城市过度追求"末端汇集"与"快速排离"等手法，古村落传统水环境设施通过"源头分散"与"慢排慢渗"的观念达到"渗—排—蓄"结合的目的。同时，先民就地取材，利用传统的工艺建造了"给、排、蓄"相配合的传统水环境设施系统。在复杂的水环境下获得良好的生存环境，部分水环境设施至今仍在使用，体现了低技术、低成本、低维护的智慧。

7.1.4 太行山区传统村落水环境设施价值评估

太行山区古村落传统水环境设施根植于地域环境，有着鲜明的价值特色，历史上在古村落防灾和生产生活中发挥重要作用，是村落物质遗产的有机组成部分。本文以定量定性的方法构建了三类传统水环境设施的价值评估体系。

从太行山区缺水的地域性特点出发，剖析了三类传统水环境设施的类型、运作原理和营建智慧，得出传统水环境设施有承载村落协调发展、推动村落有序扩张、组织村落空间营造三方面的功能，并具有文化、历史、艺术、科学、经济等价值。

在价值评估体系构建时，为了减少整体传统水环境设施价值属性带来的评估误差，将三类传统水环境设施分别构建价值评估体系，得出三类传统水环境设施的评估结果。最后根据评价结果，设计出三类传统水环境设施不同价值程度下的更新导向。

结合太行山区不同类型村落的给排水现状和村落发展需求，从给排水需求及其构成变化的角度上，将传统水环境设施融入村落给排水系统规划中，从理论上提出了不同价值梯度传统水环境设施的再生规划。

从村落给排水规划中传统水环境设施所发挥功能的角度上，结合各类传统水环境设施再生规划定位，提出了传统水环境设施的再生策略，为太行山区古村落传统水环境设施的再生提供了理论基础。

7.1.5 分类型提出各类传统水环境设施的更新设计策略

本文通过分析太行山区传统水环境设施目前面临的水源污染、设施闲置、破坏、功能落后等多方面挑战，得出传统水环境设施的功能已经逐渐满足不了目前村民的需求，村民对美好生活品质的追求有了进一步的提升，对人居环境的改善也提出了更高的要求等结论。

本文采用分类型的方式，对给水、排水和蓄水三种不同类型的传统水环境设施分别总结了现存问题，并根据不同再生梯度提出与其对应的传统水环境设施再生规划导向。

　　基于再生规划导则提出近郊型、远郊型和偏远型三种不同类型传统给水、蓄水设施的再生规划策略，并对各类设施分别进行了案例更新设计。

　　从中观和微观视角出发，针对传统水环境设施所承载的一些重要公共空间进行适应性更新规划设计。运用新技术和新材料对传统水环境设施进行更新改造，对其传统营造技艺进行现代转译，推动传统水环境设施融入现代生活，实现可持续发展。

7.2 研究不足

本文的研究不足：一是在于调研村落的局限性，太行山区规划范围包括山西、河北、河南、北京四省、市，全境面积约 13.4 万平方公里，区域内传统村落数量众多且不同地区村落存在较大差异，调研工作量巨大，尽管笔者曾多次调研，但仍难以穷尽。

二是太行山区存在部分没有被评为传统村落但极具研究价值的古村落，这些古村落形成年代早，历史悠久，尚未开发或开发程度较低，村内相关档案、历史资料获取较难。

三是笔者为建筑学、城市规划学背景，对水文地质学、历史地理学、景观生态学等方面的知识涉猎尚浅。而传统村落的研究应是多学科交叉、内容更加广泛的领域，希望在未来的研究中能够有更多元化的探索。

7.3 研究展望

针对研究的不足，笔者抛砖引玉，提出以下展望。

希望其他学者在研究方法上进行创新。目前，在传统村落水环境的研究上主要采用定性化研究，而定量化的研究较少。因此，希望之后的研究能在定性化分析的基础上，多植入定量化研究。例如：使用 GIS、空间建模等手段分析传统村落水环境设施的区域空间信息，用定量数据验证传统村落营建的布局合理性等。

希望加强对传统村落的大数据收集与检测，建立相关数据库，系统梳理并对传统村落信息资料加以建档。如加强使用 3S、BIM 等技术，对传统村落进行可视化检测分析等。不仅要关注乡土建筑、村落、规划、历史环境要素等物质遗产，也要将非物质文化遗产、人居环境、历史记忆信仰等非物质层面的内容列入数据库统计中。数据收集应以村落为单位，建立信息管理系统，在梳理清晰传统村落的基本情况后，建立全面的传统村落数据库，了解其分布、数量和状况。同时，评估传统村落的价值和保护需求，制定保护规划，设立专项保护扶持项目，为后续的保护工作提供基础研究。

希望有更多学科背景的学者加入到对传统村落的研究中来。传统村落水环境具有丰富的价值特色和人文内涵，需要多学科的交叉研究与探索，为传统村落的价值与资源在新时代的保护发展中添砖加瓦，让传统村落的生命力得以持续旺盛。此外，社会大众也应从个人角度对传统村落进行全线、全局、全要素的整体性保护。对传统村落的保护与发展，不仅仅在于对物质要素的保护，更在于对人的保护，既要保护原有的建成遗产，大至建筑、村落层面，小到水井、磨盘、古树等历史环境要素；又要保留村民原有的生活方式、生活状态、历史记忆等。

传统村落的水环境具有极为丰富的价值特色和人文内涵，当前在乡村振兴的大背景下，村落的重要性被越来越多的人认识到，而传统村落作为具有独特价值的村落，其保护和再生是乡村振兴大背景下绕不开的课题，也是城乡融合发展的必经之路。

参考文献

[1] 王祯，杨贵庆.培育乡村内生发展动力的实践及经验启示——以德国巴登—符腾堡州 Achkarren 村为例 [J].上海城市规划，2017（1）108-114.

[2] 单瑞琦.社区微更新视角下的公共空间挖潜——以德国柏林社区菜园的实施为例 [J].上海城市规划，2017（5）77-82.

[3] 常江，朱冬冬，冯姗姗.德国村庄更新及其对我国新农村建设的借鉴意义 [J].建筑学报，2006（11）71-73.

[4] 李建军.英国传统村落保护的核心理念及其实现机制 [J].中国农史，2017，36（3）：72，115-124.

[5] BURCHARDT J.State and society in the english countryside：the rural community movement 1918–39[J].Rural history，2012，23（1）.

[6] JEPSON P，BARUA M，BUCKINGHAM K.What is a conservation actor？[J].Conservation and society，2011，9（3）：229-235.

[7] COOPER N S.How natural is a nature reserve？：an ideological study of british nature conservation landscapes[J].Biodiversity and conservation，2000，9（8）：1131-1152.

[8] WALLER M.Biodiversity and tourism co–exist in harmony[J].Corporate environmental strategy，2001，8（1）：48-54.

[9] SHEAIL J.Nature protection，ecologists and the farming context：a U.K.historical context[J].Journal of rural studies，1995，11（1）：78-88.

[10] O'RIORDAN T.Culture and the environment in britain[J].Environmental management，1985，9（2）：113-119.

[11] ZAREBA A.Multifunctional and multiscale aspects of green infrastructure in contemporary research[J].Problems of sustainable development，2014，1.

[12] LEE J Y，MOON H J，KIM T I，et al.Quantitative analysis on the urban flood mitigation effect by the extensive green roof system[J].Environmental pollution，2013，181：257-261.

[13] HIMAT A，DOGAN S.The assessment of green infrastructure for urban flood mitigation[C]//International science and academic congress'19（INSAC19）.2019.

[14] 刘青元，迟德钊，刘玉皎.日韩"新村运动"和"一村一品"发展经验与借鉴 [J].青海农林科技，2010（2）27-30.

[15] 李锋传.日本建设新农村经验及对我国的启示 [J].中国国情国力，2006（4）10-14.

[16] 苑文华.韩国新村运动对我国乡村振兴的启示 [J].中国市场，2018（28）32，45.

[17] 杨胜天，于心怡，丁建丽，等.中亚地区水问题研究综述 [J].地理学报，2017，72（1）：79-93.

[18] ABDULLAEV I，KAZBEKOV J，MANTHRITILAKE H，et al.Water user groups in central asia：emerging form of collective action in irrigation water management[J].Water resources management，2009，24（5）：1029-1043.

[19] KARIMOV A，MOLDEN D，KHAMZINA T，et al.A water accounting procedure to determine the water savings potential of the fergana valley[J].Agricultural water management，2012，108：61-72.

[20] KAMLU S S，LAXMI V.Implementation of fuzzy model for maintenance scheduling of vehicles

based on monte carlo simulation and geographical information system[J].IETE journal of research，2016，63（2）：1–13.

[21] BARAKAT R.Epidemiology of schistosomiasis in egypt：travel through time：review[J].Journal of advanced research，2013，4（5）：425–432.

[22] GARCIA JUAN C M.Recent developments in the social and economic history of ancient egypt[J].Journal of ancient near eastern history，2014，1（2）：231–261.

[23] CARLSSON L，NTSATSI J.Village water supply in botswana：assessment of recommended yield for production boreholes in a semi–arid environment[J].Journal of african earth sciences，2000，30（3）：475–487.

[24] 汪立祥，黄旭东.宏村人工古水系的保护及可持续发展策略 [J].黄山学院学报，2005（6）44–46.

[25] 王慧斌.新农村建设给排水系统规划问题的探讨 [J].太原师范学院学报（自然科学版），2006（4）137–139.

[26] 王浩锋.宏村水系的规划与规划控制机制 [J].华中建筑，2008，26（12）：224–228.

[27] 段勇，付建鑫.村落生态基础设施的应用和启示 [J].现代装饰（理论），2013（1）112.

[28] 何颖.徽州古民居水环境空间研究 [D].合肥工业大学，2009.

[29] 朱馥艺.侗族建筑与水 [J].华中建筑，1996（1）1–4，19.

[30] 郭巍，侯晓蕾.皖南古村落的水环境塑造以西递、宏村为例 [J].风景园林，2010（4）102–105.

[31] 张伟，贾光业.农村给排水系统规划及其生活污水处理技术研究 [J].农业开发与装备，2019，207（3）：82，88.

[32] 朱松平.农村供水管网改造助力美丽宜居乡村建设 [J].城市建设理论研究（电子版），2019，298（16）：171.

[33] 周瑛，许荣花.北京郊区美丽乡村给水排水管网改建工程探讨 [J].市政技术，2020，38（1）：167–170.

[34] 钟旭妮.探讨城乡统筹发展背景下的给排水规划 [J].建材与装饰，2020，605（8）：137–138.

[35] 张婵.国土空间规划体系下村庄规划转型变革研究——以水环境治理为锲入点 [J].住宅产业，2020（5）62–65.

[36] 张磊，朱颜.农村绿色基础设施对农村规划建设模式的影响 [J].建筑与文化，2010（7）32–37.

[37] HINDERSAH H，ASYIAWATI Y，AFIATI A.Green infrastructure concept in supporting rural development[J].IOP conference series：materials science and engineering，2020，830（3）.

[38] 毛靓，李桂文，徐聪智.村落生态基础设施研究 [J].城市建筑，2012（5）120–122.

[39] 陈雄.徽州古村落水系与现代住区水环境中水的生态应用 [J].华中建筑，2009，27（6）：216–218.

[40] 岑倩婷，王晓鸣，杨小菊.生态村基础设施建设的可持续性评价 [J].建设科技，2012（6）88–89.

[41] JONES S A，SILVA C.A practical method to evaluate the sustainability of rural water and sanitation infrastructure systems in developing countries[J].Desalination，2009，248：500–509.

[42] 何伟嘉，崔爱军.红河哈尼族村寨基础设施规划中生态型工作思路与技术对策 [J].住区，2011（3）99–103.

[43] 刘文平.基于景观服务的绿色基础设施规划与设计研究 [D].中国农业大学，2014.

[44] 熊家晴.乡村聚居区雨水集流给水工程设计 [J].四川建筑，2004（2）94–9.

[45] 黄建美.基于城乡统筹发展背景下的给排水规划研究 [J].民营科技，2014，171（6）：19.

[46] 张忠伟.谈美丽乡村建设中的给排水设计 [J].山西建筑，2017，43（19）.

[47] 张如军.浅谈农村给排水系统规划及其生活污水处理技术 [J].城乡建设，2009（7）57–58.

[48] 许升超.新农村建设给排水系统规划 [J].城乡建设，2009（8）41–42.

[49] 杨蓉，叶凤芬，吴光平．云南省新农村给排水工程规划设计探讨 [J]．云南农业，2009（6）5-7．

[50] 苗展堂，运迎霞，黄焕春．村镇选择性共享类基础设施共享门槛分析——以污水处理设施为例 [J]．天津大学学报（社会科学版），2012，14（5）：422-426．

[51] 李振东．我国县镇供水设施现状和发展建议 [J]．建设科技，2007（19）32-33．

[52] 龚杰东，洪亮平，潘宜，等．山区乡村排水基础设施配置方法研究——以长阳县沿头溪流域两河口村为例 [C]// 规划 60 年：成就与挑战——2016 中国城市规划年会论文集（02 城市工程规划），2016：572-581．

[53] 侯燕军，陈军锋，郑秀清．雨水集蓄利用技术——水窖在秦安县的应用与发展 [J]．太原理工大学学报，2006（1）77-79，90．

[54] 朱强，李元红．论雨水集蓄利用的理论和实用意义 [J]．水利学报，2004（3）60-64，70．

[55] 汉京超，刘燕，王红武，等．农村雨洪调蓄利用的辨析 [J]．复旦学报（自然科学版），2011，50（5）：662-666．

[56] 王晓军，赵雪荣，田晋嘉．古村落中的雨洪利用生态智慧：以山西贾泉村为例 [J]．湿地科学与管理，2020，16（1）：4-8．

[57] 倪琪，王玉，菊地成朋．中国徽州地区以水系为核心的传统村落空间构成原理——黄山市徽州地区呈坎村的调查报告 [J]．城市建筑，2008（11）107-108．

[58] 林静．可持续理念下岳滋村水环境适宜性营造 [J]．现代园艺，2018（16）174．

[59] 张晋．门头沟山地乡村水适应性景观研究——以上苇甸村为例 [J]．北方工业大学学报，2019，31（2）：37-42．

[60] 王竹，周庆华．为拥有可持续发展的家园而设计——从一个陕北小山村的规划设计谈起 [J]．建筑学报，1996（5）33-38．

[61] 宋乐平，张大鹏，谢丽等．周庄镇水污染控制规划实例 [J]．给水排水，2002（10）1，19-22．

[62] 韦宝畏，许文芳．皖南古村落给排水设计探析 [J]．甘肃科技纵横，2010，39（2）：80-81．

[63] 周维楠．阳泉市古村落传统水环境设施营建特色研究 [D]．徐州：中国矿业大学，2018．

[64] 俞孔坚．水生态基础设施构建关键技术 [J]．中国水利，2015，84（22）：1-4．

[65] 董丽，范悦．低影响开发理念在乡村旅游建设中的应用研究 [J]．建筑学报，2014（S1）70-73．

[66] 林祖锐，马涛，常江等．传统村落基础设施协调发展评价研究 [J]．工业建筑，2015，45（10）：53-60．

[67] 雷连芳．杨陵毕公村绿色水基础设施规划设计研究 [D]．西安：西安建筑科技大学，2018．

[68] 吴丹．黔东南岜扒村水生态基础设施规划设计研究 [D]．西安：西安建筑科技大学，2017．

[69] 马昕，李慧民，李潘武等．农村基础设施可持续建设评价研究 [J]．西安建筑科技大学学报（自然科学版），2011，43（2）：277-280．

[70] 刘青，李慧民．我国农村基础设施建设现状评价研究——基于突变级数模型 [J]．工程经济，2016，26（10）：35-40．

[71] 林祖锐．传统村落基础设施协调发展规划导控技术策略——以太行山区传统村落为例 [M]．北京：中国建筑工业出版社，2016．

[72] 张磊．水与宜居景观：浅议婺源古村落的给排水设施 [J]．小城镇建设，2008（7）38-44．

[73] 乔丹萍，张越，施全续．张谷英古村落给排水设计探析 [J]．城市地理，2016：57-60．

[74] 单良．基于 CVM 的东北传统村落生态治水空间价值评价研究 [D]．吉林：吉林建筑大学，2019．

[75] 刘琦．东北传统村落治水空间的文化传承与复兴模式研究 [D]．吉林：吉林建筑大学，2019．

[76] 遆海勇．徽州古村落水系形态设计的审美特色——黟县宏村水环境探析 [J]．华中建筑，2005（4）144-146．

[77] 刘华斌，古新仁．传统村落水生态智慧与实践研究——乡村振兴背景下江西抚州流坑古村的启示 [J]．三峡生态环境监测，2018，3（4）：51-58．

[78] 苏争荣．闽东地区传统村落水环境景观营造研究 [D]．福建：福建农林大学，2018．

[79] 谢光园，陈慧，冯倩．湖湘古村落水环境研究对海绵城市建设的启示 [J]．太原学院学报（自然

科学版），2019，37（2）：25-29.

[80] 王晓勤，金建华，庄裕楠．客家村落园林的理水智慧——以江西省粟园围为例 [J]．园林，2019，321（1）：64-69.

[81] 高怡洁．晋东地区传统村镇建设中的人居智慧研究 [D]．北京：北京交通大学，2020.

[82] 韩文松．环保视角下浙中古村落排水系统的保护与传承研究 [J]．乡村科技，2019（28）122-124.

[83] 李惊，商洪池，徐析．京西山地古村落水适应性环境营造生态智慧研究 [J]．建筑与文化，2014（12）85-87.

[84] 孙贝．中国传统聚落水环境的生态营造研究 [D]．北京：中央美术学院，2016.

[85] 孙明．徽州古村落水口景观构建与解读 [D]．合肥：合肥工业大学，2010.

[86] 王晓芳．郴州板梁等古村落水系对当地村镇水系设计的启示 [D]．长沙：湖南师范大学，2015.

[87] 龚蔚霞，钟肖健．风水视角下的东莞水乡地区水系特征及规划探索 [J]．中国名城，2013（11）60-64.

附录1　访谈记录

南庄村电话访谈记录：

水井：古村过去都饮用古井的地下水，古村西边河沟目前还保留两口古井。河沟为东西走向，一口古井在河沟东边，另一口在西边，如今古井干涸，不再为村内供水。古井都为土井，井壁涂抹灰泥以防水，井口用多块石材砌筑而成，井口原先有辘轳进行取水。

旱井：村内低洼处都建有旱井，旱井为村民共用，解放时期有七八口，现仅存两口。旱井的容量较大，能蓄水一百多方，井口较小，井底较大，形似水壶，旱井井壁涂抹灰泥以防水。

捞池：村内现存明代砌筑的捞池，捞池蓄水不作为村民饮用水源，主要用于农业灌溉和牲畜饮用，捞池蓄水水位线高于农田标高，方便灌溉。捞池底部用数层石块砌筑而成，砌筑一米多厚，防止池内蓄水外渗。

长岭村电话访谈记录：

供水：长岭村过去生活用水都取用山上的山泉水以及村内的旱井蓄水，村内原有两口人工挖凿的池塘，主要作为农业生产和牲畜饮水。池塘的蓄水主要来源于村内街巷雨水的汇集，现在主要从村内180m深的深井中抽水注满池塘。目前村内用水分别取用深井水和山泉水，村东取用山上的山泉水，村西取用深井中的井水。村内有酿酒作坊，都取用山上泉水酿酒。长岭村目前在册人口580余人，实际在村人口百余人。

水窖：村内现存4口水窖，其中两口用泉水注满，另两口注满深井水。

槐荫村电话访谈记录：

水井：槐荫村地下水资源丰富，村落背靠龙山，前临漳沱河、小银河，二水合流，风景奇秀，气候温和湿润，海拔740米，春天来得特别早，被誉为"槐荫春绿"。槐荫村地下水储量丰富，富水面积达 4 平方公里，净储量 132 万吨，深度约 50 ～ 100 米，易开采利用，现已布井 16 眼。村内地下水充裕，原有水井 20 余口且都深达十几米，井水都来自村内地下水且水质较好。村内水井分为土井和石井，根据凿井地的土质情况修建不同的水井。修建地的土质较硬就开凿土井，土质较松散便开凿石井。现在古井还有五六眼继续出水，村民也还在使用，同时，村内还有 3 ～ 4 眼泉眼。

村内自来水：村内现在有几口深井，目前村民主要使用水源来自深井的自来水。深井不仅为村民提供饮用水源，还进行农业灌溉，村内自来水现在还没进行收费，免费为村民提供。

污水处理：村内有污水站进行污水收集，收集来的污水再通过管道排向市里的污水处理厂。

引水灌溉：为了引水灌溉，先人穿村修筑了一条 2 公里的水渠，临门挨户就出现了许多座小木桥，故有"九沟十八垴，七十二座板板桥"之说。如今，这些沟渠大部分都被填埋。

大前村访谈记录：

供水模式：大前村 80% 采用水泵通过软管将泉水抽到自家水窖，剩余 20% 采用传统方式去河边与泉眼挑水并倒入自家水窖。

泉眼数量：4 ～ 5 眼泉水。

水窖与旱井：土质较易开挖的地方常挖凿旱井，土质较硬则开挖为水窖。大前村旱井较少，水窖居多。村内水窖大多位于自家院落，大小 $20m^3$、$40m^3$、$50m^3$ 不等。大前村水窖为窑洞式水窖，也称为水窑。

附录 2　调查问卷

关于太行山区古村落传统水环境设施情况调查（村民篇）

一、填表人基本情况

1. 您的年龄：□ 0—18 岁　□ 19—45 岁　□ 46—65 岁　□ 66 岁及以上

2. 您的性别：□男　□女

3. 您是该村庄的常住人口吗?　□是　□否

4. 您的文化程度：□小学　□初中　□高中　□大专及以上

5. 您是否仍从事农业生产?　□是　□否；

　您除了从事农业生产外，还从事哪些工作?

　□无　□个体工商户　□个体手工业　□外出打工　□学生

　其他 _____；

6. 您的家庭人口数及目前在村落的常住人口数：_____ / _____；

7. 您的家庭主要收入来源：_____；

8. 您的家庭年人均纯收入：_____

二、水环境设施基本情况

1. 您家目前的供水类型（可多选）：

　□现代管网入户　□现代管网的主管网加配水点　□水井　□水窖

　□泉池　□水库　□水渠　□河流　其他 _____

2. 您家的取水方式（可多选），若您家有多种取水方式，请您注明此方式的在您家的使用比例及用途：

　　自动化（自来水入户）_____% / _____

　　半自动化（自来水配水点 + 自家软管取水）_____% / _____

　　半自动化（自来水配水点 + 人工取水）_____% / _____

　　水窖（人工）_____% / _____

3. 您觉得取水的方便程度：

　　□非常方便　□基本方便　□不方便

4. 您家的年用水量 _____ m³（方）；日均用水量 _____ 天 /m³（方）；

5. 生活用水构成：

　□做饭用水　□洗衣用水　□洗浴用水　□畜禽用水　□景观用水
　□其他用水

6. 您家饮用水是否净化 _____，采用何种方式净化 _____，您认为当前的饮用水水质如何：

　□清澈，没有味道　□有咸苦味　□味道甘甜　□虽不咸苦但有不好的味道

7. 当前您家用水供给的充裕度：□完全可满足正常年份饮水需要　□勉强可满足正常年份饮水需要　□不能满足正常年份饮水需要

8. 您对目前供水的评价

水压：　　　□非常满意　□基本满意　□不满意
水质：　　　□非常满意　□基本满意　□不满意
用水量：　　□非常满意　□基本满意　□不满意
供水时间：　□非常满意　□基本满意　□不满意
价格：　　　□非常满意　□基本满意　□不满意

9. 您认为传统的供水设施（如水井、水窖、泉池等）具有什么价值？（多选）

　□文化价值　□历史价值　□科学价值　□艺术价值　□经济价值

10. 未来您还会继续使用当前传统的供水设施（如水井、水窖、泉池等）吗？

会继续使用，您认为传统的水环境设施有什么优点吸引您继续使用？

_____；

此外，您认为在现在的基础上还需要进行哪些改进，即缺点有哪些？

_____；

不会继续使用，传统水环境设施有哪些缺点导致您不再使用？

_____；

此外，您认为现在的传统水环境设施有哪些可取之处？

_____；

11. 您希望未来可以通过何种方式解决供水问题？

　□单户蓄水设施建设　□自来水进村入户　□延续传统方式并进行更新改造
　□其他 _____

除了以上，您在本村供水排水蓄水方面还有哪些意见和建议？

_____

问卷到此结束，请您检查是否有漏填之处，再次感谢您的填写！

关于太行山区古村落传统水环境设施情况调查（村干部篇）

您的职务：_____

一、村庄的基本概况

1. 本村庄村域面积 _____，总人口 _____，总户数 _____，共 _____ 个自然村；分别是 _____，人口分别为 _____。

2. 近五年村庄总人口变化趋势：□增长 □平稳 □减少，产生变化的原因：_____。

3. 村集体年总收入 _____，主要来源有：_____、_____、_____、_____、_____。

4. 村庄的主导产业

4.1 村集体所有 □工（矿）企业类型 _____，规模（职工数）_____；

□养殖业类型 _____；规模（职工数）_____；

□种植业类型 _____；规模（职工数）_____；

□其他 _____。

4.2 合作社所有 □工（矿）企业类型 _____，规模（职工数）_____；

□养殖业类型 _____，规模（职工数）_____；

□种植业类型 _____，规模（职工数）_____；

□其他 _____。

4.3 居民私有 □工（矿）企业类型 _____，规模（职工数）_____；

□养殖业类型 _____，规模（职工数）_____；

□种植业类型 _____，规模（职工数）_____；

□其他 _____。

5. 村民年人均纯收入 _____。

6. 本村的旅游发展状况即年均游客量 _____ 人／年。

二、水环境设施的基本情况

1. 当前村庄的供水类型（可多选）与覆盖人群比例

□现代管网入户 _____%　□现代管网的主管网加配水点 _____%

□水井 _____%　□水窖 _____%　□泉池 _____%

□水库 _____%　□水渠 _____%　□河流 _____%

□其他 _____%

2. 现代管网供水类型的水源来自

□本村深井（本村单独使用）　　　□本村深井（与邻村合用）

□邻村深井（本村与邻村合用）　　□市政管网

3. 水井、水窖、泉池等供水类型的水源分布

3.1 水井：□每户一处单独使用　□与邻居合用，大概 ____ 户一处　□本村均匀配置　□其他 _____

3.2 水窖：□每户一处单独使用　□与邻居合用，大概 ____ 户一处　□本村均匀配置　□其他 _____

3.3 泉池：全村共 ____ 处，大概的分布位置 _____

3.4 其他（水库、水渠、河流等）大概的位置 _____

4. 当前村庄水井的使用率即现保留水井的数量比例 ____%

5. 当前村庄水窖的使用率即现保留水井的数量比例 ____%

6. 自来水的价格：_____ 元 /m^3（方）

7. 当前村庄的总用水量：_____ m^3（方）

8. 当前村庄的用水构成及所占比例

□生活用水 _____%　　　□工业用水 _____%

□家禽饲养用水 _____%　□旅游服务用水 _____%

□消防用水 _____%　　　□农业灌溉用水 _____%

□其他用水（景观、管网渗漏等）_____%

9. 当前村庄用水供给的充裕度

□完全可以满足正常年份饮水需要　□勉强可以满足正常年份饮水需要

□不能满足正常年份饮水需要

10. 当前水压是□　否□能够满足本村居民的用水需求，生活饮用水是□　否□进行净化，何种净化方式 _____，水质有□　无□检测，如检测，检测结果是否达标 _____

11. 当前村内是□　否□有消防给水系统（管网、消防栓）；如有，消防用水的水源来自何处 _____

12. 村庄是否经常发生洪涝灾害

□是的，很频繁，年年都有　□偶尔经历，不经常，3 ~ 5 年一次

□没有经历过洪涝灾害

13. 村内采用的雨污排放方式

□雨污合流　□雨污分流　□自然无序排放

14. 当前村庄的排水设施

☐涝池 ☐泄洪沟 ☐排水涵洞 ☐排水渠 ☐湾塘 ☐沟壑 ☐排水管网
☐其他 _____

15. 村内的雨水排放方式

☐自然排放（传统沟渠、墙洞、道路等） ☐现代管网排放 ☐自然排放和管网相结合

16. 当前村内有无蓄水设施，若有为何种类型

☐水塘 ☐涝池 ☐其他收集设施 _____

17. 蓄水设施的容积及位置 _____

18. 基于本村的保护发展和村民的用水现状，您认为本村的水环境设施有何问题?

水质方面 _____ ；

水压方面 _____ ；

用水量方面 _____ ；

价格方面 _____ ；

便捷程度方面 _____ ；

供水时间方面 _____ ；

其他 _____ 。

19. 未来您是☐ 否☐希望对本村的给排水及蓄水进行更新改造，如若更新改造您的期望是 ☐仍延续传统方式 ☐传统与现代相结合 ☐完全采用现代化的方式

20. 村庄是☐ 否☐建立有关传统水环境的管理规章制度，执行情况如何 _____?

21. 村庄水环境管理的经费来源

☐自筹 ☐上级投入 ☐上级投入与自筹相结合 ☐其他 _____

22. 当前村庄水环境管理的主要困难

☐资金不足 ☐缺乏组织 ☐缺乏参与 ☐其他 _____

23. 村庄自来水供应管理部门是 _____；人员配备情况是 _____。

24. 村内河流管理部门是 _____；资金来源 _____。

除了以上，您在本村供水、排水、蓄水等方面还有哪些意见和建议?

_____

问卷到此结束，请您检查是否有漏填之处，再次感谢您的填写!